层状覆盖层坝（堤）基流固耦合与渗流分析

毛海涛　王正成　侍克斌　著

中国水利水电出版社
www.waterpub.com.cn
·北京·

内 容 提 要

这是一本阐述山区河谷层状覆盖层坝（堤）基及大坝渗流机理和控制的专著。该书从覆盖层本身构造和特性出发，采用离散元、有限元等方法，探索层状坝（堤）基岩土体渗流和渗透破坏机理；结合具体工程实例开展了大量的实验研究和理论探索，重点阐述了强、弱透水层在覆盖层坝（堤）基中的特点和作用，探索覆盖层自身结构与渗流控制体系结合的方法和技术，试图提出更加准确、有效、经济安全的渗流控制方案。

本书可供从事水利工程、水文地质专业的科技人员及相关专业的大中专学生阅读。

本书主要汇集了侍克斌、毛海涛团队研究成果，王正成及相关研究人员做了大量的基础研究工作，在后期编写和校订中发挥了重要作用。

图书在版编目（CIP）数据

层状覆盖层坝（堤）基流固耦合与渗流分析 / 毛海涛，王正成，侍克斌著. -- 北京：中国水利水电出版社，2022.7
ISBN 978-7-5226-0835-8

Ⅰ.①层… Ⅱ.①毛… ②王… ③侍… Ⅲ.①覆盖层技术－地基处理 Ⅳ.①TV223

中国版本图书馆CIP数据核字(2022)第119220号

书　　名	层状覆盖层坝(堤)基流固耦合与渗流分析 CENGZHUANG FUGAICENG BA(DI)JI LIUGU'OUHE YU SHENLIU FENXI
作　　者	毛海涛　王正成　侍克斌　著
出版发行	中国水利水电出版社 （北京市海淀区玉渊潭南路1号D座　100038） 网址：www.waterpub.com.cn E-mail：sales@mwr.gov.cn 电话：(010) 68545888（营销中心）
经　　售	北京科水图书销售有限公司 电话：(010) 68545874、63202643 全国各地新华书店和相关出版物销售网点
排　　版	中国水利水电出版社微机排版中心
印　　刷	清淞永业（天津）印刷有限公司
规　　格	184mm×260mm　16开本　17.25印张　420千字
版　　次	2022年7月第1版　2022年7月第1次印刷
印　　数	001—500册
定　　价	**118.00元**

凡购买我社图书，如有缺页、倒页、脱页的，本社营销中心负责调换
版权所有·侵权必究

我国西南地区河谷深厚覆盖层是一个区域性的地质事件，在此类地基上建设水利水电工程往往存在渗流破坏、渗漏损失、不均匀沉陷等诸多问题，给工程建设带来了困难。因此，近年来深厚覆盖层上建坝的相关课题被特别重视。

深厚覆盖层坝基渗流控制是大坝成败的关键，当前主要采用垂直防渗墙截断覆盖层中渗流的方法，当防渗墙无法实现时，采用混凝土防渗墙加深部灌浆的双重方法，而且多采用两道防渗墙，造价十分昂贵，施工难度大，工期长。如此粗放型的控制措施主要归因于对深厚覆盖层内部混沌的渗流系统缺乏精细化的理论指导。若能探明深厚覆盖层自身工程特性及渗流-变形演变规律，制定更加合理的渗流控制方案，将会事半功倍。如：岷江太平驿水电站的覆盖层厚度达到80m，在充分研究地层特点后，依照"坝基上部土层不渗透破坏，下层强透水层就不受影响"的新理念，上游采用了水平铺盖防渗，下游采用铺设反滤层的方案，运行状况良好。此方案节约投资1亿元，工期缩短了1年，施工也简单易操作。可见，运用覆盖层自身特性来针对性地制定渗流控制方案，才是降低成本和施工难度的关键所在。

西南山区河谷覆盖层在纵向上大致可分为3层：①底部为晚更新世冲积、冰水漂卵砾石层；②中间为晚更新世以冰水积、崩积、坡积、堰塞堆积与冲积混合为主的加积层；③上部为全新世正常河流相堆积。显然，西南山区河道深厚覆盖层呈现鲜明的层状结构。其中，强、弱透水层（粗、细颗粒土层）交替出现现象尤为突出，各层岩性、物理力学特性等差异较大。如，金沙江中游上江坝址河床覆盖层最厚达206.2m，从上到下主要分5层，对应的岩性为漂卵石、低液限黏土、砾卵石、粉细砂层、砂砾石；再如，大渡河干流上硬梁包水电站坝址河床覆盖层自上而下可分为粗细粒土相间的5层，存在冰水积含漂砂卵砾石层、堰塞堆积粉细砂层和冲洪堆积含漂卵砾石层；又如，雅砻江干流锦屏一级普斯罗坝址河床覆盖层自上而下分为3层，分别为含块碎石砂卵石层，含卵砾石砂质粉土和含块碎石砂卵石；等等。

在建坝、蓄水后，交替出现的强、弱透水层在渗透力作用下必然会相互影响，相互制约。但关于深厚覆盖层中强、弱透水层之间的作用机理仍不明朗，如：坝基深层强、弱透水层之间接触冲刷破坏机理；弱透水层中细粒土迁移到强透水层孔隙的内管涌机理；强透水层形成的承压储水层对弱透水层顶托作用如何衡量；弱透水层液化对强透水层的强度影响；各透水层的固结与液化规律，等等。深厚覆盖层坝基的上述种种关系，还存在着地质构造复杂、高坝、高水头、水平和垂直特性差异大、渗流非线性问题突出等一系列困难，传统的渗流理论无法完全解释其机理。所以，有必要对深厚覆盖层强、弱透水层的相互作用、变形特性和渗流演化过程进行研究。

强、弱透水层之间的相互影响关系也是整个坝基多场-多尺度耦合的外在体现。其机理揭示更加符合深厚覆盖层坝基渗流和动力变形的实际情况，也可为更加合理、精准的渗流控制措施提供理论支持。因此本书主要探明三方面机制：多场、多尺度耦合作用下强、弱透水层相互作用机制；相互影响的强、弱透水层变形和渗透破坏机制；强、弱互层的深厚覆盖层坝基渗流控制机制。

（1）首先，强、弱透水层相互作用随着外部因素（坝体填筑、水库蓄水、大坝运行、水位升降等）和时间而变化，是渗流场、应力场等耦合的结果。所以，多场、多尺度耦合计算理论更加符合坝基内部相互作用的实际情况。其次，强、弱透水层自身的岩性、连续性、厚度、渗透性和物理力学特性等决定着两者相互作用的大小，进而反映出坝基整体渗流场和应力场的变化。因此，多场-多尺度耦合作用下强、弱透水层相互作用机制是探明深厚覆盖层坝基诸多问题的前提。

（2）强、弱透水层相互作用和演化过程是否导致内部侵蚀的持续发生，进而造成坝基或上部结构破坏是关注的核心问题。强、弱透水层相互作用的时效性为重要的计算控制节点，作用后对各层的利弊断定可为获取渗透和变形破坏重要参数，而渗透和变形破坏机理的探明为渗流控制提供理论支持。如何兴利除弊是必须要解决的重要命题。因此，相互影响的强、弱透水层变形和渗透破坏机制是探明坝基安全与否的重要准则。

（3）强、弱互层深厚覆盖层坝基渗流控制方案的造价、施工难度和工期能否优化是问题解决的根本所在。如，垂直防渗是否一定要全封闭？水平防渗如何优化？反滤层如何设置？排水减压井如何设置更有效？何种弱透水层可以加以利用？坝基渗流自愈合能力如何评估？等等。通过鉴别和诊断其中的利弊而加以取舍，针对性地制定渗流控制方案。因此，强、弱互层的深厚覆盖层坝基渗流控制机制是最终目的。

21世纪伊始，作者及其团队便在深厚覆盖层渗流控制领域进行了不懈的探索。在十余年的研究实践中，作者先后承担了国家自然科学基金、重庆市自然科学基金以及区域重大工程建设项目等10余项相关科研课题。在此基础之上，作者结合多家设计单位、施工单位及大学实验室的代表性成果，得以完成《层状覆盖层坝（堤）基流固耦合与渗流分析》一书，并历经多次修改终于完稿。本书记载着作者及其团队近几年从事深厚覆盖层领域研究的主要历程和成果，是研究团队集体智慧的结晶。希望本书能够增加读者在深厚覆盖层渗流控制、坝基处理和设计方面的知识，深刻理解深厚覆盖层坝基处理对大坝工程的重要性，改变现有粗放型渗流控制向精细化、精准化施工起到抛砖引玉的作用。

本书汇聚了多个科研项目的成果，感谢国家自然科学基金委员会、山西农业大学、新疆农业大学、重庆三峡学院及相关重大工程项目业主单位等的支持。本书汇集了毛海涛（山西农业大学城乡建设学院）、王正成（重庆三峡学院土木工程学院）和侍克斌（新疆农业大学水利与土木工程学院）的研究工作，项目研究过程中，作者所在单位的同事和研究生做出了不同程度的贡献，需要感谢的有新疆农业大学严新军副教授、重庆三峡学院程龙飞教授、山西农业大学段喜明教授、河海大学罗玉龙教授、南京水利科学研究院谢兴华教授级高工、卢斌博士后等，特别感谢研究生黄海均、刘阳、黄庆豪、陈玉琳、王璠、杨帅等在科学研究中的贡献，有了大家的共同努力，才成就了这部书稿。

需要指出的是，由于作者水平有限，本书的学术观点和成果不一定能完全得到同行和专家的认可，有些方面可能存在不足或者不妥，甚至存在疏漏之处，希望读者不吝赐教，及时将意见和建议反馈给作者。

本书获得国家自然科学基金（51309262），山西省自然科学基金面上项目（202103021224151），山西农业大学 211 省改革高层次人才引进项目（2021XG009）的资助。

毛海涛

2021 年 7 月于山西农业大学

目录

第1篇 覆盖层坝（堤）基流固耦合离散元分析
——坝（堤）基岩土体渗透破坏的微、细观模拟

第 2 篇　覆盖层坝（堤）基流固耦合的有限元分析
——强、弱透水层对渗流场和应力场的影响

第4篇　几种覆盖层坝基防渗与处理方法研究

第5篇　层状覆盖层渗流特性的试验研究

绪　论

0.1　西南山区河道深厚覆盖层特点

　　河谷深厚覆盖层一般指厚度超过30m，堆积于河谷之中的第四纪松散沉积物，主要组成成分为颗粒粒径较大的漂卵砾石、块碎石以及粉细砂等，颗粒级配曲线具有以粗粒为主的陡峻型结构到平缓型的细粒结构的特征，中间粒径组分较为缺乏。我国各主要河流河谷覆盖层厚度一般为数十米至百余米，局部地段可以达到数百米，尤其在西南地区，河谷深切和上覆深厚覆盖层现象更为显著。在大渡河、岷江、雅砻江和金沙江等各梯级水电工程建设中，河谷内均发现有不同厚度的深厚覆盖层见表0－1。

表 0－1　　　　　　我国西南地区主要河流流域河谷深厚覆盖层一览表　　　　　　单位：mm

地　点	覆盖层厚度	所在河流	地　点	覆盖层厚度	所在河流
巴拉	30	大渡河	枕头坝	48	大渡河
达维	30	大渡河	沙坪	50	大渡河
卜寺沟	30	大渡河	龚嘴	70	大渡河
双江口	70	大渡河	铜街子	70	大渡河
热足	38	大渡河	虎跳峡	250	金沙江
金川	57.9	大渡河	新庄街	37.7	金沙江
独松	80	大渡河	龙街	60	金沙江
安宁	95	大渡河	乌东德	59	金沙江
马奈	135	大渡河	白鹤滩	59	金沙江
巴底	130	大渡河	溪洛渡	40	金沙江
丹巴	127.7	大渡河	向家坝	81.8	金沙江
猴子岩	70	大渡河	杨房沟	38	雅砻江
长河坝	87.1	大渡河	卡拉	51.6	雅砻江
道班	130	大渡河	锦屏Ⅰ级	40	雅砻江
黄金坪	134	大渡河	锦屏Ⅱ级	48	雅砻江
野坝	130	大渡河	官地	35.8	雅砻江
冷竹关	122	大渡河	二滩	51	雅砻江
泸定	149	大渡河	桐子林	36.7	雅砻江
冷碛	84	大渡河	马脑顶	60	岷江
加郡	112	大渡河	飞虹桥	73.4	岷江
硬梁包	129.7	大渡河	大锁桥	72.5	岷江

地　点	覆盖层厚度	所在河流	地　点	覆盖层厚度	所在河流
得妥	50	大渡河	磨刀溪	100	岷江
田湾（支流）	131.8	大渡河	彻底关	85	岷江
新民	86	大渡河	福堂	92.5	岷江
龙头石	70	大渡河	兴文坪	62.5	岷江
安顺场	73	大渡河	太平驿	80	岷江
老鹰岩	70	大渡河	中滩铺	64	岷江
冶勒（支流）	＞420	大渡河	渔子溪Ⅰ级	75	岷江
汉源	81	大渡河	渔子溪Ⅱ级	68.4	岷江
瀑布沟	75	大渡河	映秀湾	62	岷江
深溪沟	49.5	大渡河	璇口	33	岷江

我国西南地区的地质环境条件复杂，高山峻岭、河谷深切，大江大河、奔涌不息，蕴藏着相当丰富的水能资源。随着水利水电资源的进一步开发，已有许多水库修建在深厚覆盖层基础上，将来还有进一步扩展的趋势。河谷深厚覆盖层作为一种地质条件差且复杂的地基，其成因类型复杂多样，结构也较为松散，在其上建坝时的渗流控制、不均匀沉降等问题突出，对工程整体安全构成威胁。

深厚覆盖层的沉积物产生的历史时期与成因各不相同，导致这些覆盖层分层现象普遍，分层具体有洪积层、冲积层、湖积层以及化学沉积层等。此外，各层沉积物的透水性、厚度和承载力也差别较大。已有学者对我国西部山区河道，如金沙江、大渡河、雅砻江和岷江等研究发现，其覆盖层在纵向上从上至下大致可分为 3 层：Ⅰ为现代河流漂卵石层；Ⅱ为含泥砂碎块石、粉细砂、粉质壤土等互层；Ⅲ为含泥砂卵（碎）石层，各层基本特征见表 0 - 2。

表 0 - 2　　　　　　　西南山区河道深厚覆盖层自上而下基本特征

土　　层		厚度/m	该层特征	渗透系数/（cm/d）
现代河流漂卵石层		15～25	由漂卵石夹砂、砾质砂和纯砂组成，分选性较好，浑圆状或半浑圆状	60～80
漂卵石、含泥砂碎块石、砂壤土互层	细砂、粉质壤土层	≈25	部分河段本层为架空结构，结构和物质成分使得此层承载力较差	—
	漂卵石或卵石层	10～20	以半浑圆状和次棱角状漂卵石为主，次为中细砂。结构比较紧密，承载力较好	30～60
	细粉砂、粉质壤土层	最大 20	薄层状构造。下部多为深灰—灰黑色粉质壤土，上部为褐黄色粉细砂	—
	漂卵石层	15～20	以半浑圆状至次棱角状的漂卵石为骨架，其间充填砂砾石。结构比较紧密	20～40
含泥砂卵（碎）石层		最大 50	颗粒中以 30～70mm 的碎石为主，次为细粉砂和砂壤土，大漂石呈散粒状分布，结构一般紧密，承载力一般	5～10

由表 0-2 可知，山区河道深厚覆盖层在渗透性上呈现明显的分层结构，且各层岩性和物理力学特性等也差异较大。建坝、蓄水后，分层明显的强、弱透水层不仅自身渗透和变形特性会发生变化，而且各层之间也会彼此影响，相互制约。深厚覆盖层坝基除上述种种关系外，还存在着高坝、高水头和计算时非线性问题突出等一系列困难。

0.2 国内外研究进展

当前，在深厚覆盖层的成因、地质勘探手段和方法、防渗技术等方面已经有了较系统的研究；在深厚覆盖层坝基中砂性土地震液化、土体固结、沉降理论等方面也有了丰硕的研究成果。但就本研究而言，还存在四个方面的研究成果需要系统梳理和借鉴。

（1）多场、多尺度耦合计算方法。深厚覆盖层强、弱透水层相互作用既是多场耦合结果，也是微观尺度、中尺度和宏观尺度耦合的体现。多场和多尺度耦合计算方法为强、弱透水层相互机理提供精准参数，是解决其他关键问题的重要工具。

1）流固耦合、多场耦合。深厚覆盖层中岩土体的物理参数存在随机性、模糊性和渗流的混沌性，因此有必要建立多场耦合模型。1943 年 Tetzagh 最早研究将可变形、饱和的多孔介质中流体的流动作为流动变形耦合问题，建立了一维固结模型。1956 年 Biot 在系列假设基础上建立了比较完善的三维固结理论，并将此理论推广到各向同性多孔介质和动力分析中。为适应实际多场耦合工程问题的需要，一些具体的多场耦合模型得到发展，代表性的有 Smith、Peters、Alshawabkeh、Fox 和张志红提出的水力—力学耦合模型，Manassero 提出的水力—化学耦合模型；Soler 热—水力耦合模型、Gajo & Loret、Kaczmarek、PETERS G. P. 提出的水力—化学—力学耦合模型；Hueckel & Pellegrin 提出的热—水力—化学—力学耦合模型；武文华、李锡夔提出的热—水力—力学—传质耦合模型；Moyne、Muradma 提出的水力—电化学—力学多场耦合输运模型等。但上述大部分模型都是在宏观、经验性的基础上建立的。模型中通常假设渗流过程服从经典 Darcy 定律，质量扩散过程服从经典 Fick 定律，热传导过程服从经典 Fourier 定律。对于输运过程材料发生弹性变形的情况，通常采用 Terzaghi 固结理论或者 Biot 固结理论与输运过程相耦合。Sridharana 证实了 Terzaghi 有效应力原理适用于饱和土体并且孔隙水化学条件不变的情况。周创兵还提出了工程作用的概念和多场广义耦合方法。这种多场广义耦合除了要考虑经典场之间的耦合作用之外，还纳入了工程作用这类非经典场的综合作用效应。

深厚覆盖层中岩土体各向异性十分突出，目前工程中使用的耦合理论和本构方程绝大多数是各向同性的模型，如何建立能够反映土体实际情况并简单、实用多场耦合模型是值得注意和研究的问题。此外，为了合理地描述不同深厚覆盖层土层多孔介质中多相或多种物理场复杂相互作用过程，需深入研究多场耦合机制和耦合效应定量模型，使这种问题的研究更加科学和系统。

2）多尺度耦合。多尺度耦合是从局部微观问题入手，通过严密的数学理论，推演和验证出全局的宏观问题。微观尺度分析可以揭示孔隙流运动特性等有价值的信息，如土体拖曳力和实际流动模式。多孔介质中孔隙流问题的数值分析的多尺度研究大致分为两类：一是如何构造合理的多尺度算法；二是对于问题的非线性和退化性带来的困难，如何建立高精度的数值算法和理论分析。20 世纪 70 年代至今，人们提出了许多均匀化方法和尺度提升方法来解决多尺度问题，且被广泛地接受和应用。Bensousan、G. Allaiar、Tartar、Spagnolo、Nguetseng、Kozlov、Olineak 等的工作为均匀化方法建立了系统的数学理论；Tartar 引入的能量方法，Ngustseng & G. Allaire 引入的双尺度收敛的方法以及 L. Tartar & F. Mttrat 提出的补偿列紧的方法，这些都为均匀化理论的建立提供了更为有效、更新的手段。同时，自 20 世纪 70 年代至今，各种多尺度问题的均匀化理论也相继被建立。Huang 在加权索伯列夫空间中研究了以下一类退化形式的多尺度抛物方程的均匀化。然而上述几种退化条件并不完全符合 Richards 方程在 van Genuchten - Mualem 本构关系下的退化特点。

近些年来，各种不经过均匀化这一步骤而直接处理多尺度问题的多尺度数值方法已被提出。如 Hou & Wu 提出的多尺度有限元方法（MsFEM），变分多尺度方法（Variational Multiscale Method）和无残差 Bubbles 方法（Residual - Free Bubbles Method），以及 E & Engquist 提出的异质多尺度方法（HMM）。以上这些多尺度方法都是通过在粗网格下做大量的局部工作，以至于能够在粗网格上直接抓住解在微观尺度上的行为。基于多尺度有限元方法。Abdulle & E 在基于 HMM 框架下采用有限差分法作为宏观求解器数值计算了一类多尺度抛物问题。近年来，采用间断有限元方法和多尺度方法相耦合来处理多尺度问题成为近些年来多尺度算法研究的一个热点。刘晓丽，王思敬推导了具有圆形和椭圆形含水孔洞的岩石中极限水压力值，提出了水压敏感性表征系数，用于探讨孔隙尺寸对水岩耦合效应的影响，提出了多尺度级序有限元方法（MsHFEM），并利用多尺度有限元法（Ms FEM）和 MsHFEM 研究了非均质岩石中的渗流过程。Abdulle 采用了 IPDG 和 HMM 相耦合的多尺度算法。对于全离散的多尺度算法，Usama El Shamy 采用离散元建模来描述粗颗粒土饱和渗流时在临界水力梯度和超临界水力梯度作用下"中尺度"孔隙水流特性和"微观尺度"土体变形。周健等基于散体介质理论，利用 PFC^{2D} 内置 FISH 语言定义流固之间的作用力方程和压力梯度方程。程冠初借助尺度扩展的数学方法，针对水力梯度驱动下的流体渗流展开了从孔隙到达西的尺度扩展的理论和计算工作。张娜等建立了 Darcy/Stokes - Brinkman 多尺度耦合模型，采用多尺度混合有限元方法，对裂缝介质渗流问题进行了研究。

（2）渗透破坏理论研究现状。深厚覆盖层坝基中强、弱透水层渗透破坏主要是管涌和接触冲刷，尤其是不同深度强、弱透水层之间内管涌和接触冲刷机理是探明坝基内部侵蚀和破坏的关键。

1）管涌方面。Kenney 等基于试验结果提出了利用颗粒级配曲线确定可动细颗粒流失量的方法。Skempton 等研究了内部稳定和不稳定的两种砂砾料的管涌发展过程，试验结果表明水土相互作用贯穿了管涌发展的全过程。Sterpi 研究了初始细颗粒含量为 23％的粉细砂的细颗粒流失过程，建立了细颗粒流失量与渗透坡降、时间的经验公式。Bendahmane 等研究了罗亚尔砂和高岭土混合料的可动细颗粒流失过程，重点探讨了渗透坡降、细颗粒含量、围压 3 个重要因素对管涌发展过程的影响。Richards 等模拟了黏性土、无黏性土在渗流和三向压力作用下的管涌发展过程。与外国学者相比，中国学者研究更加侧重于定性研究，主要从渗流角度探讨不同坝基结构的管涌发展规律及防渗措施的管涌控制效

果等。毛昶熙等给出了粉细砂堤基发生管涌时影响大堤安全的水平临界坡降，还研究了二元结构堤基中悬挂式防渗墙对截断管涌通道的作用。李广信等研究了二元堤基的管涌发展模式，分析了悬挂式防渗墙深度与出砂量的关系及其对管涌发展的控制作用。丁留谦等系统地研究了单层、双层及三层堤基的管涌发展机理。刘杰等探讨了不同渗透系数比值、不同地层结构的双层地基的渗透破坏机理，研究了双层地基中不同细颗粒含量的砂砾石土管涌破坏后的危害性。罗玉龙、吴梦喜研究了坝基内管涌对渗流场和应力场的影响，提出了内管涌侵蚀的理论与有限元方法。

2）接触冲刷方面：接触冲刷的本质是细土层中的细颗粒从粗土层孔隙中流失，但只有同时具备了几何条件和水力条件，层状土在层间渗流的作用下才会产生接触冲刷。ИСТОМИН А В С 根据试验结果得出，接触冲刷临界水力坡降与相邻土层的有效粒径和较细土层的摩擦系数有关。范德吞认为接触冲刷水力坡降大小只与细土层和粗层粒径平均值之比有关，根据试验资料得出两者呈近似线性关系的结论。陶同康等从土层接触面上土颗粒的受力平衡出发，推导出无黏性土接触冲刷临界水力坡降的计算公式。全苏水工科学研究院的研究结果表明，当细土层的某含量的粒径与粗土层的孔隙直径之比小于 0.7，且渗流的雷诺数 $Re < 20$ 时，两土层之间的渗流才会出现接触冲刷。刘杰 2006 年曾建议成层无黏性土层间接触冲刷的允许水力坡降按式（0-1）确定。

$$J_{cr} = \frac{1}{1.5}\left(7.6 + 24.8\,\frac{d_{10}}{D_{20}}\right)\frac{d_{10}}{D_{20}} \tag{0-1}$$

式中　J_{cr}——接触冲刷允许水力坡降。

2011 年，刘杰根据试验资料进一步提出来两水平土层之间产生接触冲刷时临界水力坡降与颗粒组成之间的关系为 $J_{c.cr} = 6.5(d_{10}/D_{20})\tan\varphi$，若取 1.2 的安全系数，允许水力坡降为 $J_{c.cr} = 5.4(d_{10}/D_{20})\tan\varphi$，其中 φ 一般在 32°～39°变化，可取 35°。

Sundborg、Dune、Partheniades 等认为黏性土的接触冲刷与无黏性土的接触冲刷在机理上的差异，主要反应在接触冲刷发生时土颗粒的起动机理上有所不同。陈建生等讨论了砂砾石层与黏土层发生接触冲刷时细砂从接触面因渗流冲刷而流失的发展过程，通过分时段的稳定流计算模拟了接触冲刷的全过程。邓伟杰得出了黏性土层与砂砾石层接触冲刷临界水力坡降的计算公式：

$$J_{c.cr} = \frac{1}{\rho_w g}\left(\frac{1-n_1}{D_{\theta k}} - \frac{1-n_2}{d_{\theta k}}\right)g\left[c_1\mu\sigma + c_2(\sigma\tan\varphi + c) - c_3(\rho_s - \rho_w)gD_i\right] \tag{0-2}$$

式中　c_1、c_2、c_3——实验参数；

　　　　ρ_w——水的密度；

　　　　ρ_s——土颗粒的密度；

　　　　g——重力加速度；

　　　　n_1——粗土层的孔隙率；

　　　　n_2——细土层的孔隙率；

　　　　$D_{\theta k}$——粗土层的等效粒径；

　　　　$d_{\theta k}$——细土层的等效粒径；

　　　　μ——侧压力系数；

σ——正压力；

D_i——黏土粒团的直径；

c、φ——黏土的凝聚力和内摩擦角。

刘建刚在研究接触冲刷的稳定井流模型中，通过镜像法得出接触冲刷发生初期任一点的水力坡降计算公式；并采用模型计算模拟了接触冲刷的发展过程，通过模型中各单元的渗透系数与水力梯度求出该单元的渗透流速，表明接触面附近的细砂从出渗口开始流出，出渗口附近的渗透系数首先增大，然后逐步向内部发展，直至形成贯通性集中渗漏通道。

纵观国内外研究现状并结合本书研究内容，不难发现对不同土层之间接触冲刷问题的研究还很少，就本书而言，主要考虑以下两个方面：高水头作用下深部强、弱透水层的接触冲刷问题，还要从土的黏性与抗剪强度、强透水层的密度等方面研究其对接触冲刷的影响；由于不同土体的物理性质不同，因此在外力作用下会产生不同的变形，接触面的抗冲刷能力会发生怎样的改变还有待试验和理论的进一步研究。

（3）深厚覆盖层渗透变形研究现状。关于深厚覆盖层渗透变形研究的相关成果较为广泛，涉及渗透稳定、坝基沉降、地震液化、土体固结等方面。因篇幅有限，此处仅罗列针对西南地区典型岩土体特性和渗透变形关系的部分研究成果。

王春山研究了金沙江鲁地拉水电站库岸典型地段的深厚覆盖层在蓄水后的稳定性，认为渗流场对深厚覆盖层的影响主要表现在渗水对坝基岩土体的物理化学以及力学方面。吴俊峰研究了金沙江其宗水电站深厚覆盖层工程地质条件、抗滑稳定评价、坝基沉降评价和砂土液化评价，得出其宗水电站下坝址河床覆盖层的总体性状较好，经工程处理后的覆盖层坝基具备修建高堆石坝的条件。孙云志，王启国研究了金沙江虎跳峡河段深厚覆盖层状坝基，认为该河段适宜修建当地材料坝，与之相关的工程地质问题有坝基压缩变形、坝基渗透稳定与基坑涌水、坝基土层振动液化。李凯研究了雅鲁藏布江上多布电站覆盖层，认为该层状坝基主要工程地质问题是沉降和渗透变形，覆盖层的沉降可在坝体施工期间消除，对电站影响不大，大坝修建后，覆盖层中上部水力坡降较大，一般大于允许坡降。王启国研究金沙江中游上江坝址发现河床覆盖层中粗粒土的强度较高，相对堆石坝而言是较好的基础持力层，但黏土层性状较差，强度较低，是影响坝基沉降变形、抗滑稳定的关键层位，大坝建基面的选择与该层关系密切，不同的建基面所引发的工程地质问题是有差异的。王启国还以金沙江中游上江—其宗河段河床新近沉积的厚度较大的砾卵石层为研究对象，采用勘探、颗粒分析、现场原位测试、模拟级配试样的室内物理力学性质试验等综合研究手段，查明研究河段河床砾卵石层以粗料为骨架，具有承载力、抗剪强度、变形模量、弹性模量较高，压缩性低，中等—强透水性等工程地质特征，探讨利用或清除砾卵石层的不同筑坝方案所涉及的工程地质问题。顾小芳等针对锦屏二级水电站砂砾石深厚覆盖层上闸坝沉降进行计算，采用 ANSYS 中的面面接触模型模拟闸坝的结构缝，实现了绝对沉降和不均匀沉降的计算。闫生存等通过建立灰色预测模型，分析水布垭河床覆盖层经强夯处理后的沉降变形和沉降机理，表明灰色预测模型比较适合短序列观测资料的分析和预测，且预测精度较高。

目前，针对西南地区强、弱互层深厚覆盖层渗透与变形相关的研究成果极少，如吴梦喜针对强弱互层深厚覆盖层坝基上的硬梁包水电站附坝地基建立三维有限元渗流模型，研

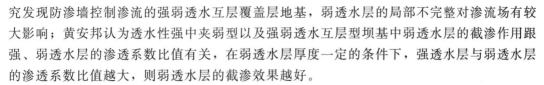

究发现防渗墙控制渗流的强弱透水互层覆盖层地基，弱透水层的局部不完整对渗流场有较大影响；黄安邦认为透水性强中夹弱型以及强弱透水互层型坝基中弱透水层的截渗作用跟强、弱透水层的渗透系数比值有关，在弱透水层厚度一定的条件下，强透水层与弱透水层的渗透系数比值越大，则弱透水层的截渗效果越好。

（4）深厚覆盖层坝基渗流控制理论研究现状。深厚覆盖层坝基渗流控制理论为控渗方案提供依据和准则。许多学者从防渗墙深度、铺盖长度和覆盖层渗透性等角度开展了深厚覆盖层上土石坝的渗流控制优化研究。本书从垂直防渗、水平防渗和联合防渗三个方面梳理。

1）垂直防渗。白勇等指出渗透系数较大的坝基覆盖层是大坝渗流的主要通道；封闭式防渗墙最能取得有效的防渗效果；谢兴华等指出悬挂式防渗墙的深度取覆盖层厚度的70％较为合理；蔡元奇等对采用悬挂式防渗墙的堆石坝进行渗流场分析，指出渗流及渗流量主要由未封闭的覆盖层控制，下游坝底的反滤层和排水很重要。孙明权等指出在覆盖层地基内采用混凝土防渗墙应尽量增大防渗墙深度，并应结合帷幕灌浆封堵防渗墙不能达到的深度，最大坡降和渗流量均随防渗墙深度和厚度的增大而降低。Xu 等指出由防渗帷幕、防渗墙、连接板、趾板和面板等构成的防渗体系可以显著改善坝体和坝基的渗流特性。黄安邦研究深厚覆盖层强弱透水互层型渗透结构坝基，认为防渗墙封闭表层及浅层强透水层时，能起到有效防渗的作用，当防渗墙深度进一步增加，其防渗效果并不显著提升。沈振中等针对建于 47m 深覆盖层上的察汗乌苏混凝土面板砂砾石坝，建立了模拟其防渗墙、帷幕、不同排水布置方案下的三维有限元模型。王正成提出了垂直防渗墙的位置直接影响防渗墙深度和防渗效果，以往的公式和经验不能明确其对坝基渗流量和渗透坡降的影响。

2）水平防渗。白俊文等基于边界元法分析土石坝的铺盖长度对深厚覆盖层透水地基渗流的影响，指出坝基渗漏量呈抛物线分布且与铺盖长度成反比，当铺盖长度超过最优值后不再显著影响坝基渗流特性；侍克斌等用液限红黏土模拟实际工程中的微透水土工膜进行模型试验，得出水平铺盖的最优长度是坝前水深的 26～30 倍。沈振中等验证了饱和-非饱和渗流方法可以有效模拟复合土工膜缺陷渗流场和计算缺陷渗流量。温立峰等仅凭铺盖无法有效控制坝基渗流，覆盖层的渗透系数和渗透各向异性对坝基和大坝渗流场均有一定影响。

3）墙幕结合防渗。目前，墙幕结合防渗技术尚无规范可循，仍依靠常规防渗墙与帷幕灌浆各自的技术规范来设计和施工。但已有学者就防渗墙最优深度及墙幕搭接技术等问题进行了探索。燕乔等对指出墙幕深度与经济性的组合需综合技术、进度与投资等因素，且应尽量加大上部防渗墙深度以保证防渗效果，墙幕搭接长度推荐取 10m。付巍分析了深厚砂砾石地基上墙幕结合防渗体的深度变化对坝基渗流的影响，指出墙幕结合方案中防渗墙存在一个最优深度值。许小东等基于加权重多目标函数法进行了防渗体结构尺寸的优化研究，得到了优化搭接长度的变化规律。

综合上述四方面研究现状并结合本课题研究内容，认为已有研究成果仍存在四方面不足：

（1）多场和多尺度耦合模型仍处在初级发展阶段，能准确描述深厚覆盖层各透水层相互作用耦合模型仍需要进一步探索，已有数值模型有一定的借鉴性，但仍需改进；本构方程和非线性表达等控制性方程有待进一步揭示，已有模型还不能准确描述深厚覆盖层内部强、弱透水层的渗透和变形演化规律。

（2）深厚覆盖层透水层内部渗透和变形破坏机制研究成果尚缺乏。已有关于土层渗透和变形破坏的研究成果大多与坝基整体隔离而单独研究，缺乏从局部到整体的响应机制研究，往往边界理想化、工况单一化且不考虑耦合作用和时效性。

（3）深厚覆盖层渗流控制理论相对滞后。目前，关于深厚覆盖层渗流控制的研究侧重于施工技术方面，且未完全遵守防渗—排渗—反滤层三结合原则，并非因地制宜和有针对性地制定渗流控制方案。主要是因为关于深厚覆盖层坝基渗流控制理论不能满足当前工程需求，缺乏指导性规范。

（4）鲜有研究成果关注深厚覆盖层内部强、弱透水层的相互作用以及对坝基渗透和变形的影响。

0.3 本书研究内容

（1）深厚覆盖层多场和多尺度耦合数值模型研究。本书将在前期工作基础上针对粗/细颗粒土层、强弱透水相间的覆盖层、构造复杂的多元结构覆盖层等进行多场和多尺度耦合建模。①寻求符合深厚覆盖层岩土体内部本构关系，探索孔隙率和渗透系数的非线性表达；②改进多尺度有限单元法构造基函数，降低方程组的阶数，提高传统计算方法效率；改进剖分法以快速提升尺度，实现快速、精确的多尺度有限单元法；③用 Navier - Stokes 方程、线性角动量方程、离散元、并引入离散格子玻尔兹曼方法和土工离心机相似准则，借助离散元来实现多尺度耦合；④耦合模型的精度分析和调试。

（2）强、弱透水层相互作用与变形演化过程研究。强弱透水层粒径组成、渗透系数、物理力学性质等相差较大，在渗透力作用下，强弱相间的透水层之间必然相互影响，相互制约。①相互作用对孔隙率、渗透系数、应力、应变等岩土体物理力学性能影响；②强弱透水层相互作用的变形协调机制研究；③强弱透水层渗透变形的时效性研究；④相互作用对强透水层强度影响及蠕变规律研究，相互作用后覆盖层内部挤压、顶托、液化与固结等机理研究。

（3）强、弱透水层渗透破坏机制研究。深厚覆盖层坝基中强、弱透水层接触面存在接触冲刷；粒径差异和渗透力的存在导致内管涌发生；土体细颗粒流失后渗透性增加，强度和变形模量减小等，这些渗透破坏危及大坝安全，必须加以重视。①探明强弱透水层接触冲刷发生、发展的条件和机理；②强弱透水层内管涌侵蚀过程，侵蚀对坝基坝体应力应变的影响；③内管涌扩散机制及与外管涌关系研究；④覆盖层深部土层渗透破坏对坝基影响研究。

（4）强弱互层的深厚覆盖层坝基渗流控制机制。渗流控制应遵循防渗—排渗—反滤层三位一体的原则，根据坝基自身特点，尤其重视深厚覆盖层中可利用的强弱透水层，以安全和经济为主旨来制定渗流控制方案。①覆盖层中弱透水层与垂直防渗墙联合控渗研究；②山区河道深厚覆盖层采用水平铺盖和悬挂式防渗墙防渗的要点分析；③浅层强透水层设置排水减压井有效性研究及反滤层的设置与要点研究；④一道和两道垂直防渗体的优劣分析及优化。

0.4　研究目标

以典型深厚覆盖层坝基为研究对象，构建基于多场和多尺度耦合的计算模型，系统研究深厚覆盖层中强、弱透水层渗透和变形演化规律，为我国深厚覆盖层上水利工程的渗流控制提供理论支撑。

（1）明确覆盖层中强、弱透水层变形特性、渗透性等关键指标随耦合过程的变化规律，揭示不同土层在坝基渗流场和应力场中的作用，厘清各透水层相互作用机制。

（2）分析强、弱透水层渗流和变形演化机制，揭示强、弱透水层强度和承载力变化规律，探索覆盖层内部土层渗透破坏机理。

（3）提出保障深厚覆盖层坝基渗流安全的建模技术、求解方法，结合坝基自身工程地质特性，探索因地制宜和针对性鲜明的防渗体选型优化方案。

参　考　文　献

［1］黄润秋，王士天，张倬元，等. 中国西南地壳浅表层动力学过程及其工程环境效应研究［M］. 成都：四川大学出版社，2001.

［2］许强，陈伟，张倬元. 对我国西南地区河谷深厚覆盖层成因机理的新认识［J］. 地球科学进展，2008，（5）：448-456.

［3］金辉. 西南地区河谷深厚覆盖层基本特征及成因机理研究［D］. 成都：成都理工大学，2008.

［4］黄安邦. 山区河谷深厚覆盖层多层结构坝基渗漏研究［D］. 成都：成都理工大学，2016.

［5］沈振中，邱莉婷，周华雷. 深厚覆盖层上土石坝防渗技术研究进展［J］. 水利水电科技进展，2015，（5）：27-35.

［6］刘杰. 土的渗透破坏及控制研究［M］. 北京：中国水利水电出版社，2014.

［7］王启国，颜慧明，刘高峰. 金沙江虎跳峡水电站上江坝址若干关键工程地质问题研究［J］. 水利学报，2012，27（7）：816-825.

［8］吴梦喜，杨连枝，王锋. 强弱透水相间深厚覆盖层坝基的渗流分析［J］. 水利学报，2013，44（12）：1439-1447.

［9］武文华，李锡夔. 热-水力-力学-传质耦合过程模型及工程土障数值模拟［J］. 岩土工程学报，2003，25（2）：188-192.

［10］周创兵，陈益峰，姜清辉，等. 复杂岩体多场广义耦合分析导论［M］. 北京：中国水利水电出版社，2008.

［11］周健，黄金，张姣，等. 基于三维离散-连续耦合方法的分层介质中桩端刺入数值模拟［J］. 岩石力学与工程学报，2012，31（12）：2564-2571.

［12］程冠初. 岩土介质渗流以及输运从孔隙尺度到达西尺度的研究［D］. 杭州：浙江大学，2012.

［13］毛昶熙，段祥宝，蔡金傍，等. 悬挂式防渗墙控制管涌发展的试验研究［J］. 水利学报，2005，36（1）：42-50.

［14］李广信，周晓杰. 堤基管涌发生发展过程的试验模拟［J］. 水利水电科技进展，2005，25（6）：21-24.

［15］丁留谦，姚秋玲，孙东亚，等. 三层堤基管涌砂槽模型试验研究［J］. 水利水电技术，2007，

　　　　38 (2)：19 - 22.

[16] 刘杰，谢定松，崔亦昊. 江河大堤双层地基渗透破坏机理模型试验研究 [J]. 水利学报，2008，
　　　　39 (11)：1211 - 1220.

[17] 罗玉龙，吴强，詹美礼，等. 考虑应力状态的悬挂式防渗墙-砂砾石地基管涌临界坡降试验研究
　　　　[J]. 岩土力学，2012, 33 (S1)：73 - 78.

[18] 吴梦喜，邓琴芳，黄艳北. 堤基管涌动态发展的数值模拟 [J]. 郑州大学学报 (工学版)，2012，
　　　　33 (5)：66 - 71, 76.

[19] ИСТОМИН А В С. Флвтрадионная устойчивость грунтов [M]. Москва：Госстройиэдат，1957.

[20] 范德吞. 大颗粒材料的渗透性及其实际应用 [G] // 渗流译文汇编. 南京：南京水利科学研究
　　　　所，1963.

[21] 陶同康，尤克敏. 无黏性土接触冲刷分析 [J]. 力学与实践，1985, 7 (1)：15 - 18.

[22] ГОЛБЪДИН АЛ，Р АССҚ АЗОВ Л Н. Лроекти Рование грунтовых плотин [M]. Москва：Изд
　　　　ABC，2001.

[23] 刘杰. 土石坝渗流控制理论基础及工程经验教训 [M]. 北京：中国水利水电出版社，2006.

[24] 陈建生，刘建刚，焦月红. 接触冲刷发展过程模拟研究 [J]. 中国工程科学，2003, 5 (7)：
　　　　33 - 39.

[25] 王启国. 金沙江中游上江坝址河床深厚覆盖层建高坝可行性探讨 [J]. 工程地质学报，
　　　　2009, (6)：745 - 751.

[26] 白勇，柴军瑞，曹境英，等. 深厚覆盖层地基渗流场数值分析 [J]. 岩土力学，2008, 29 (S1)：
　　　　90 - 94.

[27] 谢兴华，王国庆. 深厚覆盖层坝基防渗墙深度研究 [J]. 岩土力学，2009, 30 (9)：2708 - 2712.

[28] 沈振中，甘磊，苗喆. 深覆盖层上坝区防渗系统优化 [C]. 渗流力学与工程的创新与实践：第十
　　　　一届全国渗流力学学术大会论文集. 重庆：重庆大学出版社，2011：351 - 355.

[29] 侍克斌，毛海涛. 无限深透水地基上土石坝渗流控制 [M]. 北京：中国水利水电出版社，2015.

[30] 沈振中，江沇，沈长松. 复合土工膜缺陷渗漏试验的饱和-非饱和渗流有限元模拟 [J]. 水利学
　　　　报，2009, 40 (9)：1091 - 1095.

覆盖层坝（堤）基流固耦合离散元分析

——坝（堤）基岩土体渗透破坏的微、细观模拟

渗透破坏（seepage failure）通常叫渗透变形（seepage deformation），也可被称为渗透失稳（instability due to seepage）。渗透破坏起初往往以各种形式出现，但最终以形成管涌通道而告终，因此在早期又将渗透破坏统称为管涌。随着渗流理论进一步发展，岩土工程界对土体渗透破坏机理的认识更加深入，有关学者将渗透破坏划分为管涌、流土、接触流土、接触冲刷 4 种类型。

渗透破坏常是由于土体中细颗粒在土体骨架颗粒孔隙间移动或被带出土体以外所导致，其最基本的特征就是颗粒的运移和流失。采用基于离散元的方法来研究渗透破坏，能从细、微观视角模拟土颗粒运移、迁移过程，以便于从根本上揭示岩土体的宏观渗流特性。因此，本章节基于颗粒流（PFC）的流固耦合理论，采用 CFD 计算技术，建立渗透破坏的颗粒流模型，旨在探索土体发生渗透破坏时的渗透变形演化规律，以期为进一步认识渗透破坏发生发展过程的影响提供参考，同时为土体发生渗透破坏的细观机理研究提供一种有效的技术手段。

第1章

流固耦合的离散元模型

迄今为止，岩土工程中常采用两类数值模拟方法对相应岩土工程工况进行模拟：一类是以连续介质力学理论为基础的软件，如有限元软件 ABAQUS、ANSYS、MSC 等；另一类是以不连续介质力学理论为基础的软件，如离散元软件 PFC、EDEM、UDEC 等。土体作为一种工程地质材料，其在结构上常表现出不均匀性与不连续性，且土体颗粒间主要是通过点接触的方式相互作用，显然，利用离散元在模拟岩土工程问题上有其独有的优势。

1.1 离散元法的基本原理

离散元数值模拟法 DEM 主要是基于不连续介质力学理论的方法，1971 年 Cundall 最先将离散元数值模拟法应用于岩石力学问题的分析，1979 年 Cundall 又将离散元应用于土壤问题的分析。随后，美国 ITASCA 商业公司基于非连续介质理论开发出如今广泛应用的离散元软件 PFC，其中 PFC 又分为二维 PFC 2D 和三维 PFC 3D。PFC 允许离散体进行有限移动和旋转（包括完全分离），并在计算过程中自动识别颗粒间新的接触。在 PFC 中，颗粒之间的相互作用是一个内力不断平衡的动态过程，其动态过程用时间步计算法来表示。在 PFC 中进行的计算是牛顿第二定律与接触点处力-位移定律交替应用的结果。牛顿第二定律用于明确每个颗粒由于作用于其上的体力及其接触处的力而产生的运动，而力-位移定律用于更新由于每个接触点的相对运动而产生的接触力。需注意的是，在 PFC 中，力-位移定律可应用于颗粒与墙体（wall）的接触，但牛顿第二定律对墙体是不适用的，因为墙体的运动是由使用者设置的。

1.2 颗粒流（PFC）的基本假定及其应用领域

1.2.1 颗粒流（PFC）的基本假定

在颗粒流的计算过程中，其做了如下的基本假定：

（1）PFC 中散体颗粒被视为刚性的。

（2）在 PFC 中生成颗粒形状在二维中为单位厚度的圆盘，在三维中为球形。

（3）多个 Pebble 重叠可组成一个刚性颗粒簇（Clump），颗粒簇可具有任意形状。

（4）内力和力矩成对相互作用于颗粒接触中，接触机制表现于更新内力和力矩的颗粒相互作用规律方面。

（5）接触为柔性接触，允许刚性颗粒在接触点彼此重叠，接触发生在一个小区域（即在一个点上），重叠量的多少和接触点的相对位移与接触力大小有关且通过力-位移定律计算。

（6）在两个颗粒之间可存在黏性接触。

（7）颗粒间的长距离相互作用可以从能量势函数中推导出来。

PFC3D 中的计算颗粒单元之所以可以假定为刚性，是因为像砂土等地质材料，它的结构变形量主要是单元颗粒之间翻转、移动等原因所导致的，而其单元颗粒本身的变形量较小，几乎忽略不计。因此将 PFC3D 中的计算颗粒单元假定为刚性是合理的。另外，PFC3D 颗粒流模型主要组成部分除了颗粒（Ball）与颗粒簇（Clump），它还包括墙体（Wall）。为了实现压缩和约束的颗粒与颗粒簇的目的，墙体允许使用者将速度边界条件施加于颗粒与颗粒簇上。颗粒和颗粒簇与墙体通过接触处的力相互作用。每个颗粒与颗粒簇都满足运动方程。然而，运动方程并不满足于每一面墙体，作用在墙上的力不影响它的运动，相反，它的运动是由使用者设置的，并保持恒定。此外，两面墙之间是没有接触生成的，因此，接触点主要形成于颗粒-颗粒（Ball‐Ball）、颗粒-卵石（Ball‐Pebble）、卵石-卵石（Pebble‐Pebble）、颗粒-墙体（Ball‐Wall）或卵石-墙体（Pebble‐Wall）之间。

1.2.2 颗粒流（PFC）的应用领域

颗粒流（PFC）软件自从 1994 年问世以来，因为 PFC 强大的可操作性，PFC 可以很容易对某些特定的问题进行数值模拟，它已成功应用于以下几个方面：

（1）物料在斜槽、管道、料仓和筒仓中的流动问题。

（2）物料混合和输送过程。

（3）矿山崩落，岩块的破裂、崩塌、破碎和滑移等问题。

（4）在模具中对颗粒材料压实等问题。

（5）黏性材料相互撞击及动态破碎过程等问题。

（6）由黏性接触颗粒单元组成的梁结构在地震作用下倒塌破坏等问题。

（7）颗粒材料的基本研究：流量、产量和体积变化等。

（8）以黏结接触颗粒组合体构成的固体基础研究：固体断裂、损伤累积和声发射。

（9）渗流与渗透破坏等问题，如泥浆流动和流化床，其中颗粒由流动的流体输送，并与流动的流体相互作用。

1.3 颗粒流（PFC）流—固耦合计算原理

颗粒流（PFC）中提供了最基本的流体分析模块及相关程序语句对渗流及渗透破坏问题进行细观数值模拟分析。在一个固定的流体单元网格上，该计算方法用欧拉-笛卡尔坐标数值求解流体的连续性方程和动量方程，然后考虑颗粒在网格内的存在，推导出每个固定流体单元网格的压力和速度。流体流动的驱动力作为物体的体力作用于颗粒上。值得注意的是，颗粒组合中的体积变化不能改变流体压力。因此，该流固耦合计算方法不适合于模拟体积应变直接影响局部流体压力的液化现象。

1.3.1 流体相方程

在固—液两相体系中，相对于固体颗粒间孔隙体积变形量，液体的体积变形量几乎可以忽略不计，因此可将颗粒孔隙中的流体视为密度不变的不可压缩流体，在求解渗流场的每一时步中，PFC3D 中用连续性方程和平均 Navier-Stokes 方程来描述的流体运动：

$$\frac{\partial n}{\partial t} = -(\nabla n \vec{v}_f) \tag{1-1}$$

$$\frac{\partial (n \vec{v}_f)}{\partial t} = -[\nabla (n \vec{v}_f)] \vec{v}_f - \frac{n}{\rho_f} \vec{v}_f \nabla p - \frac{n}{\rho_f} \nabla \tau + ng + \frac{\vec{f}_{\text{int}}}{\rho_f} \tag{1-2}$$

$$\nabla = \{\partial/\partial x, \partial/\partial y, \partial/\partial z\}^T$$

式中　n——颗粒孔隙率；

t——时间，s；

∇——拉普拉斯算子；

$\vec{v}_f$——流体的速度矢量，m/s；

ρ_f——流体密度，kg/m³；

∇p——压力梯度，Pa；

τ——流体黏性应力张量；

g——重力加速度矢量，m/s²；

$\vec{f}_{\text{int}}$——颗粒与流体间作用力矢量，N。

1.3.2 固体相方程

对于固体颗粒，考虑流体作用时，其主要受到流体对颗粒、颗粒间相互作用及外应力等作用力，并通过牛顿第二定律来对颗粒的运动进行模拟，颗粒运动方程为：

$$m_p \dot{v}_p = m_p f_g + \sum_c f_c + f_d \tag{1-3}$$

$$I_p \dot{w}_p = \sum_c r_c \times f_c \tag{1-4}$$

式中　m_p——颗粒的质量，kg；

$\dot{v}_p$——颗粒速度矢量，m/s；

f_g——重力加速度矢量，m/s²；

f_c——颗粒间的接触力，N；

f_d——颗粒在流体作用下受到拖曳力，N；包含浮力及固液之间的相互作用力，N；

I_p——颗粒的转动惯量；

$\dot{w}_p$——颗粒的转动速度矢量，r/min；

r_c——颗粒间接触处指向颗粒中心的方向矢量。

1.3.3 流固耦合方程

固体颗粒在单个流体网格内的流动情况如图 1-1 所示。

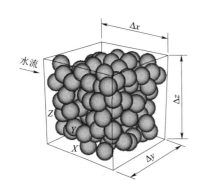

图 1-1 流体单元渗流示意图

流体单元网格体积为 $\Delta V = \Delta x \Delta y \Delta z$，假定流体单元网格内包含 n_p 个颗粒，则流体单元网格内的孔隙率为：

$$n = 1 - \frac{1}{\Delta V}\frac{\pi}{6}\sum_{i=1}^{n_p}d_{pi}^3 \quad (i=1,2,\cdots,n_p) \quad (1-5)$$

式中 d_{pi}——颗粒粒径，m。

单个固体颗粒受到的作用力为：

$$f_{di_j} = -\left(\frac{f_{\mathrm{int}_j}}{1-n}+\nabla p_j\right)\frac{\pi}{6}d_{pi}^3 \quad (1-6)$$

式中 f_{di_j}——单个颗粒所受作用力分量，N；

∇p_j——流体压力梯度分量，Pa。

对于稳定无分叉流：

$$\vec{f}_{\mathrm{int}_j} = n\,\nabla p_j \quad (1-7)$$

将式（1-7）代入式（1-6），可得单个固体颗粒受到作用力的一般表达式：

$$f_{di_j} = -\left[\nabla p_j/(1-n)\right]\frac{\pi}{6}d_{pi}^3 \quad (1-8)$$

当雷诺数为 1~10 的层流时，German（1937）将水力半径理论公式代入 Darcy 公式得压力梯度方程为：

$$\nabla p_j = 180\frac{\mu_f}{\rho_f g}\left[\frac{(1-n)^2}{n^3\overline{d}_p^2}\right]\overline{v}_j \quad (1-9)$$

式中 $\overline{d}_p$——颗粒的平均粒径，m；

μ_f——黏滞系数，Pa·s；

$\overline{v}_j$——平均流速分量，m/s。

对于雷诺数大于 10 的紊流，Ergun（1952）基于水力半径理论提出了 Ergun 公式：

$$\nabla p_j = 150\frac{\mu_f(1-n)^2}{n^2\overline{d}_p^2}\overline{v}_j + 1.75\frac{(1-n)\rho_f v_j}{n^2\overline{d}_p}\overline{v}_j^2 \quad (1-10)$$

1.3.4 流固耦合过程

在颗粒流程序中，整个流体区域被划分为若干个固定大小的流体计算单元，采用基于半隐式算法（SIMPLE 法）结构的 CFD（计算流体动力学）计算技术对液相流动方程进行求解。在计算过程中，首先根据力—位移定理计算得到颗粒间的接触力，而后将该力与流体对颗粒的拖曳力一起代入下一时步颗粒运动方程中，以此确定颗粒新的位置、速度及接触力等。同时颗粒的运动又将引起流体单元内压力、流速及孔隙率的变化，进而影响到颗粒间接触力及流体对颗粒拖曳力的变化，可见流固耦合模拟过程为一个动态循环平衡过程，其计算过程如图 1-2 所示。

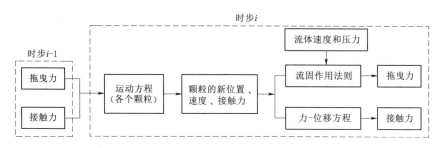

图 1-2 PFC3D 流固耦合计算过程

第 2 章

离散元中材料宏-细观力学参数的标定

细观参数的选取是颗粒流程序在模拟土体时所需面对的关键问题，目前常用的方法是采用"反演模拟"，即利用颗粒流程序进行三轴数值模拟试验，通过调整 PFC3D 中相应细观参数，不断进行三轴数值模拟，将数值模拟结果应力—应变曲线与物理试验结果进行对比，直到两者接近或相等为止，此时获得的细观参数就认为是宏观材料对应的细观参数，这个过程通常也称"标定"。本章通过大量三轴数值试验建立了黏性土宏观参数（c、φ）与细观参数（bs、μ）之间的定量关系，通过 PFC3D 内置的 fish 语言，编写了相应的无黏性土休止角颗粒流模型程序，准确、快速地对无黏性土颗粒细观参数进行了标定。

2.1 颗粒流（PFC3D）的三轴试验原理

2.1.1 三轴试验模拟过程

PFC3D 中三轴试验的三维颗粒流数值模拟过程流程如图 2-1 所示。

2.1.2 边界伺服机制作用原理

在三轴试验模拟过程中，由于在 PFC3D 中荷载是不能直接被施加于颗粒约束体（wall）上，为了使试验模型能够产生恒定的周围压力，通过式（2-1）将作用于模型边界约束上的荷载转化为一定的速度施加于约束体上，以此来产生稳定的围压。作用于约束体上的应力为

$$\sigma^{(w)} = \frac{\sum_{N_c} F^{(w)}}{A} \qquad (2-1)$$

式中 $\sigma^{(w)}$——约束体所受应力，Pa；

$F^{(w)}$——约束体所受力，N；

N_c——在给约束体施加力时，颗粒与约束的接触个数；

A——约束体的面积，m^2。

赋予边界约束上的速度为

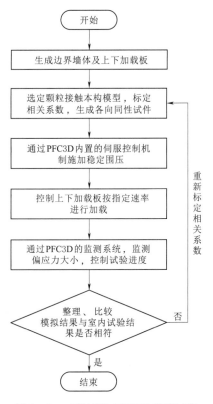

图 2-1 三轴试验 PFC3D 模拟过程

$$u^{(w)} = G(\sigma^{measured} - \sigma^{required}) = G\Delta\sigma \qquad (2-2)$$

式中 $u^{(w)}$ ——约束体运动速度，m/s；

$\sigma^{measured}$ ——测得颗粒与约束体间应力，Pa；

$\sigma^{required}$ ——设定目标围压，Pa；

G ——当前时步下的伺服参数。

每一时步内因约束体运动而产生的平均应力增量为

$$\Delta\sigma^{(w)} = \frac{k_n^{(w)} N_c u_n^{(w)} \Delta t}{A} \qquad (2-3)$$

式中 $k_n^{(w)}$ ——接触的平均刚度；

Δt ——一个运算时步。

为了使模型达到稳定的状态，在每一个计算时步中，约束体的平均应力增量绝对值要小于测量应力与目标应力之差的绝对值，即

$$|\Delta\sigma^{(w)}| < \alpha |\Delta\sigma| \qquad (2-4)$$

式中 α ——应力释放因子。

联立式（2-2）～式（2-4）可获得下一个计算时步的伺服参数：

$$G = \frac{\alpha A}{k_n^{(w)} N_c \Delta t} \qquad (2-5)$$

将式（2-5）代入式（2-2）即可求得模型下一计算时步约束体的运动速度。

通过采用 PFC3D 中内置的伺服控制机制，使得约束体的运动速度随着伺服参数的不断变化而更新，从而使得约束体的平均应力值达到目标值并维持恒定，实现了模型在加载过程中围压保持稳定的目的。

2.2　黏性土三轴颗粒流模型的建立

2.2.1　颗粒接触本构模型

PFC3D 中颗粒之间接触黏结模型是利用两颗粒间的接触点使其接合在一起，且在接触点法向和切向上有一对具有强度的弹簧，因此颗粒接触点处就存在 2 个黏结强度：法向黏结强度和切向黏结强度。并通过对接触点处的法向黏结强度和切向黏结强度进行赋值，使其具有抗剪和抗拉/压的能力。基于黏性土的力学特性，综合考虑土颗粒间的黏结力和摩擦力，采用接触黏结模型作为颗粒单元之间的黏结模型。其接触本构关系示意图如图 2-2 所示。

2.2.2　数值试样的生成

黏性土三轴试验数值模拟建立主要分成以下两个步骤：①根据室内三轴试件实际大小，生成初始尺寸高为 80mm，直径为 39.1mm 的三轴数值模型圆柱体，在圆柱体上下各设置一块加载板，如图 2-3（a）所示；②在圆柱体内生成各向同性的颗粒体试件，在此，需注意的是，如果按照黏性土的实际级配生成数值试件颗粒集合体，生成的颗粒数目

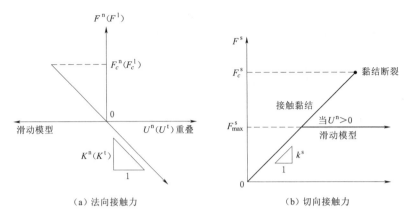

（a）法向接触力　　　　　　　（b）切向接触力

图 2-2　接触黏结模型本构关系

较多，极其耗时。事实上，当颗粒平均粒径小于模型整体尺寸的 1/30 时，即可忽略尺寸效应的影响，因此在生成此数值模型颗粒体试件时，将颗粒粒径设置在 0.75～3.0mm，并呈均匀分布，生成的颗粒数目为 10127 个，建立数值模型颗粒体试件，如图 2-3（b）所示。

2.2.3　细观参数的标定

采用的黏结模型为接触黏结模型，其关系示意图如图 2-4 所示。

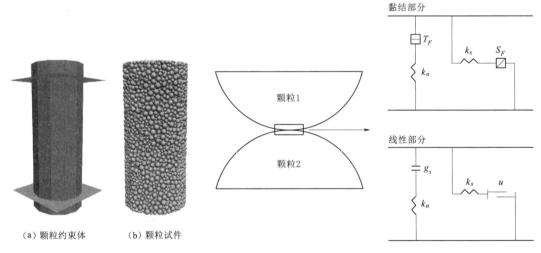

（a）颗粒约束体　　（b）颗粒试件

图 2-3　三轴试验数值模型试件　　　　　图 2-4　接触黏结本构模型图

从图 2-4 可知，颗粒细观参数主要有以下几部分组成：①颗粒的细观参数：法向 k_n、切向刚度 k_s、弹性模量 E_b、颗粒半径 R；②颗粒间接触的细观参数：法向黏结强度 nbond（简称 bn）、切向黏结强度 sbond（简称 bs）、摩擦系数 μ。事实上，国内外研究表明，土体的抗剪强度参数主要受到细观参数 bn、bs、μ 的影响。而高效精确地找到 bn、bs、μ 等细观参数与颗粒材料的宏观力学特性之间的联系，目前常用的方法是采用"反演模拟",但是这种方式选取细观参数具有较大的随机性,这导致要选取正确的细观参数成了一个即困难、又费时费力的过程。鉴于此,本章将宏观的莫尔-库仑强度准则与控制变量法相结合,通过PFC3D内嵌 fish 语言进行大量的数值三轴试验,从而得出颗粒细观参数与材料宏观强度参数之间的定量关系,如图 2-5 所示。

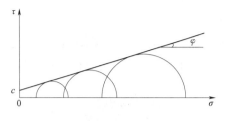

图 2-5　莫尔-库仑强度准则图

基于室内试验材料的物理几何特性,在数值模拟中,选用的具体参数详见表 2-1,其中 $E_w = 1/5E_b$,以模拟室内试件外的橡胶膜,细观颗粒孔隙率 n 与室内试样保持一致,上下加载板的加载速度为 0.4mm/s。

表 2-1　　　　　　　　　　　PFC3D 颗粒流细观参数

参数	模型高度 H /mm	模型宽度 W /mm	颗粒最大半径 R_{max} /mm	颗粒最小半径 R_{min} /mm	约束体弹性模量 E_w /Pa	颗粒弹性模量 E_b /Pa	刚度比 k_n/k_s	颗粒孔隙率 n
参数取值	80	39.1	3	0.75	6×10^6	3×10^7	6	0.48

2.3　黏性土宏-细观力学参数的标定

2.3.1　法向黏结强度与抗剪强度之间关系

通过改变颗粒间细观参数黏结强度和摩擦系数来找到试样的抗剪强度指标 c、φ 值与细观参数之间的定量关系。因黏结强度分为法向黏结强度 bn 和切向黏结强度 bs,以莫尔-库仑为破坏准则,采用控制变量法,取定 $bs = 110$kPa,$\mu = 0.1$,通过改变 bn/bs(1~13 共 13 组)的大小来分析 bn 对抗剪强度参数 c、φ 值的影响,其结果如图 2-6、图 2-7 所示。

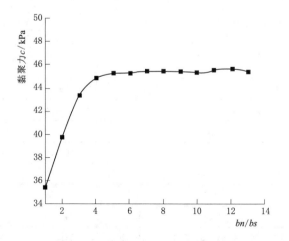

图 2-6　试样黏聚力 c 与 bn/bs 值的关系

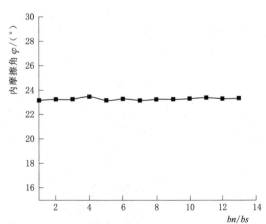

图 2-7　试验内摩擦角 φ 与 bn/bs 值的关系

从图 2 - 6 中可以看出，当 $1 < bn/bs < 5$ 时，材料的黏聚力随 bn/bs 值的增大而增大，当 $bn/bs \geq 5$ 后，bn/bs 值的大小几乎对材料的黏聚力的大小没有影响。而从图 2 - 7 可以看出 bn/bs 值大小对内摩擦角也没有影响。

同时，在数值模拟试件破坏之后，通过 PFC3D 内置的切片工具对试件中心轴处进行切片，观察试件模型的破坏形态，如图 2 - 8 所示，从图中可以看出，当 $1 < bn/bs < 5$ 时，此时的法向黏结强度稍微大于切向黏结强度，材料的抗剪强度受到法/切向黏结强度的共同作用，试件此时的破坏形态为剪切和拉裂破坏共存，如图 2 - 8（a）所示。当 $bn/bs \geq 5$ 时，由于此时的法向黏结强度逐渐远远大于切向黏结强度，在试件受压时，试件的切向黏结接触最先断裂，此时试件的破坏形态

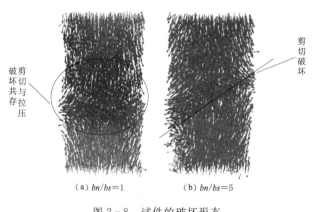

(a) $bn/bs=1$　　(b) $bn/bs=5$

图 2 - 8　试件的破坏形态

以剪切破坏为主，如图 2 - 8（b）所示。解释了当 $bn/bs \geq 5$ 后，材料的黏聚力和内摩擦角保持不变的原因，因为此时的试件的抗剪强度由切向黏结强度决定，而此时 bs 预设为 110kPa。考虑在三轴试验中，黏性土破坏形态主要以剪切破坏为主，同时也为排除法向黏结强度对抗剪强度参数 c、φ 值的影响，取 $bn/bs=5$。

基于上述原理，试样的抗剪强度主要体现在两方面：黏结性和摩擦性。在颗粒程序中，黏结性和摩擦性分别以细观参数 bs 和 μ 来表征。针对在不同围压（$\sigma_3=100$kPa、200kPa、300kPa）条件下的数值试件，通过改变细观参数切向黏聚强度 bs（80kPa、110kPa、140kPa、170kPa、200kPa）和摩擦系数 μ（0.05、0.10、0.15、0.20、0.25）来进行 75 组数值模拟试验，得到数值试件的破坏峰值（最大主应力差）见表 2 - 2。

表 2 - 2　　　　　　　　　　　　数 值 试 件 破 坏 峰 值

摩擦系数		破　坏　峰　值/kPa				
		$bs=80$	$bs=110$	$bs=140$	$bs=170$	$bs=200$
$\mu=0.05$	$\sigma_3=100$	151.42	205.37	260.6	313.92	369.53
	$\sigma_3=200$	234.46	285.87	344.1	406.73	473.58
	$\sigma_3=300$	296.03	360.55	431.9	501.76	574.91
$\mu=0.10$	$\sigma_3=100$	179.12	236.27	291.2	352.38	409.39
	$\sigma_3=200$	278.00	336.69	405.86	468.82	542.17
	$\sigma_3=300$	363.51	432.02	501.59	577.71	657.57
$\mu=0.15$	$\sigma_3=100$	205.19	263.32	323.24	386.06	448.83
	$\sigma_3=200$	316.22	381.61	446.3	519.11	588.74
	$\sigma_3=300$	417.97	493.2	566.68	648.01	729.3

续表

摩 擦 系 数		破 坏 峰 值/kPa				
		$bs=80$	$bs=110$	$bs=140$	$bs=170$	$bs=200$
$\mu=0.20$	$\sigma_3=100$	221.2	284.33	348.22	409.21	478.66
	$\sigma_3=200$	345.04	413.12	484.84	558.38	641.25
	$\sigma_3=300$	467.97	544	619.61	706.58	787.39
$\mu=0.25$	$\sigma_3=100$	233.95	300.77	366.33	434.72	503.1
	$\sigma_3=200$	373.6	440.74	518.72	596.37	675.63
	$\sigma_3=300$	513.52	583.59	669.74	750	843.25

2.3.2 黏聚力与细观参数之间的关系

利用莫尔-库仑破坏准则来对不同围压、切线黏结强度、摩擦系数条件下的数值模拟试件的数据进行处理，已期得到数值模型试件的抗剪强度参数与相应细观参数之间的定量关系，图 2-9 为数值试件在不同围压，不同摩擦系数，$bs=80$kPa 和 200kPa 条件下的抗剪强度包络线图，图 2-10 为不同切向黏结强度 bs 及摩擦系数 μ 与黏聚力 c 之间的三维关系曲线。

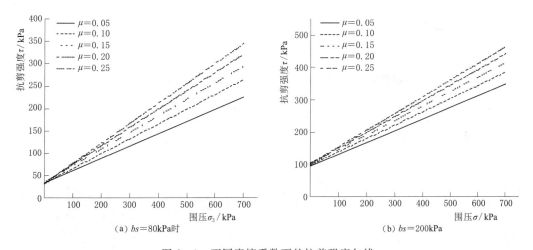

图 2-9 不同摩擦系数下的抗剪强度包线

如图 2-9 所示，在等于 80kPa 和 200kPa 时，不同摩擦系数的数值试件其强度包线几乎都交于一点，可以认为摩擦系数对试件的抗剪强度没有影响。从图 2-10 可以更加直观印证这一点，当切向黏结强度不变时，在不同摩擦系数下，试件的黏聚力近似一条直线，其值可视为一定值。此外，图中也可看出，当摩擦系数不变时，黏聚力与切向黏结强度呈线性正相关。基于此，取不同摩擦系数下黏聚力的均值，绘制黏聚力与切向黏结强度的关系曲线图，如图 2-11 所示。

从图 2-11 可以看出，试件的宏观黏聚力与切向黏结强度呈高度线性相关，相关系数达 0.998，对两者关系进行线性拟合，可得式（2-6）：

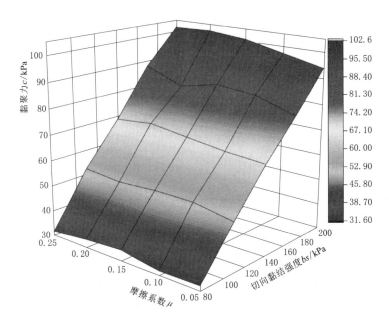

图 2-10 不同摩擦系数 μ 及切向黏结强度 bs 与黏聚力 c 的关系

$$c(bs) = 0.5536bs - 10.3631 \qquad (2-6)$$

式中　c——黏聚力，kPa；

　　　bs——切向黏结强度，kPa。

2.3.3　内摩擦角与细观参数之间的关系

数值试件在不同切向黏结强度条件下的摩擦系数与内摩擦角关系曲线图如图 2-12 所示。

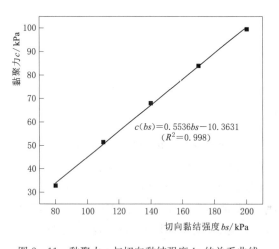

图 2-11　黏聚力 c 与切向黏结强度 bs 的关系曲线

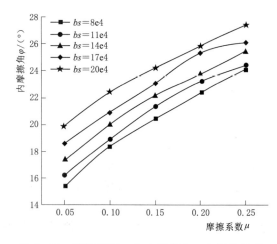

图 2-12　摩擦系数 μ 与内摩擦角 φ 之间的关系

从图 2-12 中可知，当摩擦系数 μ 一定时，内摩擦角 φ 随着切向黏结强度 bs 的变化而变化；当切向黏结强度一定时，内摩擦角 φ 也会随着摩擦系数 μ 变化而变化，这表明内摩擦角的大小同时受到细观参数 bs 与 μ 的影响。通过数据分析软件 ORIGIN 对不同 bs 条件下的 φ-μ 关系进行拟合，其相关系数 $R^2=0.9929$，得式（2-7）：

$$\varphi=35.4134\mu^{-0.0007bs+0.3384} \qquad (2-7)$$

式中 φ——内摩擦角，（°）；

μ——摩擦系数。

2.3.4　黏性土室内试验与数值模拟结果对比

通过开展紫色土室内三轴试验对数值模拟结果进行了验证，试验土样取自于重庆市万州区双河口某紫色土边坡，试验设备采用南京土壤仪器厂生产的 TSZ 型全自动应力-应变控制式三轴仪，试验中采取控制中主应力 $\sigma_2=0$ 的固结不排水（CU）常规三轴试验，剪切应变加载速率设定为 0.4mm/min，三轴压实前后试样如图 2-13 所示。

不同围压下数值模拟与室内试验应力应变曲线如图 2-14 所示（以 $\omega=12\%$ 为例），从图中可以看出数值试验的结果与室内试验的结果在数值上大体一致，但两者的主应力差略有偏差，并且这种偏差随着围压的增加有逐渐变大的趋势。而造成这种偏差的主要原因是由于在进行数值模拟的试验过程中，生成的颗粒为刚性球状，其形状太过单一，与实际的土颗粒形状有一定的差异，这就造成颗粒表面摩擦力以及颗粒与颗粒之间的相互嵌入及咬合力的减弱，虽然通过接触间的黏结强度来间接补偿颗粒间摩擦强度的减弱，但随着轴向压力的不断增大，颗粒间接触的断裂，导致这种补偿的减弱及消失且这种补偿与实际土颗粒的强度特性存在一定的差异，即刚性球形颗粒无法很好地模拟黏性土的变形和强度机制。但若采用异形颗粒，将会造成计算时间较长，严重浪费计算资源，而采用球形颗粒与室内试验所得结果虽然有所差异，但差异较小，因此为节约计算时间，提高计算机运行效率，综合考虑，采用书中相应公式进行黏性土的标定是可行的。

（a）完整试件　　（b）已破坏试件

图 2-13　三轴压实前后试样

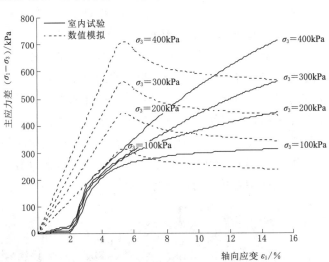

图 2-14　不同围压下数值模拟与室内试验
应力应变曲线（以 $\omega=12\%$ 为例）

2.4 无黏性土宏-细观力学参数的标定

研究表明，在散粒体材料中，材料的休止角是其摩擦特性的综合体现，考虑三轴细观试验耗时较长的特点，综合分析，本章采用"休止角标定法"来对无黏性土颗粒的细观摩擦系数进行标定，编写了无黏性土的休止角颗粒流模型程序。

2.4.1 颗粒接触本构模型的选取

在颗粒流程序（PFC3D）中，颗粒与颗粒间的接触类型主要包括：线性平行黏结模型、线性接触黏结模型、线性接触模型及赫兹接触模型等。考虑无黏性土的物理力学特性，本章选取线性接触模型作为本构模型，其接触本构关系示意图如图 2-15 所示。

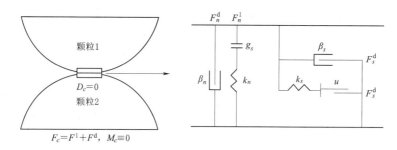

图 2-15 线性接触模型本构关系

2.4.2 休止角颗粒流模型的建立及验证

通过 PFC3D 中内置 fish 语言，编写休止角细观模拟试验，如图 2-16 所示。首先生成一个六面体墙体，并在墙体中生成一定数量的球形颗粒，使颗粒逐渐达到稳定平衡状态。然后删除左侧墙体，颗粒因自身自重逐渐下落堆积成斜坡状。最终，颗粒形成的斜坡将达平衡稳定状态，此时认为斜坡的角度就是相应宏观材料的内摩擦角，内摩擦角可通过测量获得。在此过程中为了获取较精确的细观内摩擦系数，需通过不断调整颗粒细观摩擦系数来获取颗粒的细观休止角，将数值试验得到的细观休止角与室内试验测得的宏观休止角进行对比，当两者接近或相等为止，就选定此时的细观参数为宏观材料对应的细观力学参数。值得注意的是，为了消除墙体对颗粒自由滑动造成的影响，应将墙体的摩擦系数与颗粒的摩擦系数设为相等。

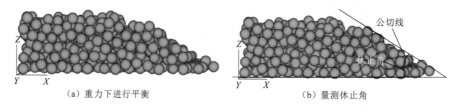

（a）重力下进行平衡　　　　　　　（b）量测休止角

图 2-16 颗粒休止角细观模拟试验

为对数值模拟结果进行验证，通过开展无黏性土室内休止角试验，测得细砾和中细砂的宏观休止角分别为 $43°15'$、$34°23'$，然后采用休止角细观模拟试验，通过不断调整颗粒细观摩擦系数来获取颗粒的细观休止角，直至细观休止角与宏观休止角接近或相等为止，最终得到粗砾和中细沙的摩擦系数为 1.21 与 0.73。

2.5 本章小结

本章采用三维颗粒流软件（PFC3D）并结合控制变量法与莫尔-库仑破坏准则，建立了黏性土宏观参数（c、φ）与细观参数（bs、μ）之间的定量关系，通过 PFC3D 内置的 fish 语言，编写了相应的休止角颗粒流模型，准确、快速地对无黏性土颗粒细观参数进行了标定，并得出以下结论：

（1）当 $1<bn/bs<5$ 时，材料的黏聚力随 bn/bs 值的增大而增大，当 $bn/bs\geqslant5$ 后，bn/bs 值的大小几乎对材料的黏聚力的大小没有影响。bn/bs 值大小对内摩擦角也没有影响。

（2）当 $1<bn/bs<5$ 时，此时的法向黏结强度稍微大于切向黏结强度，材料的抗剪强度受到法/切向黏结强度的共同作用，试件此时的破坏形态为剪切和拉裂破坏共存。当 $bn/bs\geqslant5$ 时，由于此时的法向黏结强度逐渐远远大于切向黏结强度，在试件受压时，试件的切向黏结接触最先断裂，此时试件的破坏形态以剪切破坏为主。

（3）通过大量的数值运算，发现黏性土体宏观强度参数（c、φ）主要受到细观参数（bs、μ）的影响，建立了土体宏观强度参数（c、φ）与细观参数（bs、μ）的定量关系式，得到黏聚力 c 与切向黏结强度 bs 呈线性正相关，而内摩擦角 φ 与切向黏结强度 bs 及摩擦系数 μ 成指数关系。

（4）在 PFC3D 细观参数标定时，采用控制变量法与莫尔-库仑准则相结合来进行细观参数的标定，有效地减小了传统标定法的试算工作量，为后继的三维颗粒流数值模拟中细观参数的标定提供了一定的参考。

（5）编写了相应的无黏性土休止角颗粒流模型程序，准确、快速地对无黏性土颗粒细观参数进行了标定。

第 3 章

接触冲刷细观数值模拟

本章从细观角度出发，基于PFC3D的流固耦合理论，采用CFD计算技术，建立了砂砾石与砂的接触冲刷颗粒流模型，分别针对不同D_{10}/d_{10}比值（D_{10}、d_{10}分别为砂砾石、砂的有效粒径）下的接触冲刷模型进行模拟，分析接触冲刷过程中砂砾石层及砂层的孔隙率、细砂流失量和颗粒运动轨迹等参数随渗流作用时间的演化过程，并与前人研究结果进行对比，从细观角度来揭示接触冲刷的产生及发展过程。同时，尝试探讨了水头加载级数、砂砾石层颗粒形状和孔隙率的变化对接触冲刷的影响。以期为砂砾石与砂间发生接触冲刷的细观机理研究提供有效的参考手段。

3.1 数值模型工况

为探究砂砾石与砂间发生接触冲刷的细观机理，设置6组不同D_{10}/d_{10}比值（D_{10}、d_{10}分别为砂砾石、砂的有效粒径）分别为6、8、10、12、14、16。数值模型砂砾石及砂的级配曲线如图3-1所示。

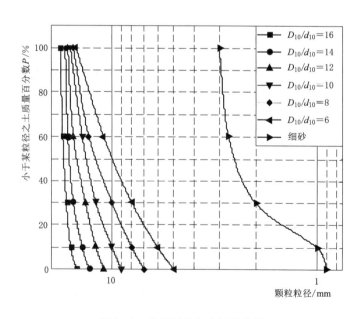

图 3-1 砂砾石及细砂级配曲线

3.2　数值模型建立

3.2.1　模型生成

PFC3D 在模拟工况时，旨在探索水压力作用下固体颗粒的细观运移规律，不能也没有必要按照实际工程情况来建立庞大模型，否则将生成数量巨大的颗粒，导致计算无法完成。同时，为降低颗粒模型中总的自由度，运用土工离心机试验中的相似性原理，本章设计了长×宽×高为 80mm×60mm×80mm 的颗粒流模型，如图 3-2 所示。

其中，上层为砂砾石层厚 60mm，下层为细砂层厚 20mm，为便于清晰观察接触冲刷过程中颗粒移动，将砂砾石层及细砂层分别以绿色及红色颗粒表示。模型具体细观参数见表 3-1。

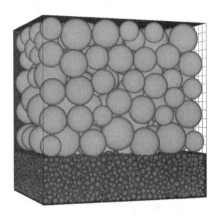

图 3-2　接触冲刷颗粒流模型

表 3-1　　　　　　　　　　　　　　　PFC 模型具体细观参数

土　　层	初始孔隙率	法/切向刚度 /(N/m)	摩擦系数	颗粒密度 /(kg/m)	流体密度 /(kg/m)	黏滞系数 /(Pa·s)
细砂层	0.45	$1×10^6$	0.76	2650	—	—
砂砾石层	0.4	$1×10^6$	1.12	2650	—	—
墙体	—	$1×10^7$	0.79	—	—	—
流体	—	—	—	—	$1×10^3$	$1.01×10^{-3}$

参照图 3-1 中颗粒级配及表 3-1 中模型细观参数，利用 PFC3D 中 fish 语言编写函数生成相应土层颗粒，各土层之间赋予线性接触模型，采用半径扩大法生成土颗粒，先将颗粒粒径缩小，再将颗粒粒径放大到指定的孔隙率，而后对土颗粒施加重力并进行循环计算，直至土颗粒间不平衡力较小或消除为止，以确保土层达到稳定状态。应注意的是，在生成颗粒之前，为防止砂砾石层、细砂层颗粒在生成过程中剧烈混掺，需在 $z=20$mm 处生成一道分隔实墙将模型分成 2 个独立空间，当上下两层土颗粒间不平衡力消除之后，删除分隔实墙。

3.2.2　流体网格划分及监测单元设置

PFC3D 中运用固定粗糙网格法（fixed coarse-grid fluid scheme）对流体进行处理，需将流体区域划分为若干流体单元网格，且应确保所划分的流体网格中均包含一定数量的颗粒。故考虑将整个模型沿长、宽、高方向分别划分为 4 份、3 份、4 份，单个流体单元网格尺寸为 20mm×20mm×20mm。在进行流体计算之前，需对模型边界条件进行设定，模型左侧墙体设定为施加水头边界，据前人研究表明，接触冲刷的临界流速一般在 1～

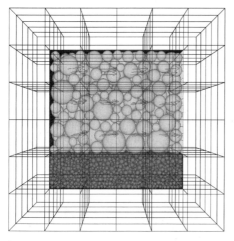

图 3-3 计算边界及流体单元

10cm/s，因此设定水头压力大小为 10kPa，此时水头压力相对应的数值试样平均流速大于 1cm/s；模型右侧墙体设置为零压力流体出流面，同时，为保证下层细砂颗粒可以在流体作用下移出模型外，将模型右侧墙体 $z=20$mm 以上设置为网状线墙，线墙间隔为 4mm，其余墙体均设定为刚性不透水非滑移边界，该流体单元网格模型图如图 3-3 所示。值得注意的是，在左侧边界施加水头之前，为避免流域内形成紊乱的流场，应首先将颗粒固定，然后施加水头，直至流场趋于稳定，此后释放颗粒，让固体颗粒与流体进行作用。在模型开始计算之前，为清晰记录各土层颗粒流失的情况，通过 PFC3D 中 fish 语言编写监测函数分别监测上下层土颗粒流失情况。

3.3 数值试样结果分析

3.3.1 颗粒流失量的变化

接触冲刷数值模型下部细砂层中颗粒流失量随计算时间步的变化曲线如图 3-4 所示。

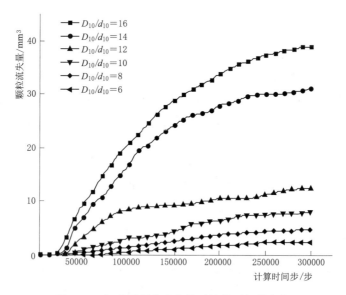

图 3-4 细砂层颗粒流失量随计算时间的变化

从图 3-4 中可知，在计算时间步从初始时间步计算至 30 万步过程中，当 D_{10}/d_{10} 比值从 6 变化～16 时，细砂层均有颗粒流失且随着 D_{10}/d_{10} 比值的增大颗粒流失逐渐增大。

当 D_{10}/d_{10} 比值为 6～12 时，细砂层颗粒流失量随计算时间步的增加变化较小，当 D_{10}/d_{10} 比值为 14～16 时，细砂层颗粒流失量随计算时间步的增加变化较大。

同时，从图中可以看出，随着 D_{10}/d_{10} 比值的增大，细砂层颗粒的最终流失量随计算时间步逐渐增大。当 D_{10}/d_{10} 比值从 6 增大至 16 时，颗粒的最终流失量分别为 $2.56mm^3$、$4.7mm^3$、$8.13mm^3$、$12.46mm^3$、$31.26mm^3$、$38.97mm^3$，可知 D_{10}/d_{10} 比值为 6 增至 12 时，颗粒的最终流失量从 $2.56mm^3$ 增至 $12.46mm^3$，变化幅度较小，且颗粒流失较少，可认为模型未发生接触冲刷破坏；而当 D_{10}/d_{10} 比值从 12 增至 16 时，颗粒的最终流失量从 $12.46mm^3$ 骤增至 $38.97mm^3$，变化幅度较大，且颗粒流失较多，此时可认为模型已发生破坏。综上分析可知，在当 D_{10}/d_{10} 比值大于 12 时，细砂层颗粒流失较多，模型发生破坏，可认为模型发生破坏的临界比值在 D_{10}/d_{10} 等于 12～14。

3.3.2　孔隙率的变化

不同 D_{10}/d_{10} 比值下数值模型中砂砾石层及细砂层孔隙率随计算时间步的变化情况如图 3-5 所示。

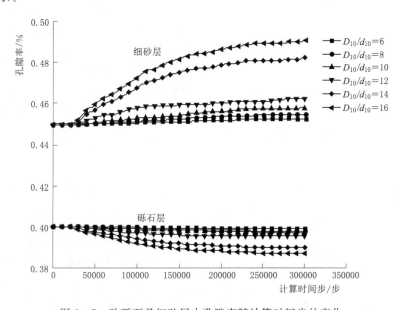

图 3-5　砂砾石及细砂层中孔隙率随计算时间步的变化

从图 3-5 可以看出，随着计算时间步的增大，下部细砂层颗粒在流体的作用下进入砂砾石层，导致砂砾石层孔隙率有降低的趋势，而细砂层由于颗粒的流失，孔隙率逐渐出现增大的趋势。当 D_{10}/d_{10} 比值从 6 增加至 16 时，上部砂砾石层孔隙率在初始孔隙率基础上分别降低 0.09%、0.16%、0.28%、0.43%、1.09%、1.35%，而下部细砂层孔隙率在初始孔隙率基础上分别升高 0.26%、0.49%、0.85%、1.30%、3.26%、4.06%。从砂砾石层及细砂层孔隙率变化值可以看出，当 D_{10}/d_{10} 比值在 6～12 时，砂砾石层及细砂层孔隙率分别减少和增大幅度都较小，而当 D_{10}/d_{10} 比值等于 14、16 时，砂砾石层及细砂层的孔隙率分别减少和增大幅度都较大。因此，可再次确认模型发生破坏的临界比值

在 D_{10}/d_{10} 等于 12～14。

3.3.3 接触冲刷发展过程

D_{10}/d_{10} 比值等于 14 时该接触冲刷模型颗粒迁移过程如图 3-6 所示。

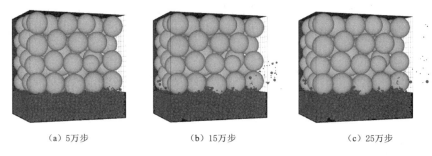

(a) 5万步　　　　　　　　(b) 15万步　　　　　　　　(c) 25万步

图 3-6　D_{10}/d_{10} 等于 14 时接触冲刷模型中颗粒迁移过程

从图中可以看出当计算时间步至 5 万步时，细砂层与砂砾石层接触面中靠近右端网格线墙处已有部分红色颗粒出现移动现象，但细砂层中部及左部颗粒移动现象并不明显；当计算时间步增加至 15 万步时，细砂层中红色颗粒已有部分透过网格线墙流出模型外，且在细砂层及砂砾石层接触面中部及左部均有红色颗粒流失；当计算时间步增至 25 万步时，细砂层红色颗粒流失加剧，且上部砂砾石层中绿色颗粒有下沉趋势。从以上分析可知，在水头压力作用下，远离上游水头加压端的细砂层与砂砾石层接触面靠网格线墙处最先出现颗粒流失，且细砂层颗粒流失逐渐从网格线墙沿着砂砾石层及细砂层接触面向上游水头加压发展，当细砂层颗粒到一定程度，上部砂砾石层将发生沉降，这对于工程建设是相当危险的。

3.3.4 颗粒运动轨迹分析

为清晰观察细砂层中颗粒的迁移轨迹，通过 PFC3D 内置的 fish 语言，编写了相应的颗粒追踪程序，记录了细砂层中 a、b、c 三个颗粒的迁移轨迹如图 3-7 所示，图中坐标轴 X、Y、Z 表示记录颗粒移动的空间位置。从图中可以看出，细砂层颗粒在上部砂砾石孔隙中的迁移路径是不规则的，具有随机性。

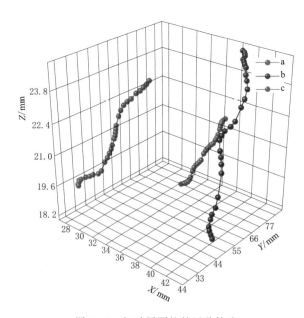

图 3-7　细砂层颗粒的迁移轨迹

3.3.5 已有接触冲刷试验对比分析

苏联伊斯托美娜针对无黏性土接触冲刷问题自行设计了水平管涌仪，仪器长 85cm，试验土样长 65cm，为便于直接观察土样发生接触冲刷的过程，仪器壁一侧透明。伊斯托美娜的通过试验得到层状结构土体发生接触冲刷的机理，首先主要是在纵向渗流的作用下细土层中细颗粒进入粗土层孔隙中，随后细土层细颗粒被带出土体以外且逐渐沿细土层与粗土层层面向深层不断发展。通过将伊斯托美娜试验现象与数值模拟试验现象进行对比，可发现数值模拟接触冲刷过程现象与伊斯托美娜试验现象基本类似。此外，伊斯托美娜通过对试验数据的分析还得到当 D_{10}/d_{10} 大于 12.9 时，两土层之间渗透稳定性质趋于一致，仍未发生接触冲刷，与数值试验所得结果基本吻合。

3.4 接触冲刷影响因素分析

3.4.1 水头加载级数的影响

为探究水头不同加载方式对接触冲刷的影响，以 D_{10}/d_{10} 比值等于 14 为例，选取 10kPa 作为最终加载水头，然后在接触冲刷模型中对加压水头进行控制，分别模拟 4 种工况，通过不同的水头加载方式逐步升高加压水头使模型发生接触冲刷破坏，模型计算共持续 30 万步，加压水头的具体加载工况参数见表 3 - 2。

表 3 - 2　加压水头加载工况参数

工况	加载数 /次	持续步数 /万步	压　　力/kPa			
			一次加载	二次加载	三次加载	四次加载
1	1	30	10	—	—	—
2	2	15	5	10	—	—
3	3	10	3.33	3.33	10	—
4	4	7.5	2.5	5	7.5	10

在不同水头加载级数下细砂层的颗粒流失量如图 3 - 8 所示。从图中可以看出，当水头 1 次性加载时，细砂层颗粒的流失量最大，此时发生接触冲刷的危害也就越大，2 级加载颗粒流失量依次大于 3 级加载大于 4 级加载，这表明细砂层颗粒流失量随着加压水头加载级数的增大而降低，同时也说明，加压水头加载的越快发生接触冲刷产生的危害就越大。

3.4.2 颗粒形状变化的影响

为分析砂砾石层中颗粒形状对接触冲刷的影响，通过 PFC3D 内置的 fish 语言生成新的异形颗粒（Clump）如图 3 - 9 所示。异形颗粒主要由两个球形颗粒重叠一半而成。将图 3 - 2 接触冲刷数值模型中上部砂砾石层球形颗粒替换成异形颗粒，替换后的接触冲刷模型如图 3 - 10 所示。

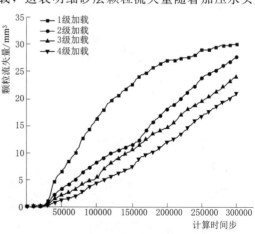

图 3 - 8　不同加载级数下细砂层颗粒流失量

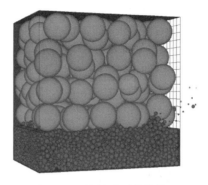

图 3-9 上部砂砾石层异形颗粒   图 3-10 接触冲刷数值模型

以 D_{10}/d_{10} 等于 14 为例，在球形和异形砂砾石层接触冲刷数值模型左侧施加 10kPa 水头，得到细砂层颗粒在上部不同砂砾石层颗粒组成下的流失情况如图 3-11 所示。

从图 3-11 中可以看出，当上部砂砾石颗粒为球形时，细砂层中颗粒的流失量为 31.26mm³，而上部砂砾石层颗粒为异形时，细砂层中颗粒的流失量为 28.54mm³，略小于前者，是由于上部砂砾石颗粒为异形时，对下面细砂层颗粒的运动起到了更大阻碍作用，导致细砂层颗粒流失减少。需说明的是，在进行接触冲刷数值模拟的过程中，砂砾石层由异形颗粒组成更符合实际情况，但会造成计算时间较长，严重浪费计算资源，而采用球形颗粒与异形颗粒所得结果虽然有所差异，但差异较小，且运算结果是符合接触冲刷发生的宏观规律的，因此为节约计算时间，提高计算机运行效率，在进行颗粒较多的计算时，建议采用球形颗粒。

3.4.3 孔隙率变化的影响

为探究上部砂砾石层孔隙率的变化对接触冲刷发生发展过程的影响，本章针对上部砂砾石层设置 3 组不同孔隙率分别为 0.35、0.40、0.45，生成对应的接触冲刷数值模型，得到砂砾石层在不同孔隙率下细砂层颗粒流失量如图 3-12 所示。

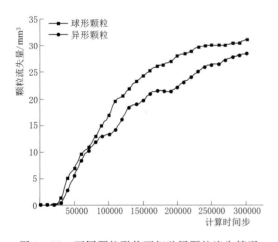

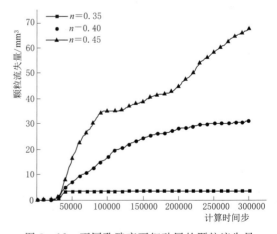

图 3-11 不同颗粒形状下细砂层颗粒流失情况   图 3-12 不同孔隙率下细砂层的颗粒流失量

从图中可以看出，随着上部砂砾石层孔隙率的增加，细砂层颗粒流失量不断增加。当砂砾石层孔隙率为 0.35 时，仅在初始施加水头时，细砂层有小部分细小颗粒流失，随着计算时间步的增加，颗粒流失量曲线基本保持水平，细砂层颗粒几乎未发生流失。当孔隙率为 0.40 时，随着初始压力的施加及计算时间步的增加，细砂层颗粒一直在流失，当计算时间步至 25 万步时，细砂层颗粒流失放缓。当孔隙率为 0.45 时，上部砂砾石层孔隙增大，在初始施加水头压力时，细砂层颗粒即出现大量流失，随着计算时间步的增加，细砂层颗粒流失一直在增加。当计算步至 30 万步时，上部砂砾石孔隙率为 0.35、0.40、0.45 时，细砂层颗粒流失量分别为 3.61mm^3、31.26mm^3、67.56mm^3，可以发现随着砂砾石层孔隙率的增大，细砂层颗粒流失也非常大，这表明在接触冲刷过程中上部砂砾石层孔隙率的变化对细砂层颗粒流失的影响非常大。

3.5 本章小结

本章从细观角度出发，利用颗粒流程序 PFC3D，建立了砂砾石与砂的接触冲刷颗粒流模型，分别针对不同 D_{10}/d_{10} 比值下的接触冲刷模型进行了数值模拟，同时，尝试探讨了水头加载级数、砂砾石层颗粒形状和孔隙率的变化对接触冲刷的影响，并得到以下结论：

（1）细砂层颗粒的流失量随着 D_{10}/d_{10} 比值的增大而增大，当 $D_{10}/d_{10} \leqslant 12$ 时，细砂层颗粒流失较小，模型未发生破坏，当 D_{10}/d_{10} 比值大于等于 14 时，细砂层颗粒流失较多，数值模型发生破坏，可认为模型发生破坏的临界比值在 D_{10}/d_{10} 等于 12～14。

（2）当 D_{10}/d_{10} 比值在 6～12 时，砂砾石层及细砂层孔隙率分别减少和增大幅度都较小，而当 D_{10}/d_{10} 比值等于 14、16 时，砂砾石层及细砂层的孔隙率分别减少和增大幅度都较大。细砂层颗粒流失量随着加压水头加载级数的增大而降低，加压水头加载的越快发生接触冲刷产生的危害就越大。细砂层颗粒流失量随着上部砂砾石层孔隙率的增加不断增加。在接触冲刷过程中上部砂砾石层孔隙率的变化对细砂层颗粒流失的影响非常大。

（3）在水头压力作用下，远离上游水头加压端的细砂层与砂砾石层接触面靠网格线墙处最先出现颗粒流失，且细砂层颗粒流失逐渐从网格线墙沿着砂砾石层及细砂层接触面向上游水头加压发展，当细砂层颗粒流失到一定程度，上部砂砾石层将发生沉降。细砂层颗粒在上部砂砾石孔隙中的迁移路径是不规则的，具有随机性。

（4）上部砂砾石颗粒为异形时细砂层中颗粒的流失量略小于上部砂砾石层颗粒为球形时，上部砂砾石颗粒为异形时，对下面细砂层颗粒的运动起到了较大阻碍作用。在进行接触冲刷数值模拟的过程中，砂砾石层由异形颗粒组成更符合实际情况，但会造成计算时间较长，严重浪费计算资源，而采用球形颗粒与异形颗粒所得结果差异较小，因此为节约计算时间，提高计算机运行效率，在进行颗粒较多的计算时，建议采用球形颗粒。

第 4 章

上覆粗粒土层对坝基管涌破坏的
细观机制研究

本章将多元结构堤基进行简化，针对上覆粗粒土中不同细料含量情况，通过准确标定细观参数，采用离散元模拟堤基渗透变形发展过程并分析颗粒流失量等参数的变化规律，以期为进一步认识上覆土层对渗透破坏过程的影响提供参考。

4.1　数值模型工况

为探究堤基在上覆粗粒土层中细料含量不同对渗透特性的影响，将上覆粗粒土层中细料含量分别设置为 10％、20％、30％。不同数值试样的具体参数见表 4-1。

表 4-1　　　　　　　　　　　不同数值试样的具体参数

细料含量/％	密度/(g/cm³)	干密度/(g/cm³)	孔隙率
10	2.65	1.643	0.38
20	2.68	1.849	0.31
30	2.72	2.067	0.24

4.2　数值模型建立

4.2.1　细观参数标定

本研究采用 PFC3D 来模拟渗透破坏，颗粒运动规律主要受到细观参数摩擦系数的影响，因此在数值模拟之前，必须对颗粒的摩擦系数进行标定，但颗粒宏-细观参数之间存在较大的差异。研究表明，在散粒体材料中，材料的休止角是其摩擦特性的综合体现，因此本章采用"休止角标定法"来对颗粒的细观摩擦系数进行标定。首先在室内试验测得细砾和中细砂的宏观休止角分别为 $43°21'$、$34°31'$，然后采用休止角细观模拟试验，如图 4-1 所示，通过不断调整颗粒细观摩擦系数来获取颗粒的细观休止角，将得到的细观休止角与宏观休止角进行对比，直到两者接近或相等为止，最终得到粗砾和中细沙的摩擦系数为 1.24 与 0.76。模型具体细观参数见表 4-2。

4.2.2　模型生成

PFC3D 在模拟工况时，旨在探索水压力作用下固体颗粒的细观运移规律，不能也没

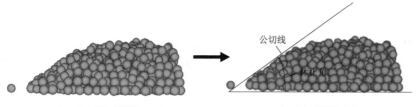

(a) 重力下进行平衡　　　　　　（b) 量测休止角

图 4-1　颗粒休止角细观模拟试验

表 4-2　　　　　　　　　　　　　　模型具体细观参数

土　　层		颗粒粒径/mm	法/切向刚度/(N/m)	摩擦系数	流体密度/(kg/m³)	黏滞系数/(Pa·s)
细砂层		0.4	1×10^{7}	0.76	—	—
粗粒土层	骨架颗粒	2	1×10^{7}	1.24	—	—
	填充颗粒	0.4	1×10^{7}	0.76	—	—
墙体		—	1×10^{7}	0.76	—	—
流体		—	—	—	1×10^{3}	1.01×10^{-3}

有必要按照实际工程情况来建立庞大模型，否则将生成数量巨大的颗粒，导致计算无法完成。根据管涌的发生除了满足水力条件外，还需要满足几何条件，即填充颗粒能够在骨架颗粒孔隙中流动，骨架颗粒与填充颗粒平均粒径之比应大于5，因此本章数值模型中骨架颗粒与填充颗粒的粒径分别取为2mm和0.4mm，应注意的是，该颗粒粒径处理方法可能对试验精度造成一定的误差，但对渗透变形中颗粒运移过程的研究是可行的。

同时，为降低颗粒模型中总的自由度，运用土工离心机试验中的相似性原理，建立长×宽×高为24mm×12mm×12mm的颗粒流模型如图4-2所示。其中上覆粗粒土层厚5mm，中间细砂层厚1.4mm，下部粗粒土层厚5mm，此外，为防止上覆土层与模型上部墙体发生接触冲刷，除管涌口外，在墙体上部边界生成颗粒粒径为0.3mm规则排列的固定颗粒边界，边界不会对渗透过程和计算结果产生影响。

参照表4-1及表4-2中模型细观参数，利用PFC3D中fish语言编写函数生成相应土层颗粒，各土层之间赋予线性接触模型，采用半径扩大法生成土颗粒，先将颗粒粒径缩小，再将颗粒粒径放大到指定的孔隙率，而后对土颗粒施加重力并进行循环计算，直至土颗粒间不平衡力较小或消除为止，以确保土层达到稳定状态。

4.2.3　流体网格划分及监测单元设置

PFC3D中运用固定粗糙网格法（fixed coarse-grid fluid scheme）对流体进行处理，因此，需将流体区域划分为若干流体

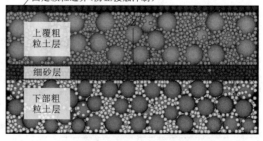

图 4-2　多层堤基颗粒流模型

单元网格，且应确保所划分的流体网格中均包含一定数量的颗粒。故考虑将整个模型沿长、宽、高方向分别划分为 8 份、4 份、4 份，单个流体单元网格尺寸为 3mm×3mm×3mm。再进行流体计算之前，需对边界条件进行设定，模型左侧设定为施加水头边界，水头压力大小为 200kPa，上部、底部及侧壁均设定为刚性不透水非滑移边界，此外，将模型上部 $X=6$mm，$Y=19.5$mm，$Z=12$mm 处设置为零压力流体出流口，出流口长宽为 3mm×3mm，如图 4-3（a）所示，该流体单元网格模型图如图 4-3（b）所示。应注意的是，在左侧边界施加水头之前，为避免流域内形成紊乱的流场，应首先将颗粒固定，然后施加水头，直至流场趋于稳定，此后释放颗粒，让固体颗粒与流体进行相互作用。

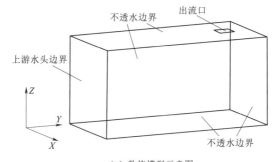

（a）数值模型示意图

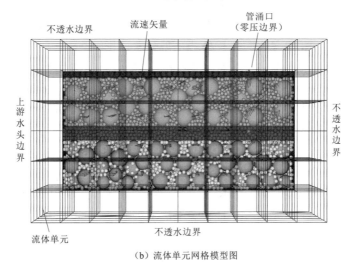

（b）流体单元网格模型图

图 4-3 计算边界及流体单元

图 4-4 模型不同监测区域划分

在模型开始计算之前，为清晰记录各土层不同部位颗粒流失的情况，分别在各土层设置以下监测区域，上覆粗粒土层及细砂层从压力上游端至下游端分别编号为 S1、S2、S3、S4 及 Z1、Z2、Z3、Z4 如图 4-4 所示，由于细砂层对下部粗粒土层起阻挡作用，导致下部粗粒土层颗粒很难发生流失，因此不对下部粗粒土层中颗粒流失进行监测。

4.3 数值试样结果分析

4.3.1 上覆层细料含量10%渗透破坏过程

4.3.1.1 细料含量10%时细颗粒迁移过程

上覆层细料含量为10%时该堤基细颗粒迁移过程如图4-5所示。

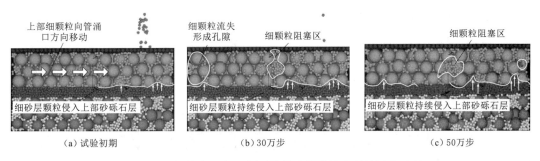

（a）试验初期　　　　　　　　　　　（b）30万步　　　　　　　　　　　（c）50万步

图4-5　细料含量为10%时数值试样模拟中颗粒迁移过程

从图4-5可以看出，因10%细料含量较少，上覆粗粒土层骨架颗粒间存在较大孔隙，在初始水头压力作用下，上覆粗粒土层中细颗粒从上游端逐渐向管涌口运移，上覆粗粒土层中细颗粒在管涌口陆续流失，但并未出现骨架颗粒被顶出及细砂层颗粒侵入上覆粗粒土层中的现象，且在细砂层Z3、Z4区有部分细颗粒已侵入上覆粗粒土层中，如图4-5（a）所示。在计算时间步达到30万步时，上覆粗粒土层骨架颗粒中细颗粒持续从上游端向管涌口处移动，导致在上游水头S1区出现较大孔隙，在细颗粒移动过程中，有部分细颗粒因遇到较小孔隙而被阻挡形成阻塞区，此时，细砂层颗粒持续进入上覆粗粒土层中，因S1区有较大孔隙出现，Z1区细砂层已有部分颗粒进入上覆粗粒土层中，如图4-5（b）所示。随着计算时间步达到50万步时，上覆粗粒土骨架颗粒中细颗粒不断从上游端向管涌口处移动，细砂层中颗粒进入上覆粗粒土层中含量进一步增加，有部分颗粒已进入上覆粗粒土层中部，以至于细砂层出现较大变形，如图4-5（c）所示。

4.3.1.2 细料含量10%时不同区域颗粒流失量

上覆粗粒土层中细料含量为10%时，堤基上覆粗粒土层、细砂层不同区域细颗粒流失量随计算时间步的变化曲线如图4-6所示。

由图4-6（a）可知，在数值试验过程中，上覆粗粒土层上游端S1区细颗粒流失量最大，约35%左右，导致S1区骨架颗粒间有较大孔隙形成，其余区域细颗粒流失量较少。在试验初期，上覆粗粒土层不同区域细颗粒随计算时间步增加均存在流失。随着时间计算步的增加，上游端S1区细颗粒持续流失，流失量不断增大，细颗粒不断从上游端流向管涌口处，同时，由于细砂层颗粒陆续进入上覆粗粒土层中，导致上覆粗粒土层其余区域颗粒流失量几乎不变，甚至S3区颗粒流失量存在先增加后减少的趋势，是因为细颗粒在S3区有阻塞区的形成。从图4-6（b）可以看出，细砂层不同区域均有一定数量颗粒

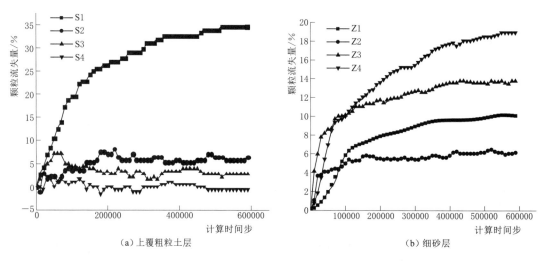

（a）上覆粗粒土层　　　　　　　　　　　（b）细砂层

图 4-6　细料含量为 10%时不同区域细颗粒流失量情况

流失，其中，在管涌口下方 Z4 区颗粒流失量最大将近 20%，因上游端 S1 区出现较大孔隙，使得 Z1 区颗粒流失量高于 Z2 区。

4.3.2　上覆层细料含量 20%渗透破坏过程

4.3.2.1　细料含量 20%时细颗粒迁移过程

图 4-7 为上覆层细料含量 20%时数值试验堤基细颗粒迁移过程图。细料含量 20%时数值试验细颗粒流失现象与细料含量 10%时流失现象大体类似。不同是，由于上覆粗粒土层中细颗粒含量为 20%时相对于 10%时细料含量有所增加，导致上覆粗粒土层骨架颗粒之间孔隙减少，以至在试验初期，管涌口下方细砂层几乎没有颗粒侵入上覆粗粒土层中。

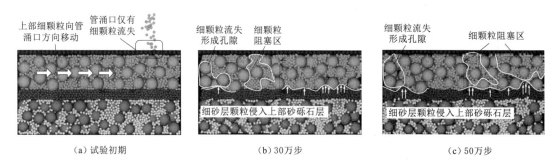

（a）试验初期　　　　　　　　　（b）30万步　　　　　　　　　（c）50万步

图 4-7　细料含量为 20%时数值试样模拟中颗粒迁移过程

4.3.2.2　细料含量 20%时不同区域颗粒流失量

图 4-8 为上覆粗粒土层中细料含量 20%时，堤基上覆粗粒土层、细砂层不同区域细颗粒流失量随计算时间步的变化曲线。与上覆粗粒土层中细料含量为 10%细颗粒流失量曲线对比可发现，细料含量 20%与 10%的颗粒流失曲线基本类似。存在差异的是，由于 20%的细料含量对比 10%的细料含量较多，上覆粗粒土层颗粒间接触相对更加紧致，细

颗粒流失量相对较少，约为 18% 左右，且细砂层颗粒流失量也有所减少，大致为 12% 左右。

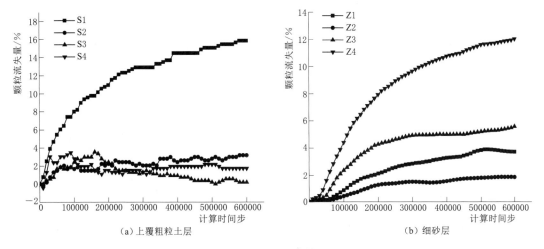

(a) 上覆粗粒土层   (b) 细砂层

图 4-8 细料含量为 20% 时不同区域细颗粒流失量情况

通过对比细料含量为 10%、20% 的颗粒流失曲线及迁移现象分析可知，在渗透力作用下，上覆粗粒土层中细颗粒在骨架颗粒孔隙间移动而后被带出土体外，逐渐形成稳定的管用通道，属于典型的管涌破坏。

4.3.3 上覆层细料含量 30% 渗透破坏过程

4.3.3.1 细料含量 30% 时细颗粒迁移过程

上覆层细料含量为 30% 时该堤基细颗粒迁移过程如图 4-9 所示。

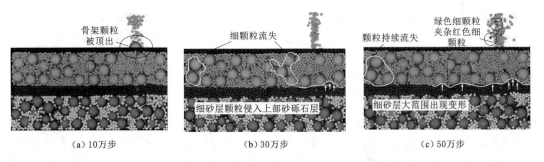

(a) 10 万步   (b) 30 万步   (c) 50 万步

图 4-9 细料含量为 30% 时数值试样模拟中颗粒迁移过程

从图 4-9（a）可看出，在数值施加水头压力初期，上覆粗粒土层仅在管涌口 S4 区域处存在细颗粒流失，且由于土样较为密实，管涌口处出现骨架颗粒被顶出的现象，说明此时发生了土体整体推移的流土破坏。流土现象发生后，渗透破坏口形成，管涌口细颗粒加速流失。如图 4-9（b）所示，随着计算时间步增加至 30 万步，S3 及 S2 区细颗粒也逐渐出现少量流失，同时细砂层 Z4 区部分细颗粒已侵入上覆粗粒土层中。当时间步进一步增加至 50 万步过程中，管涌口处有大量绿色细颗粒夹杂着少许中间细砂层颗粒（红色颗粒）喷涌而出，细砂层出现较大范围的变形，且细砂层有明显被向上"顶托"的现象存在，如图4-9（c）所示。是因为细砂层渗透系数较小，在其阻挡下，下部粗粒土层中存在较大水量，导致细砂层被顶托。

4.3.3.2 细料含量30%时不同区域颗粒流失量

上覆粗粒土层中细料含量为30%时，堤基上覆粗粒土层、细砂层不同区域细颗粒流失量随计算时间步的变化曲线如图4-10所示。

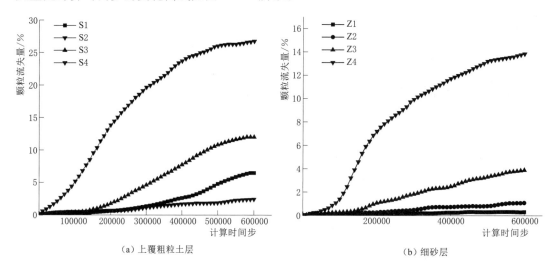

（a）上覆粗粒土层　　　　　　　　（b）细砂层

图4-10　细料含量为30%时不同区域细颗粒流失量情况

由图4-10（a）可知，在数值试验计算过程中，上覆粗粒土层管涌口S4区细颗粒流失量最大达30%左右，其余区域颗粒流失量相对较少。在数值试验初期，仅有曲线S4随时间步的增加而增加，而其余曲线无明显变化，表明此时仅在管涌口处存在细颗粒流失。随着计算时间步的增加至30万步，可见曲线S3开始随着计算时间步的增加而增加，S3区的细颗粒出现流失。当计算时间步增加至50万步时，S4及S3区细颗粒持续流失，且曲线S1开始随着计算时间步的增加而增加，S1区细颗粒已开始流失，上游端S1区出现孔隙，是由于上覆粗粒土层中骨架颗粒被顶出，导致骨架颗粒间孔隙增大所致。从图4-12（b）可以看出，细砂层管涌口下方Z4区颗粒流失量最大，约15%左右，其余区域颗粒流失量较少，这样上覆粗粒土层中细颗粒流失的规律基本类似。

通过对细料含量为30%的颗粒流失曲线及迁移现象分析可知，在管涌口局部土体发生了整体流失，表现为流土型破坏；随后上覆粗粒土层与细砂层细颗粒逐渐流失并同步向上游发展，表现为管涌型破坏；渗透变形综合表现为介于流土和管涌的过渡状态。

4.3.4 上覆粗粒土层下沉量

不同细料含量下上覆粗粒土层下沉量随计算时间步的变化曲线如图4-11所示，下沉量定义为上覆粗粒土层颗粒垂直向下方向运动距离总和。

从图4-11可以看出，上覆粗粒土层细料含量为10%时下沉量高于细料含量为20%下沉量高于10%细料含量下沉量，表明上覆粗粒土骨架颗粒的下沉量随着上覆粗粒土骨架颗粒中细料含量的减少而增加。同时，对比三者曲线起始端可以发现，10％细料含量下沉量与20％细料含量下沉量的曲线比较相似，因上覆粗粒土层有一定孔隙，在施加初始水头压力过后，细砂层颗粒进入上覆粗粒土骨架颗粒中，导致上覆粗粒土层快速发生下沉。当细料含量为30％时，由于上覆粗粒土骨架颗粒较为密实，在初始阶段，上覆粗粒土骨架颗粒并未发生下沉，后面随着计算时间步的增加，下沉量开始急剧增加，说明当上覆粗粒土层发生管涌破坏时，上覆粗粒土骨架颗粒在水头

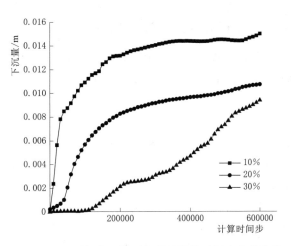

图 4-11 上覆粗粒土层下沉量随计算时间步变化曲线

压力作用下会发生一个快速的沉降，当上覆粗粒土层发生流土时，上部砂砾层初始没有沉降，而后才开始逐渐沉降。

4.4 细粒含量对渗透变形类型的影响

4.4.1 渗透变形判别与验证

国内外在土体的渗透变形判别上已有许多经验公式，可从土体不均匀系数、土体孔隙直径和填料粒径之比、土体细料含量等方面来判别。根据本研究特点主要从细料含量上进行判定，代表性的公式为刘杰等提出的在对缺乏中间粒径砂砾料的研究中将土体中实际的细料含量 P 与最优细料含量 P_{op} 进行对比，得出渗透破坏的理论判别标准：

$$\begin{cases} P < 0.9P_{op} & 管涌破坏 \\ P > 1.1P_{op} & 流土破坏 \\ P = (0.9 \sim 1.1)P_{op} & 过度状态 \end{cases} \tag{4-1}$$

其中，最优细料含量是指细料充满粗料孔隙时的含量，由式（4-2）确定：

$$P_{op} = \frac{0.30 + 3n^2 - n}{1 - n} \tag{4-2}$$

式中　n——混合土料单元孔隙率。

式（4-1）为理论判别准则，从工程实际出发，刘杰等将式（4-1）改写为：

$$\begin{cases} P < 25\% & 管涌破坏 \\ P > 35\% & 流土破坏 \\ 25\% \leqslant P \leqslant 35\% & 过渡状态 \end{cases} \tag{4-3}$$

根据本章上述分析，不难发现将不同细料含量下堤基的渗透破坏形式与式（4-3）对比可发现两者基本相吻合，说明本研究在数值模拟上是正确的，是可以表征实际问题的。

4.4.2 上覆层细粒含量对颗粒移动的影响

土体颗粒在水的作用下运移需要满足水力条件和几何条件。细颗粒含量越低几何条件（孔隙通道）越容易满足。细料含量为10％、20％时颗粒迁移现象大体类似，因细料含量较少，骨架颗粒间存在孔隙，在渗透力的作用下细颗粒在骨架颗粒孔隙间移动并发生流失，表现为管涌型破坏。此时颗粒移动的细观特性为：上覆粗粒土层中细料含量越少，细砂层细颗粒侵入上覆粗粒土骨架颗粒中时间越早，侵入到粗粒土中的细料含量越大，表明当上覆粗粒土层为间断级配管涌土时，上覆粗粒土层中细料含量越少，细砂层越易破坏。

当细料含量为30％时，为过渡性状态，流土和管涌变形伴随发生。此类变形颗粒运移的细观特点表现在，上覆粗粒土骨架颗粒与细砂层细颗粒流失几乎是同步的，且由于下部粗粒土骨架颗粒中垂向水压力的存在，细砂层在Z4区出现流失及"顶托"现象，在施加上游水头压力初期，中间细砂层颗粒并未发生流失。这种情况下上覆粗粒土层一旦发生破坏，随着管涌通道的贯通，将会形成较大的渗透破坏。

4.5 本章小结

本章在PFC3D细观参数标定时，采用"休止角标定法"，准确、快速地建立了材料宏观参数与颗粒细观参数间联系，能准确地模拟粗粒土渗透变形的发展过程，获得了渗透变形的细观参数和运移特点，为三维颗粒流数值模拟中细观参数的标定提供一定参考，得到以下结论。

（1）上覆粗粒土层中细料含量为10％、20％时，在渗透力作用下细颗粒在骨架颗粒孔隙中流动，表现为管涌型破坏，且上覆粗粒土层中细料含量越少，细砂层越易破坏。

（2）当细料含量为30％时，首先管涌口附近土体发生流土型破坏，而后上覆粗粒土骨架颗粒与细砂层颗粒同步流失并逐步向上游发展，表现为管涌型破坏，整体颗粒流失呈现为过渡性渗透破坏。

（3）上覆粗粒土层为管涌型土时，上覆粗粒土骨架颗粒在水头压力作用下会发生一个快速的沉降，当上覆粗粒土层为非过渡性土时，上覆粗粒土层初始没有沉降，而后才开始逐渐沉降，且上覆粗粒土骨架颗粒的沉降量随着上覆粗粒土骨架颗粒中细料含量的减少而增加。

第 5 章

坝（堤）基防渗板桩作用下土壤颗粒和孔隙水微观响应

河堤常采用防渗板桩作为防渗措施，若堤基土质为砂性土壤，在洪水期间，河堤上下游水头差变动较大情况时，堤基中水-土-颗粒结构等相互作用明显，因此本研究将此典型问题作为建模对象，模拟堤基在动水位作用下饱和粗颗粒土内部多尺度耦合模型。

渗流是在水力梯度作用下水流通过相互连接的土壤孔隙，其路径为土体蜿蜒曲折的孔隙通道。渗流相对速度大小主要取决于土体孔隙的形状、尺寸以及土颗粒之间的相互作用。要描述完全饱和连续颗粒介质的状态需要两个方程：①用 Navier - Stokes（以下简称 N - S 方程）方程来描述孔隙水流；②用线性角动量方程来描述颗粒状态。通过施加在每一个颗粒上的无滑移边界条件来实现两个方程的耦合。为了使耦合计算相对容易并且能获得更多的孔隙水流动信息，孔隙水流采用理想化平均 N - S 方程，土壤颗粒装配采用动力效应离散元模型，流固耦合过程和动力转换可以通过建立半经验公式来建立关系。图 5 - 1 示意了本方法中相互贯穿的水-土二相的具体状态。

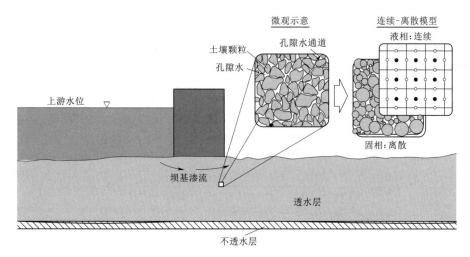

图 5 - 1　饱和土壤渗流时水-土内在关系模型示意

5.1　中尺度孔隙水动力模型

相对于土体孔隙体积的改变来讲，水流体积的改变微乎其微，可以忽略不计。因此，孔隙水在时间和空间上都可视为不可压缩液体，即水体的密度不变。则平均 N－S 连续性方程和动量方程如下：

$$\frac{\partial n}{\partial t} + \nabla(n\bar{v}_f) = 0 \tag{5-1}$$

$$\rho_f\left(\frac{\partial(n\bar{v}_f)}{\partial t} + \nabla(n\bar{v}_f\bar{v}_f)\right) = -n\ \nabla\bar{p}_f\delta - n\ \nabla\tau - \bar{f}_i + \nabla\rho_f f_g \tag{5-2}$$

式中　n——孔隙率，$n=n(x,\ t)$，其中 x，t 是空间和时间坐标；

　　　$\bar{v}$——流体平均速度矢量；

　　　$\bar{p}_f$——流体平均压力；

　　　∇——水力梯度算子；

　　　$\bar{\rho}$——液体密度；

　　　f_g——重力加速度矢量；

　　　$\bar{f}_i$——固-液相互作用力矢量；

　　　τ——黏滞应力张量，可表示为 $\tau=\mu\dot{e}_d$，其中 μ 为液体黏度；

　　　$\dot{e}_d$——液体应力应变率张量。

流体和土壤相互作用的能量主要通过孔隙水的流动来消散，因此可以假设孔隙水为非黏性流体，这样公式（5-2）中的黏性应力就为 0，边界条件便与上述方程中的流速和压力相关。

5.2　微观尺度颗粒动力模型

不连续颗粒组成土壤可以通过离散元（DEM）来建立模型。在 DEM 模型中，土壤颗粒可以被定义为圆形、椭圆形或者其他的三维几何形状。通过颗粒刚性特性与关系直接函数的接触定律来定义颗粒间相互作用力，如图 5-2 所示。

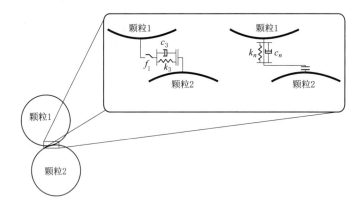

图 5-2　基于颗粒刚性特性与关系的颗粒间作用力

本章中土壤颗粒被定义为球形。单个颗粒 p 运动的动量方程：

$$m_p\dot{v}_p = m_p f_g + \sum_c f_c + f_d \tag{5-3}$$

$$I_p \dot{\omega}_p = \sum_c r_c \times f_c \tag{5-4}$$

式中　$\dot{v}_p$、$\dot{\omega}_p$——颗粒平移和旋转速度矢量（叠加点表示对时间求导）；

　　　　m_p——颗粒质量；

　　　　I_p——颗粒惯性矩；

　　　　f_c——颗粒在接触点 c 的作用力（$c=1,2,\cdots$）；

　　　　r_c——颗粒接触点 c 的中心连接向量；

　　　　f_d——流体对土壤颗粒 p 的拖曳力。

f_d 包含了浮力和流体-颗粒间的相互作用力：

$$f_p = \left(-\nabla \overline{p}_f + \frac{\overline{f}_i}{1-n} \right) v_p \tag{5-5}$$

式中　v_p——颗粒体积。

2 个颗粒之间接触力 f_c 由法向力 f_n 和切向力 f_s 组成。其中，法向力 f_n 采用非线性赫兹模型并联黏滞阻尼器来共同模拟：

$$\mathrm{d}f_n = (k_n \mathrm{d}u_n + c_n \mathrm{d}v_n) n \tag{5-6}$$

式中　u_n、v_n——球形颗粒在接触中心连线上的相对位移和相对速度；

　　　　n——在接触点的单位法向量；

　　　　c_n——法向黏滞阻力系数；

　　　　k_n——法向接触刚度。

k_n 表达式：

$$k_n = \left(\frac{G\sqrt{d_p}}{1-\nu} \right) \sqrt{u_n} \tag{5-7}$$

式中　G 和 ν——颗粒的剪切模量和泊松比。

切向力 f_s 采用弹簧串联摩擦滑块来建模：

$$\mathrm{d}f_s = k_s \mathrm{d}u_s + c_s \mathrm{d}v_s \tag{5-8}$$

式中　u_s、v_s——球形颗粒在接触点切向位移和速度；

　　　　c_s——切向黏滞阻力系数；

　　　　k_s——切向接触刚度。

k_s 可表示为：

$$k_n = \frac{[12G^2(1-\nu)d_p]^{1/3}}{2-\nu} \| f_n \|^{1/3} \tag{5-9}$$

切向力和法向力采用滑移库伦模型来建立关系，阻尼系数 c_i（法向 $i=n$，切向 $i=s$）可表达为：

$$c_i = \beta_i D_i \tag{5-10}$$

式中　β_i——临界阻尼比；

　　　D_i——临界阻尼，$D_i = 2\sqrt{m_p k_i}$。

5.3　流体-颗粒瞬时耦合

5.3.1　流体-颗粒耦合

流体-颗粒相互作用力表现为水流在土壤颗粒孔隙中流动中水头的消散，量化两者之间关系的普遍规律为达西定律：

$$v_d = Ki \tag{5-11}$$

为了获得广泛条件下水流通过孔隙介质能量损失方程，Ergun 建议采用如下经验公式：

$$i = 150 \frac{\mu_f}{\rho_f g} \left[\frac{(1-n)^2}{d_p^2 n^2} \right] v_d + 1.75 \frac{1-n}{g d_p n^2} v_d^2 \tag{5-12}$$

已有的研究证明，无论液体流动是否遵循达西定律 Ergun 方程都可以有效地模拟流体流动速度的变化。将式（5-12）代入式（5-11）反求达西定律中的渗透系数如下：

$$K = \frac{\rho_f g}{150 \dfrac{\mu_f (1-n)^2}{\overline{d}_p^2 n^2} + 1.75 \dfrac{(1-n)\rho_f v_d}{\overline{d}_p n^2}} \tag{5-13}$$

需要说明的是渗流逸出速度与实际相对的流体速度相关，可表示为 $v_d = n(\overline{v}_f - \overline{v}_p)$，$\overline{v}_p$ 为颗粒平均速度。式（5-12）可以写成矢量式：

$$\overline{f}_i = 150 \frac{\mu_f (1-n)^2}{\overline{d}_p^2 n} (\overline{v}_f - \overline{v}_p) + 1.75 \frac{(1-n)\rho_f |\overline{v}_f - \overline{v}_p|}{\overline{d}_p n^2} (\overline{v}_f - \overline{v}_p) \tag{5-14}$$

式中　$\overline{d}_p$——土壤颗粒直径。

5.3.2　瞬时耦合技术

在式（5-14）基础上，引入离散格子玻尔兹曼方法（以下简称 LBM）从中尺度层面来分析液体的流动形态和孔隙中流体特性。LBM 是基于流-固分布函数的微观动力学方程，在规定边界条件和初始条件下，将流体被看成是大量颗粒组成并在规定的区域移动的颗粒包。颗粒包在一定边界和初始条件定义的规则网格中运动，流体包的速度在时间步长中可以从一个网格移动到下一个。LBM 中的液相建模采用线性 Bhatnager - Gross - Krook（BGK）单一时间弛豫模型，表达式如下：

$$f_i(x + e_i t, t + \Delta t) = f_i(x, t) - \frac{\Delta t}{\tau} \left[f_i(x, t) - f_i^{eq}(x, t) \right] \tag{5-15}$$

式中　$f_i(x, t)$——给定 t（时刻），x（位置）在网格点上流体颗粒密度分布函数；

　　　　τ——弛豫时间；

　　$f_i^{eq}(x, t)$——流体均衡密度分布函数。

可用通过分布函数的动量积分来获得相应的宏观值。基于分布函数非均衡部分 Bounce - back 思想来构造 LBM 的边界。本章采用内插 Bounce - back 技术来建立动边界上流体耦合模型。式（5-14）、式（5-15）即可用来对水-土瞬时耦合进行分析，能够获取固相颗粒结构变形的影响参数及动量发生的后续改变量，也可以计算出孔隙水流动的动态参数。

5.4　模型比尺选择

为了减少模拟中堤基颗粒总数并使颗粒的尺寸又能满足计算要求，本章引入土工离心机模型的 ng（n 为模型率，g 为重力加速度）概念作为相似准则。已有研究证明：ng 模型试验可在保证原型与模型几何相似的前提下，保持它们的力学特性相似，应力应变相同，破坏机理相同及变形相似。模型中球形颗粒初始设定为均匀且渗透系数相同，在土壤颗粒停止移动前，定义球形土壤颗粒尺寸相似比尺为 $1g$；在土壤淹没前重力场相似比尺定义为 $100g$。其他关键参数的相似比尺可按表 5-1 进行计算。

表 5-1　　　　　　　　离心模型试验相似比（原型/模型）

物理量	相似比	物理量	相似比	物理量	相似比
模型长度	$1/n$	体积力	n^3	黏滞力	1
位移、沉降	n	颗粒尺寸	1	孔隙比	1
应力、应变	1	质量	n^3	饱和度	1
面积	n^2	密度	1	摩擦系数	1
体积	n^3	速度	1	渗透系数	n
面积	n^2	加速度	$1/n$	时间（蠕变、黏滞）	1

Fuglsang 和 Ovcscn 的研究表明，对于直径为 $1m$ 的基础底板，当填料颗粒粒径 < $28mm$ 时，即底板尺寸与颗粒平均粒径比值 > 35 时，颗粒粒径大小的尺寸效应可以忽略。因此本模型堤基中土壤颗粒的平均直径是 $2mm$，不会发生尺寸效应。

5.5　参数设置

模型中堤基深度为 $0.6m$，长度 $3m$，长度比尺选择 $1/10$，即 $n=10$，则其他参数比尺可参考表 5-1 进行设置。模型中防渗板桩深入堤基 $0.4m$，上下游水位差取 $0.3m$、$0.6m$ 共 2 种工况，坝基底部和两侧为无滑移边界如图 5-3 所示。此外，为了简化计算土颗粒用球形来代替。原型相当于堤基深度为 $6m$，长度为 $30m$，水头差分别为 $3m$ 和 $6m$。

孔隙水黏度取 $0.043Pa \cdot s$，密度取 $1000kg/m^3$。模型中球形土壤颗粒直径区间为 $1 \sim 3mm$，模型中土壤颗粒数量为 8965 个，密度取 $2500kg/m^3$，法向/切向刚度为 $1 \times 10^6 N/m$，摩擦系数为 0.5；防渗板桩采用集群的刚性球形颗粒生成，即不考虑其变形，防渗板桩宽度取 $3mm$，插入深度为 $40cm$。板桩内部颗粒作用力不能被模拟计算，但土壤颗粒与防渗板桩之间的作用力是可以获得。堤基边壁和底部刚度和摩擦系数与土壤颗粒相同。

水头随时间的变化如图 5-4 所示，水头随时间从 $0m$ 逐渐增加到 $3m$，进而到 $6m$，水头到达预定水位时保持不变直到渗流稳定为止。

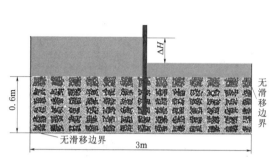

图 5-3　采用防渗板状堤基模型尺寸

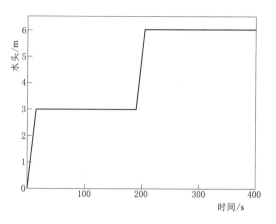

图 5-4　仿真过程中水头随时间变化

5.6　模拟结果分析

5.6.1　土壤颗粒动力响应

按照设定的水头和时间，将仿真模拟中土壤颗粒的运动状态进行瞬时快照如图 5-5 所示，其反映了在数值模拟中土壤颗粒的运动机理。在初始状态图 5-5（a）中，堤基上下游土壤颗粒排列整齐一致，地面高度相同；随着水头的增加，在 3m 水头时防渗板桩下部的颗粒位置彼此发生错动，明显向下游移动，结果导致下游土壤颗粒表面轻微隆起，而上游表面也略微下降如图 5-5（b）所示；水头继续增加，由 3m 逐渐增到 6m，尤其是在 6m 后，防渗板桩周围土壤颗粒大面积明显紊乱，颗粒流向下涌动明显，下游表面明显突起如图 5-5（c）所示。

分析上述土壤颗粒流运动规律发现：起初土壤颗粒是均匀整齐排列的，水流在垂直方向和水平方向很难发生渗流，但在均匀排列颗粒的对角线上颗粒孔隙最为畅通，因此孔隙水沿着对角线方向渗流，水流方向约为 45°，颗粒在水流拖曳力作用下发生剪切错动，结果导致了防渗板桩上下游土壤颗粒表面的起伏。

不同时段土壤颗粒之间的瞬时接触力链如图 5-6 所示，起初是上下游颗粒之间的相互作用力是相同的，随着水头不断地增加，上游区域颗粒相互作用力在渗透力的作用下逐渐增大，并将颗粒向下游推动。如在水头为 3m 时防渗板桩两侧的接触力链如图 5-6（a）所示，此时上游颗粒相互作用力大而明显，下游板桩附近颗粒接触力相对较小。随着时间和水头的增加，水流向下有流动过程中防渗板桩下游颗粒接触力链并没有明显减弱，如图 5-6（b）所示。这是因为水流通过防渗板桩后直接向上流而非向前运动。

在工程计算中，岩土体临界水力坡降除以某一安全系数（一般取 1.5～3）作为允许水力坡降 $[i]$，其值等于临界坡降除以安全系数，渗流计算的逸出坡降必须控制在允许水力坡降内。即

$$[i] = \frac{i_c}{n_s} \tag{5-16}$$

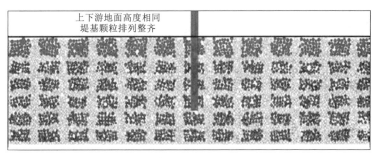

（a）$T=0\text{s}；\Delta H=0\text{m}$

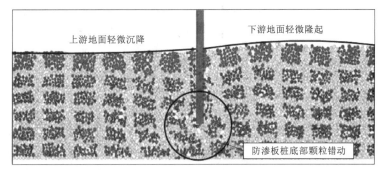

（b）$T=100\text{s}；\Delta H=3\text{m}$

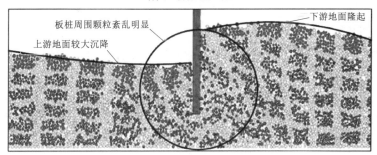

（c）$T=300\text{s}；\Delta H=6\text{m}$

图 5-5　不同水头时颗粒运动瞬时快照

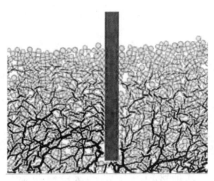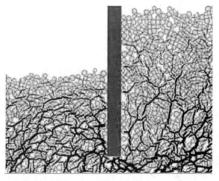

（a）时间$=150，\Delta H=3\text{m}$　　　　　　　（b）时间$=300\text{s}，\Delta H=6\text{m}$

图 5-6　颗粒接触力链

Terzaghi 经典临界坡降表达式为：

$$i_c = \frac{\gamma_s - \gamma_w}{\gamma_w}(1-n) \qquad (5-17)$$

式中　i_c——临界坡降；

γ_s——土壤颗粒重度；

γ_w——水的重度；式（5-17）是基于孔隙度土壤临界坡降在宏观尺度的表达。模型中土壤最易发生渗透破坏的地方位于防渗板桩下游板趾处（板桩与下游面接触点）。

为了准确评估下游土壤表面发生管涌的安全系数，在水头差发生变化时，土壤孔隙度和相应临界坡降连同水力坡降都在发生变化，记录不同时间和水头时土壤颗粒孔隙率和临界坡降值如图 5-7 所示。

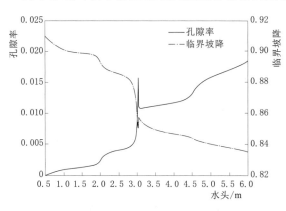

图 5-7　不同水头时板趾处土壤颗粒孔隙率及临界坡降

图 5-7 中显示在水头 3.0m 左右时，孔隙率明显增加，临界坡降明显减小，且都发生明显波动，说明此时土壤颗粒处于紊乱临界期，水头增加紊乱会持续增加。防渗板桩下游土壤颗粒的初始临界坡降约为 0.9，在 3m 水头时改值最小将至 0.85，在 6m 水头时降至 0.835；初始时孔隙率随着水头也逐渐增加到 0.018。在整个仿真的过程中，在水头 6m 时板趾附近土壤颗粒安全系数达到最小值约为 1.9；土壤即将发生渗透破坏时的安全系数约为 2.6，能为堤基的安全运行提供参考。

5.6.2　孔隙水动力响应

1. 孔隙水压力及压力水头

在不同水位下堤基渗流达到稳定状态后，可得到相应水头下堤基压力水头分布情况，如在 3m、6m 水头时等势线分布如图 5-8 所示。

同样可以模拟出不同水头时堤基孔隙水压力的分布如图 5-9 所示。3m 时堤基孔隙水压力最大值为 58.6kPa，最小值为 -26.5kPa；6m 时最大与最小值分别为 86.7kPa、-14.8kPa。可见堤基孔隙水压力随着水头变化明显。

2. 孔隙水流速

计算还可以得到土壤颗粒中孔隙水的流速变化如图 5-10 所示。随着水头的不断增加，孔隙水流速逐渐增大，尤其是防渗板桩周围的孔隙水流速变化最为明显。3m 水头时，孔隙水流速仅在板桩底部出现较明显变化，其他区域孔隙水流速没有明显变化；6m 水头时，防渗板桩周围孔隙水流速度明显增大，随着远离板桩而逐渐减小。两种情况中防渗板桩端部（尤其是尖角处）流速都为最大。

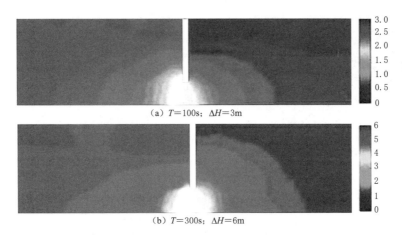

（a）$T=100\text{s}$；$\Delta H=3\text{m}$

（b）$T=300\text{s}$；$\Delta H=6\text{m}$

图 5-8　压力水头分布云图

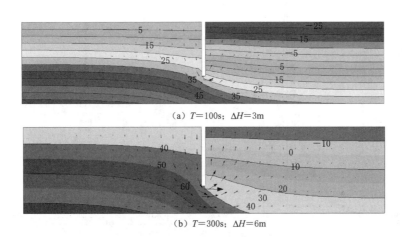

（a）$T=100\text{s}$；$\Delta H=3\text{m}$

（b）$T=300\text{s}$；$\Delta H=6\text{m}$

图 5-9　堤基孔隙水压力分布

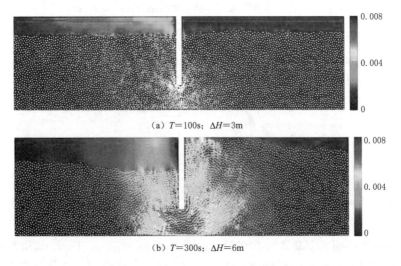

（a）$T=100\text{s}$；$\Delta H=3\text{m}$

（b）$T=300\text{s}$；$\Delta H=6\text{m}$

图 5-10　不同水头时孔隙水流速分布

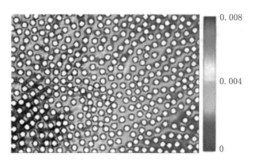

图 5-11 6m 水头时板桩附近孔隙
水流速度微观显示

图 5-11 为 6m 水头时板桩底部及周边速度微观显示，由此可以看出该模型可以从微观的角度得到孔隙中渗流路径。

根据模拟结果绘制 6m 水头时，堤基 5m 深度所在水平线上孔隙水流速度及渗透坡降的分布图如图 5-12 所示，反映了在防渗板桩周围尤其底部孔隙水流速和渗透坡降都存在极值，流速最大值达到 0.0074m/s；渗透坡降极值为 0.76。所以，板桩底部和附近是最容易发生渗透破坏的位置，应特别关注。

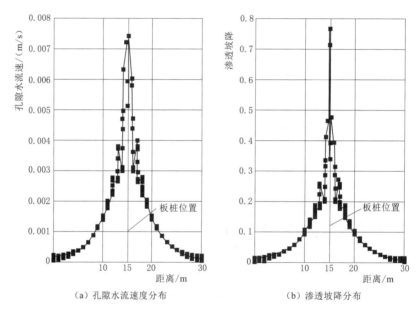

（a）孔隙水流速度分布　　　　　（b）渗透坡降分布

图 5-12 6m 水头时堤基深 5m 处孔隙水流速与渗透坡降

上述分析可知：在水位变动时，土壤颗粒结构在孔隙水的作用下发生了改变，由规则变得紊乱；颗粒结构的改变影响着土壤孔隙率和临界坡降的大小，进而影响了土壤的渗透系数；土壤特性的改变反过来影响孔隙水的流动特性，压力水头、孔隙水压力、渗透坡降、渗流路径等；水-土-结构三者之间处于一个动态交替的耦合状态，相互影响又相互依存。

5.7 讨论

该模型用于分析防渗板桩的渗流问题，可以获得土壤颗粒和孔隙水等相关的动力学响应，实现了水-土-结构耦合。从中尺度和微观尺度层面分别水-土特性参数的变化规律。

上述仿真模拟证明模型具备计算粗颗粒介质在动水位作用下土-水-结构多尺度耦合能力。由于篇幅原因，对于本模型耦合计算只是做了简单分析介绍，实质上在土壤应力、位移、渗透系数、孔隙水拖曳力等角度都可以得到响应和模拟。在模拟中几个关键问题需要讨论：①在模拟中所采用的颗粒直径比实际的土壤颗粒要大很多，但是如果采用土壤颗粒的实际值，则颗粒总数将十分庞大，导致模拟计算需要大量的时间甚至导致仿真模拟完全不能进行。因此，为了与模型中土壤颗粒相配合，水"分子"大小也是依据颗粒尺寸来确定的。通过敏感性分析，土壤颗粒直径为水"分子"直径 3 倍以上即可满足仿真要求；②模拟中采用土工离心机比尺准则（ng 准则），该技术目前仍处于探索阶段。文中颗粒土按离散体进行对待，会带来一定的误差。此外，当惯性力、弹性力或黏滞性影响三者都有不可忽视的作用时，应当谨慎选取时间比尺。因此，在建模时应充分考虑土壤颗粒数量、直径和参数，慎重选择比尺选择问题。

5.8 结论

采用理想平均 N－S 方程、离散元及 LBM 等方法所建立水-土-结构多尺度耦合模型，可以有效地从中尺度层面模拟孔隙水流特性，从微观尺度模拟砂性地基土壤颗粒的位移与变形。数值模拟分析了堤基采用防渗板桩时渗流问题。在动水位作用下，仿真模拟结果从微观动力学机理方面提供了许多有价值的信息，如土壤颗粒运动过程，孔隙率和临界坡降的变化，颗粒相互作用力动态变化规律；同时也获得了孔隙水压力动态分布云图，孔隙水渗流速度以及渗流路径等参数。该模型对于分析砂性土在复杂情况下（例如：管涌、砂沸等）动力学过程方面可以作为一个有效的工具来使用，并且还能实现水-土-结构三者之间的耦合响应，其中部分运动仅通过现有物理模型和试验等方法是无法获取的。

参 考 文 献

［1］ 郑立夫，高永涛，周喻，等. 基于流固耦合理论水下隧道冻结壁厚度优化研究 ［J］. 岩土力学，2020，41 (3)：1029－1038.

［2］ 宋付权，胡箫，纪凯，等. 考虑流固耦合影响的页岩力学性质和渗流规律 ［J］. 天然气工业，2017，37 (7)：69－75.

［3］ 王晓玲，刘长欣，李瑞金，等. 大坝基岩单裂隙灌浆流固耦合模拟研究 ［J］. 天津大学学报（自然科学与工程技术版），2017，50 (10)：1037－1046.

［4］ 王述红，何坚，杨天娇. 考虑降雨入渗的边坡稳定性数值分析 ［J］. 东北大学学报（自然科学版），2018，39 (8)：1196－1200.

［5］ 范臻辉，张春顺，肖宏彬. 基于流固耦合特性的非饱和膨胀土变形仿真计算 ［J］. 中南大学学报（自然科学版），2011，42 (3)：758－764.

［6］ 李顺才，陈占清，缪协兴，等. 破碎岩体流固耦合渗流的分岔 ［J］. 煤炭学报，2008 (7)：754－759.

［7］ 王复明，苗丽，郭雪莽. 基于流固耦合的大坝渗流特性反演方法研究 ［J］. 水力发电学报，2008 (2)：60－64.

［8］ 丁洲祥，朱合华，蔡永昌，等. 大变形流固耦合理论中 Darcy 定律的表述方法 ［J］. 岩石力学与工程学报，2007 (9)：1847－1854.

［9］ 李地元，李夕兵，张伟，等. 基于流固耦合理论的连拱隧道围岩稳定性分析 ［J］. 岩石力学与工程学报，2007 (5)：1056－1064.

［10］ 丁红岩，张超. 流固耦合渗流模型在筒型基础沉贯中应用 ［J］. 天津大学学报，2007 (4)：387－391.

［11］ 刘晓丽，梁冰，王思敬，等. 水气二相渗流与双重介质变形的流固耦合数学模型 ［J］. 水利学报，2005 (4)：405－412.

［12］ 黎水泉，徐秉业. 双重孔隙介质流固耦合理论模型 ［J］. 水动力学研究与进展（A 辑），2001 (4)：460－466.

［13］ 薛世峰，仝兴华，岳伯谦，等. 地下流固耦合理论的研究进展及应用 ［J］. 石油大学学报（自然科学版），2000 (2)：109－114＋2.

［14］ 吴永康，工翔南，董威信，等. 考虑流固耦合作用的高土石坝动力分析 ［J］. 岩土工程学报，2015，37 (11)：2007－2013.

［15］ 梁冰，贾立锋，孙维吉，等. 解吸-渗流作用下媒体变形及渗透规律试验研究 ［J］. 中国矿业大学学报，2018，47 (5)：935－941.

覆盖层坝（堤）基流固耦合的有限元分析

——强、弱透水层对渗流场和应力场的影响

如绪论部分所述，前人对大渡河、岷江、雅砻江和金沙江等西南山区河谷覆盖层研究发现，在纵向上大致可分为：含泥砂卵碎石层（Ⅰ），漂卵石、含泥砂碎块石、粉细砂互层（Ⅱ）以及现代河流漂卵石层（Ⅲ），共3层，各层基本特征见表2。显然，西南山区河道深厚覆盖层呈现鲜明的层状结构，其中强、弱透水层交替出现现象尤为突出，各层岩性、物理力学特性等差异较大。例如：金沙江中游上江坝址河床覆盖层最厚达206.2m，从上到下主要分5层，对应的岩性为漂卵石、低液限黏土、砾卵石、粉细砂层、砂砾石；再如：大渡河上硬梁包水电站坝址河床覆盖层自上而下可分为粗细粒土相间的5层，存在冰水积含漂砂卵砾石层、堰塞堆积粉细砂层和冲洪堆积含漂卵砾石层；又如：雅砻江干流锦屏一级普斯罗坝址河床覆盖层自上而下分为3层；分别为含块碎石砂卵石层，含卵砾石砂质粉土和含块碎石砂卵石等。

本篇结合具体工程和算例，针对山区河谷典型工程的深厚覆盖层坝基，建立流固耦合的计算模型，系统研究深厚覆盖层中强、弱透水层渗透和变形演化规律，以期解决以下问题：

（1）覆盖层中强、弱透水层变形特性、渗透性等关键指标随耦合过程的变化规律，揭示不同土层在坝基渗流场和应力场中的作用，厘清各透水层相互作用机制。

（2）分析强、弱透水层渗流和变形演化机制，揭示强、弱透水层强度和承载力变化规律，探索覆盖层内部土层渗透变形机理。

第6章

流固耦合的有限元计算模型

流固耦合是通过求解渗流偏微分方程式和边界条件公式来分析渗流过程，通过多孔介质中流体流动的 Richards 方程，来建立多孔弹性介质流体运动，以达到计算出多孔弹性介质中流体运动和固体变形之间的相互作用。流固耦合的本构方程包括两组：其一为多孔介质中流体的连续性方程，体现在通过达西定律计算水力变化对固体孔隙率的影响；其二为多孔介质中孔隙及固体颗粒的变形方程，体现在固体颗粒的应变和孔隙压力之间的关系。

6.1 流体耦合理论

6.1.1 Darcy 定律方程

达西定律描述了流体在多孔介质中通过缝隙的运动。由于流体在孔隙中的摩擦阻力会损失相当大的能量，因此孔隙介质中的流速非常低。在多孔介质中，流体中的剪切应力对动量的整体传递通常可以忽略不计，因为孔隙壁阻碍了动量传递到单个孔隙外的流体。Darcy 定律界面适用于在含水层或河岸中流动的水、向井中流动的石油以及孔隙流体（或气体）。也为相应的连续性方程和状态方程建立了一个完整的数学模型，并适用于各种各样的场景，其中在深厚覆盖层渗流计算时要的主要的驱动力是水头差。

Darcy 定律描述了由水力梯度驱动的多孔介质中的流体流动，因此，采用流体或水头的等效高度来表示总的水力势、压力和重力分量。可以简化建模，因为长度单位使与许多物理数据进行比较变得简单。例如，考虑油井中的液位、河流高度、地形和速度，因此压力总是因变量。速度场由压力梯度、流体黏度和多孔介质的结构决定，当水力势梯度驱动多孔介质中流体运动时，达西定律适用。通过考虑从流线起点到终点的压力和高程势差，可视化水力势场。根据 Darcy 定律，穿过多孔表面的净通量式（6-1）：

$$\boldsymbol{u} = -\frac{k}{\mu}(\nabla p + \rho g \nabla D) \qquad (6-1)$$

式中　$\boldsymbol{u}$——达西速度或比流量矢量，m/s；

k——多孔介质的渗透率，m^2；

μ——流体的动态黏度，Pa·s；

p——流体的压力，Pa；

ρ——密度，kg/m^3；

g——重力加速度的大小，m/s^2；

D——重力作用方向上的单位向量。

此外，渗透率 k 表示在由许多固体颗粒和孔隙组成的代表性体积上流动的阻力。模型可以使用多孔介质的渗透系数 k 和流体的黏度 μ，或者使用水力传导系数 K（单位：m/s）来定义传输流量的能力，见式（6-2）：

$$\frac{k}{\mu} = \frac{K}{\rho g} \tag{6-2}$$

导水率代表流体和固体性质。如果使用导水率定义模型，则式（6-1）可变为式（6-3）：

$$\boldsymbol{u} = -\frac{K}{\rho g}(\nabla p + \rho g \ \nabla D) \tag{6-3}$$

而 Kozeny-Carman 方程通过从孔隙度 ε 和平均粒径 d_p（单位：mm）估计多孔介质的渗透性来描述颗粒土和填料层中的流动，见式（6-4）：

$$k = \frac{d_p^2}{180}\frac{\varepsilon^3}{(1-\varepsilon)^2} \tag{6-4}$$

如果模型是用 Kozeny-Carman 方程定义，则式（6-1）的表达式可变为式（6-5）：

$$\boldsymbol{u} = -\frac{d_p^2}{180\mu}\frac{\varepsilon^3}{(1-\varepsilon)^2}(\nabla p + \rho g \ \nabla D) \tag{6-5}$$

方程中的水力势来自压力 p（单位：MPa）和重力 $\rho g \ \nabla D$（单位：MPa）。默认情况下，g 是预定义的重力加速度（物理常数），D 是垂直坐标。D 的选择对结果和所涉及的物理有着重要的影响。例如，如果 D 是垂直坐标 z，如果流动在 xy 平面内完全水平，则 D 中的梯度消失，驱动力仅由压力梯度引起。

此外，达西定律计算还可以结合连续方程，见式（6-6）：

$$\frac{\partial}{\partial t}(\rho\varepsilon) + \nabla(\rho\boldsymbol{u}) = Q_m \tag{6-6}$$

式中　ρ——流体密度，kg/m³；

ε——孔隙率，定义为孔隙所占控制体积的分数；

Q_m——质量源项，kg/(m³·s)。将方程（6-1）插入连续性方程（6-6），就可得到广义控制方程，见式（6-7）：

$$\frac{\partial}{\partial t}(\rho\varepsilon) + \nabla\rho\left[-\frac{k}{\mu}(\nabla p + \rho g \ \nabla D)\right] = Q_m \tag{6-7}$$

展开方程（6-7）中的时间导数项可得式（6-8）：

$$\frac{\partial}{\partial t}(\rho\varepsilon) = \varepsilon\frac{\partial\rho}{\partial t} + \rho\frac{\partial\varepsilon}{\partial t} \tag{6-8}$$

将孔隙度和密度定义为压力的函数，并应用链式法，则式（6-8）等式右侧可改写为：

$$\varepsilon\frac{\partial\rho}{\partial t} + \rho\frac{\partial\varepsilon}{\partial t} = \varepsilon\frac{\partial\rho}{\partial p}\frac{\partial p}{\partial t} + \rho\frac{\partial\varepsilon}{\partial p}\frac{\partial p}{\partial t} \tag{6-9}$$

此处引入流体压缩性方程，见式（6-10）：

$$\chi_f = \frac{1}{\rho}\frac{\partial\rho}{\partial p} \tag{6-10}$$

将式（6-10）插入式（6-7）到右边，将其可重新排列为式（6-11）：

$$\frac{\partial}{\partial t}(\rho\varepsilon)=\rho\left(\varepsilon\chi_f+\frac{\partial\varepsilon}{\partial p}\right)\frac{\partial p}{\partial t}=\rho S\frac{\partial p}{\partial t} \tag{6-11}$$

利用式（6-11），可将式（6-7）改写为式（6-12）所示：

$$\rho S\frac{\partial p}{\partial t}+\nabla\rho\left[-\frac{k}{\mu}(\nabla p+\rho g\ \nabla D)\right]=Q_m \tag{6-12}$$

式中 S——储能系数，Pa^{-1}，为多孔材料和孔隙中流体的加权压缩系数，其具体含义可以是一个涉及固体变形方程结果的表达式，也可以是一个涉及其他分析的温度和浓度的表达式。

耦合计算中，达西定律使用存储模型节点实现式（6-12），该节点使用流体和多孔固体的可压缩性将 S 定义为线性存储进行计算。

6.1.2 Richards 方程

在可变饱和流量下，当流体通过介质时，水力特性会发生变化，填充一些孔隙，排出另一些孔隙，于是 Richards 方程的讨论始于单一液体（油或水）的传播。自 Richards 方程出现以来，为了简化和改进变饱和介质中的流动模型，允许在饱和和非饱和条件下随时间变化，其方程式见式（6-13）：

$$\rho\left(\frac{C_m}{\rho g}+SeS\right)\frac{\partial p}{\partial t}+\nabla\rho\left[-\frac{k_s}{\mu}k_r(\nabla p+\rho g\ \nabla D)\right]=Q_m \tag{6-13}$$

式中 C_m——含水率；

    Se——有效饱和度；

    S——储水系数；

    k_s——多孔介质的渗透系数，m/d；

    k_r——相对渗透系数，m/d。

由式（6-13）也可以推导出在无限小表面上的流体速度，将式（6-1）变为式（6-14）：

$$u=-\frac{k_s}{\mu}k_r(\nabla p+\rho g\ \nabla D) \tag{6-14}$$

由此可见，多孔介质由孔隙空间、流体和固体组成，但只有液体运动。式（6-13）描述了流体通量分布在一个有代表性的表面上。为了表征孔隙中的流体速度，在流固耦合计算时还将 u 除以体积液体分数 θ_s，则多孔介质中间隙、孔隙的平均流体线速度见式（6-15）：

$$u_a=\frac{u}{\theta_s} \tag{6-15}$$

6.2 固体耦合理论

6.2.1 应力场耦合理论

流固耦合多为弹性多孔介质中流体流动与变形之间的相互作用。在控制孔隙弹性行为的两个本构关系中，一个关系到应力、应变和孔隙压力，其表达式见式（6-16）：

$$\sigma = C\varepsilon_\sigma - \alpha_B p_f I \tag{6-16}$$

式中 σ——Cauchy 应力张量；

ε_σ——应变张量；

α_B——Biot 系数；

p_f——流体孔隙压力，Pa。

该公式中的弹性矩阵 C 必须在"排水"条件下通过测量恒定孔隙压力下应力变化引起的应变来测量。

可将式（6-16）分解为体积部分和偏差部分，可以看出偏差部分（剪应力）与孔隙压力耦合无关。对于各向同性线弹性材料，可用式（6-17）表达：

$$dev(\sigma) = 2G_d \, dev(\varepsilon_\sigma) \tag{6-17}$$

式中 G_d——排水条件下多孔介质三轴实验测定的剪切模量。

此外，在体积（球形）部分的耦合计算可以用式（6-18）表达：

$$P_m = -K_d \varepsilon_{vol} + \alpha_B P_f \tag{6-18}$$

式中 K_d——排水多孔基质的体积模量。

此外，P_m 还可以根据应力张量 σ 计算的平均压力（压缩为正）。按照应变张量的迹线（体积应变 ε_{vol}）作为多孔基质膨胀或收缩的测量，其计算见式（6-19）：

$$P_m = -\frac{trace(\sigma)}{3} \tag{6-19}$$

6.2.2 应变场耦合理论

在流固耦合中，另一个本构关系将流体含量 ζ 的增加量、体积应变和孔压的增加量联系起来。流体孔隙压力与多孔基质的膨胀和流体含量的变化成正比，其表达式见式（6-20）：

$$P_f = M(\zeta - \alpha_B \varepsilon_{vol}) \tag{6-20}$$

式中，变量 M，也可以称为 Biot 模量，是存储系数 S 的倒数。Biot 和 Willis 通过无衬垫压缩性试验测量了系数 α_B 和 M，并根据固体和流体体积模量（或压缩性）导出了这些系数的表达式。存储系数 S 在恒定体积应变下，可以用式（6-21）定义：

$$S = \frac{1}{M} = \left.\frac{\partial \zeta}{\partial p_f}\right|_{\varepsilon_{ii}} \tag{6-21}$$

使用式（6-21）可以在实验室直接测量存储系数 S。若在理想多孔材料的情况下，可以根据材料的基本性质来直接进行计算，其计算式见式（6-22）：

$$S = \frac{\varepsilon_p}{K_f} + \frac{\alpha_B - \varepsilon_p}{K_s} \tag{6-22}$$

式中 ε_p——孔隙度；

K_f——流体体积模量；

K_s——固体体积模量，即构成多孔基质的固体材料均质块的潜在体积模量。这里的参数 α_B 是 Biot - Willis 系数，它可将排出（或吸入）多孔材料单元的流体体积与同一单元的体积变化联系起来。Biot – Willis 系数可以通过实验测量，也可以根据排水和固体体积模量进行定义，其定义式见式（6 – 23）：

$$\alpha_B = \frac{\partial p_m}{\partial p_f}\bigg|_{\varepsilon_{ii}} = 1 - \frac{K_d}{K_s} \tag{6-23}$$

水体积模量 K_d 总是小于固体体积模量 K_s，显而易见，固体整体比由同一材料制成的多孔介质更硬，因此 Biot – Willis 系数 α_B 的取值范围总是为 $\varepsilon_p \leqslant \alpha_B \leqslant 1$。

除此之外，α_B 不取决于流体的性质，而是取决于多孔介质本身材料的性质。相对较软的多孔介质的 Biot – Willis 系数接近 1 （当 $K_d \ll K_s$）。而对于刚性多孔介质，Biot – Willis 系数则接近于孔隙率 ε_p ［当 $K_d = (1-\varepsilon_p)K_s$］。

利用 Biot – Willis 系数 α_B 的表达式，同时加上孔隙率 ε_p、Biot – Willis 系数 α_B 以及流体 K_f 和排水多孔介质 K_d 的体积模量就能计算储能系数 S，其计算式见式（6 – 24）：

$$S = \frac{\varepsilon_p}{K_f} + (\alpha_B - \varepsilon_p)\frac{1-\alpha_B}{K_d} \tag{6-24}$$

6.3　流固耦合过程

假设流体在可变形多孔介质中的流动服从达西定律，可以得到流体在多孔介质下的连续性方程组，具体见式（6 – 25）：

$$\begin{cases} \dfrac{\partial}{\partial t}(\varepsilon_p \rho_f) + \nabla(\rho_f \boldsymbol{u}) = Q_m \\[2mm] \dfrac{\partial}{\partial t}(\varepsilon_p \rho_f) = \rho_f S \dfrac{\partial p}{\partial t} \\[2mm] S = \varepsilon_p \chi_f \\[2mm] \boldsymbol{u} = -\dfrac{k}{\mu}\nabla p \end{cases} \tag{6-25}$$

式中　ε_p——孔隙率；

ρ_f——流体密度，kg/m^3；

χ_f——流体黏滞系数，$1/Pa$；

k——渗透系数，m/s；

μ——动力黏度，$Pa \cdot s$。

通过此式，流体在介质中的运动和孔隙率和渗透系数联系起来，再通过于质量守恒定律，将水头产生的水压力和固体的体积应变相联系，其表达式见式（6 – 26）：

$$\rho_f S_a \frac{\partial H}{\partial t} + \nabla(\rho_f \boldsymbol{u}) = Q_m - \rho_f \alpha_B \frac{\partial}{\partial t}\varepsilon_{vol} \tag{6-26}$$

式中　H——水头，m；

ε_{vol}——多孔介质的体积应变；

α_B——Biot 固结系数；

S_a——多孔介质存储系数，其计算式详见式（6 – 22）。

对于多孔介质中固体与孔隙，其中孔隙压力与多孔介质的膨胀和流体含量的变化成正比，因此在多孔材料的孔隙部分就涉及应力，应变和孔隙压力，其本构关系式见式（6-27）：

$$
\begin{cases}
\sigma = C\varepsilon_{vol} - \alpha_B P_f E \\
-\nabla\sigma = \rho_{av} g = (\rho_f \varepsilon_p + \rho_d) g \\
P_f = (\zeta - \alpha_B \varepsilon_{vol})/S_a
\end{cases}
\tag{6-27}
$$

式中　α_B——Biot 固结系数；

P_f——孔隙水压力，MPa；

C——弹性矩阵；

E——单位矩阵；

σ——柯西应力张量；

ρ_{av}——平均密度；kg/m^3；

ρ_f——流体密度；kg/m^3；

ρ_d——固体密度 kg/m^3；

ζ——多孔介质中流体含量的变化值，即 ΔQ_m。

对于流固耦合中固体（视为球形颗粒）的体积变化 P_m，其式见式（6-28）：

$$
\begin{cases}
P_m = -K_s \varepsilon_{vol} + \alpha_B P_f \\
P_m = -\mathrm{trace}(\sigma)/3
\end{cases}
\tag{6-28}
$$

P_m 是根据应力张量 σ 计算的而得（在耦合中固体均为正压缩状态）。而应变张量的迹，可视为体积应变 ε_{vol} 的变化量的值。

在同一时刻中，对于流体方面，P、ε_{vol} 和 Q_m 为变量。其中，外部荷载 P 为自变量，其余为因变量，可由式（6-25）求得式中参数之间的关系，再将其代入式（6-26），求得 ε_{vol} 和 Q_m 随水头 H 变化的关系。

对于固体方面，σ、ε_{vol} 和 P_f 为变量。其中 ε_{vol} 和 P_f 为自变量，σ 为因变量，而 P_f 受到 ε_{vol} 和 ΔQ_m 的影响，可由式（6-27）求得应力张量随孔隙应变和流量变化而变化的关系，再将其代入（6-28）式，求得固体颗粒体积的变化。

在下一时刻中，应力张量作为一个附加的各向同性项进入计算，其与一般初始应力类似，可视为耦合过程中下一时段的一个初始压力，其描述了一个平衡状态（忽略惯性效应），也适用于时间相关的流动模型，见式（6-29）：

$$
p_{t_1} = p_{t_0} + \sigma
\tag{6-29}
$$

流固耦合过程中参数变化的时间尺度通常比实际流动的时间尺度快很多个数量级，通过将应力张量作为中间参数，当在流动的时间尺度上研究耦合过程时，可以假设固体在流动条件的变化下立即达到一个新的平衡，这说明应力和应变一直随时间变化，并且涉及耦合的流固耦合项是非零的。

上述耦合过程由多物理场场耦合软件 COMSOL 来实现，也可以在 ABAQUS、ANSYS 等有限元软件进行二次开发后实现。

基于流固耦合的强弱相间深厚覆盖层
坝基力学特性分析

本章基于第 7 章的流固耦合模型，以西藏达嘎水电站为例，阐述流固耦合作用下强弱相间深厚覆盖层坝基力学的特性。

7.1 模型建立

7.1.1 工程概况

达嘎水电站位于西藏自治区日喀则市，系雅鲁藏布江石岸一级支流夏布曲干流的第三个梯级电站，夏布曲干流多年平均径流量为 $16.77 \text{m}^3/\text{s}$。混凝土重力坝坝顶高程为 4190.00m，最大坝高 21m，坝顶宽 5m，坝底宽 30m，正常蓄水位为 4187.00m，坝轴线长 170m。坝基为典型的多元结构深厚覆盖层透水地基，厚度为 40.89m，向两岸逐渐变薄。电站所在地区的地震基本烈度为 7°。

根据钻孔资料将河床覆盖层从上至下分为五层：Ⅰ 岩组为含漂砂卵砾石（alQ$_4$），厚 4.58～21.97m，埋深 0～21.97m；Ⅱ 岩组为粉细砂层（alQ$_3^3$），厚 3.23～6.4m，埋深 17.95～20.37m，为晚更新世（Q$_3$）沉积物；Ⅲ 岩组为含漂砂砾卵石层（alQ$_3$），厚 2.64～7.78m，埋深 22.11～27.35m；Ⅳ 岩组为粉细砂层（alQ$_3^3$），厚 1.43～3.98m，埋深 29.1～30m，为晚更新世（Q$_3$）沉积物；Ⅴ 岩组为含漂砂砾卵石层（alQ$_3$），厚度 7.67～7.81m，埋深 31.43～33.08m。各岩组具体分布如图 7-1 所示。

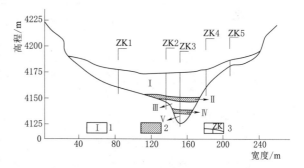

图 7-1　达嘎水电站坝基岩层分布
1—岩组编号；2—粉细砂层；3—钻孔及编号

7.1.2 计算参数

在 ADINA 流固耦合计算中，坝体、多元结构深厚覆盖层坝基、混凝土防渗墙的计算参数及渗透破坏类型，见表 7-1。

表 7-1 计算参数及渗透破坏类型

分 区	杨氏模量/(N/m²)	泊松比	密度/(kg/m³)	渗透系数/(m/s)	允许坡降	破坏类型
Ⅰ岩组	$1.8×10^8$	0.17	2250	$4×10^{-5}$	0.15	管涌
Ⅱ、Ⅳ岩组	$3×10^7$	0.18	1820	$2×10^{-6}$	0.4	流土
Ⅲ、Ⅴ岩组	$1.8×10^8$	0.17	2200	$1×10^{-5}$	0.15	管涌
坝体	$2.85×10^{10}$	0.2	2400	$7×10^{-9}$	—	—
防渗墙	$2.85×10^{10}$	0.2	2400	$7×10^{-9}$	—	—

7.1.3 建模剖面

图 7-1 中 ZK3 所在剖面是坝基中厚度最大（40.89m），分层明显，具有 2 层粉细砂层，为渗流控制最不利剖面。模型计算以 ZK3 纵剖面为研究对象具有代表性。对应的Ⅰ、Ⅱ、Ⅲ、Ⅳ、Ⅴ岩组的厚度分别为 18.3m、4.4m、6.4m、3.98m、7.81m。坝基采用封闭式混凝土防渗墙，厚度为 1m。达嘎水电站纵剖面图如图 7-2 所示。

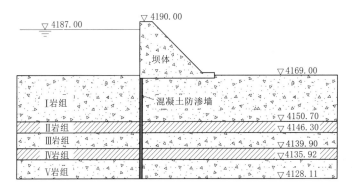

图 7-2 达嘎水电站纵剖面图

耦合计算时，上游水位为 4187.00m，下游水位为 4169.00m，上下游水位恒定，不考虑坝体填筑、蓄水过程及上下游水位的波动。

7.2 计算结果分析

7.2.1 渗流量及渗透坡降

渗流量控制是至关重要的，也是检验控渗措施的关键指标。坝基渗流量分布如图 7-3 所示。

由图 7-3 可得，靠近防渗墙和坝底区域的渗流量等值线的密集程度明显高于其他部位。从坝踵至上游区域渗流量逐渐降低，由坝趾至下游区域渗流量也呈递减趋势。可见，坝踵附近区域是主要的入渗口，坝趾附近区域是主要的出渗口。

土石坝单宽渗流量 q 随时间 t 变化曲线，如图 7-4 所示。

图 7-4 表明：单宽渗流量 q 由开始时的 $10.21×10^{-6}$ m³/s 逐渐降低至 $5.21×$

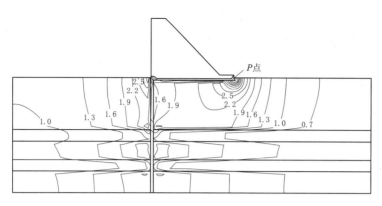

注：图中渗流量的单位为 $10^{-7}\,\mathrm{m^3/s}$。

图 7-3　大坝渗流量分布图

$10^{-6}\,\mathrm{m^3/s}$，最终趋于稳定；变化曲线呈指数函数下降，拟合函数为：$q=5.028\mathrm{e}^{-0.082t}+5.123$，此过程需要经历 42 个月左右。

稳定状态时单宽渗流量为 $5.21\times10^{-6}\,\mathrm{m^3/s}$，渗流量的控制方程为：

$$Q<(0.005\sim0.01)Q_{\text{平}}$$

式中　Q——大坝渗流量；

$\quad\;Q_{\text{平}}$——河道多年平均来水量；

$\quad\;Q_{\text{平}}$——前的系数，0.005 适用于缺水地区，0.01 适用于一般地区。

夏布曲干流平均流量为 $Q_{\text{平}}=16.77\,\mathrm{m^3/s}$，达嘎水电站处西南地区，属于一般地区，$Q_{\text{平}}$ 前系数取 0.01 即可，$0.01Q_{\text{平}}=1.677\times10^{-1}\,\mathrm{m^3/s}$；采用半封闭式防渗墙时渗流量 Q 等于单宽渗流量 q 与坝轴线长的乘积，$Q=qL=8.857\times10^{-4}\,\mathrm{m^3/s}$ 小于允许渗流量 $1.677\times10^{-1}\,\mathrm{m^3/s}$，满足渗流量控制要求。

渗流出口位于坝趾附近区域，如图 3 所示中的 P 点。该出口是渗流控制的关键部位，也是最容易发生渗透破坏的部位，坝基渗透出逸坡降 J 是衡量渗透破坏的重要指标。其随时间 t 的变化曲线如图 7-5 所示。

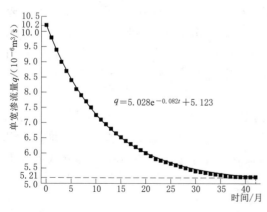

图 7-4　单宽渗流量随时间的变化曲线

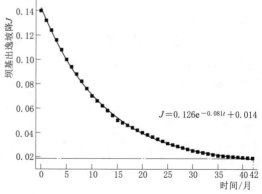

图 7-5　出逸坡降 J 随时间 t 的变化曲线

图 7-5 中渗透出逸坡降变化趋势与图 7-4 类似，由 0.14 逐渐降低至 0.019，在 42 个月左右趋于稳定。其随时间 t 变化函数为：$J=0.126e^{-0.081t}+0.014$。达到渗流稳定时，出逸坡降 $J=0.019$，小于 Ⅰ 岩组的允许渗透坡降 $[J]=0.15$。

7.2.2　坝基沉降变形

7.2.2.1　坝基总体变形

坝基随着流固耦合作用而逐渐沉降变形，其变形规律和沉降大小关系到大坝的安危，需要高度重视。计算得到多元结构坝基沉降随时间变化如图 7-6 所示。

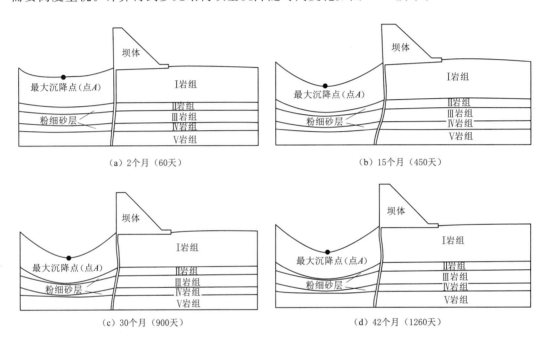

注：为了显著表现上述规律，图中变形比实际放大 100 倍（软件自带功能）。

图 7-6　多元结构坝基变形图

图 7-6 显示，随着时间推移坝基沉降逐渐增大，以垂直防渗墙为界，上游坝基沉降变形最为明显，坝基表面距离防渗墙 30m 左右 A 点处出现最大沉降。从各层的变形来看，粉细砂层Ⅱ、Ⅳ岩组变形量最大。防渗墙下游坝基变形不明显，耦合初期下游建基面微微隆起，耦合趋于稳定后，下游建基面也出现幅度较小的沉降。各岩组 42 个月后沉降等值线如图 7-7 所示。

由图 7-7 可知，上游各层坝基的沉降变化范围为 $-43.6\sim-3.5$cm，下游坝基的沉降量为 $-5.6\sim0$cm。Ⅱ、Ⅳ岩组内的沉降等值线的密集程度明显远远高于Ⅰ、Ⅲ、Ⅴ岩组。沉降与隆起的分界线（沉降量为 0 的等值线）位于下游，仅有很小一部分区域发生隆起。

7.2.2.2　各岩组沉降

计算压缩土层的沉降量时，可采用改进分层总和法，其表达式为：

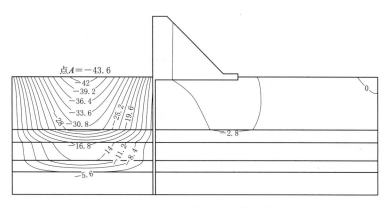

图 7 - 7　达嘎水电站沉降等值线图

$$S(t,k) = \sum_{j=1}^{k} S(t-t_j, j) - \sum_{j=1}^{k} S(t_k - t_j, j) \qquad (7-1)$$

式中　　t——时刻；

　　　　k——可压缩图层的编号；

　　　　j——各土层的层号；

$S(t, k)$——第 k 层可压缩层在 t 时刻的沉降量。

将改进分层总和法与 ADINA 计算各岩组的沉降量结果对比见表 7 - 2。

表 7 - 2　　　　　　　　　　　　　　坝基沉降量及沉降比例

计算方法	参　量	Ⅰ岩组	Ⅱ岩组	Ⅲ岩组	Ⅳ岩组	Ⅴ岩组	坝基
ADINA	沉降量/cm	7.6	17.9	2.3	14.3	1.5	43.6
	所占比例/%	17.5	41	5.3	32.8	3.4	100
改进分成总和法	沉降量/cm	8.9	18.8	2.1	15.9	2.5	48.2
	所占比例/%	18.5	39	4.6	33	5.2	100

由表 7 - 2 可知，采用数值模拟法和改进分层总和法计算得到的各岩组的沉降值较为相似，验证了数值模拟计算的合理性。

模拟结果中Ⅰ～Ⅴ岩组沉降量分别为：7.6cm、17.9cm、2.3cm、14.3cm、1.5cm，占总沉降的比例分别为：17.5％、41％、5.3％、32.8％、3.4％；Ⅱ、Ⅳ岩组的沉降值及比例明显高于Ⅰ、Ⅲ、Ⅴ岩组。可见，覆盖层坝基的沉降主要与Ⅱ、Ⅳ岩组关系密切，两岩组起主导作用。

坝体的最大沉降量为 43.6cm，坝高 21m，最大沉降量与坝高的比值为 0.205％，坝体的纵向沉降满足规范要求。

7.2.3　坝基固结度

坝基的固结度 ν 随时间 t 的变化曲线如图 7 - 8 所示。

从图 7 - 8 中曲线可知，大坝坝基大致分为 3 个阶段：初始固结阶段（OA 段）、快速固结阶段（AB 段）和缓慢固结阶段（BC 段）。各段需要时间长度分别为：3 个月、12 个月和 27 个月。其中初始固结阶段和快速固结阶段的 15 个月（450 天）内，坝基沉降量占总沉降量的 91.5%，时间为总沉降时间的 35.7%；缓慢固结阶段沉降量占总沉降的 8.5%，但需要总时间的 64.3%（27 个月）才能完成。

7.2.4　坝基孔隙水压力消散规律

作坝基孔隙水压力 P_0 随时间的衰减曲线，如图 7-9 所示。

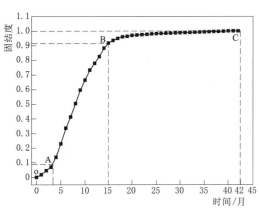

图 7-8　固结度随时间的变化曲线

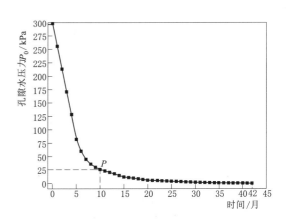

图 7-9　孔隙水压力衰减曲线

由图 7-9 可得，孔隙水压力 P_0 随时间逐渐消散，总体可分为 2 个阶段：快速衰减阶段（0~10 个月）和缓慢衰减阶段（10~42 个月）。快速衰减阶段所需的时间占总时间的 23.81%，消散了 91.6% 的孔隙水压力。缓慢衰减阶段所需的时间占总时间的 76.19%，消散了 8.39% 的孔隙水压力值。

7.3　各岩组主要特性及相互作用

7.3.1　Ⅰ岩组特性分析

Ⅰ岩组位于坝基的最上部分，厚度为 18.3m；渗透系数为 4×10^{-5} m/s，属于强透水层。该层是沉降显现区，也是渗流进出口区域。

7.3.1.1　渗流方面

Ⅰ岩组厚度占坝基总厚度的 44.75%，其下Ⅱ岩组的渗透系数为 2×10^{-6} m/s，相对Ⅰ岩组为弱透水层。作坝基渗流量截面图，如图 7-10 所示。

由图 7-10 可得，整个坝基的渗流量为 $q = 5.21 \times 10^{-6}$ m³/s，而直接水平通过Ⅰ岩组的渗流量为 $q_{\mathrm{I}} = 4.19 \times 10^{-6}$ m³/s，占坝基总渗流量的 80.42%，可见Ⅰ岩组为坝基渗流的主要通道。

该岩组不均匀系数 C_u 为 56.1~100.1，平均粒径为 17.23~29.63mm，渗透破坏类型为管涌。虽然在 3.1 小节分析中，Ⅰ岩组在渗透坡降方面满足要求，但在实际运行中应该在下游坝趾附近采取必要工程措施，以防万一。

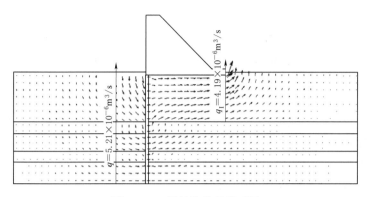

图 7-10　坝基渗流量截面图

7.3.1.2　沉降方面

Ⅰ岩组厚度占坝基的 44.75％，沉降量为 7.6cm，占坝基总沉降的 17.5％；该层是坝基累计沉降的体现区域，在表面会出现沉降坑，最大竖向沉降为图 5 中的点 A。作点 A 的沉降量随时间的变化曲线，如图 7-11 所示。

7.3.2　Ⅱ岩组和Ⅳ岩组沉降及液化分析

由图 7-6 显示出Ⅱ、Ⅳ岩组为主要的沉降层，分别占总沉降的为 41％、32.8％。做Ⅱ岩组、Ⅳ岩组的沉降量随时间的变化曲线，如图 7-12 所示。

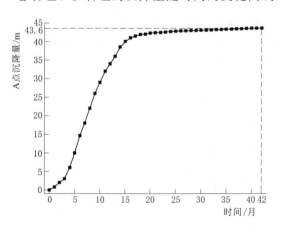

图 7-11　点 A 的沉降量随时间的变化曲线　　图 7-12　Ⅱ、Ⅳ岩组的沉降量随时间的变化曲线

由图 7-12 可得，随着双场耦合作用，Ⅱ岩组的沉降量由 0 增大至 17.9cm，Ⅳ岩组的沉降量由 0 增大至 14.3cm。两岩组的沉降速度（曲线的斜率）随着时间逐渐降低，最终趋近于零。在 42 个月左右流固耦合达到稳定状态，Ⅱ、Ⅳ岩组的总沉降占总沉降的 73.9％。

Ⅱ、Ⅳ岩组为坝基中的软弱夹层，且该水库位于 7 级地震烈度区。DL 5073—2000 《水工建筑物抗震设计规范》中表明，重要工程地基中的软弱黏土层，应进行专门的抗震试验研究和分析。地基中的软弱黏土层的标准贯入锤击数 $N_{63.5} \leqslant 4$ 时，7 级地震烈度时可判断为液化土。

试验发现，Ⅱ、Ⅳ岩组的标准贯入击数最小值 18 击，最大值 20 击，平均值 9 击，即 $N_{63.5}=19>4$。因此Ⅱ、Ⅳ岩组为非液化砂土，不考虑土体的液化。

7.3.3 Ⅲ岩组特性分析

Ⅱ、Ⅲ、Ⅳ岩组的渗透系数分别为：$2\times10^{-6}\,\mathrm{m/s}$、$1\times10^{-5}\,\mathrm{m/s}$、$2\times10^{-6}\,\mathrm{m/s}$，Ⅲ相对Ⅱ、Ⅳ岩组透水性较强，故渗入Ⅲ岩组的水不易排出，形成一个相对封闭的承压层。研究发现，当承压水头大于 2 倍上覆土层厚度时，有可能造成顶托破坏。

经计算，Ⅲ岩组承压层对Ⅱ岩组的顶托力为 $2.98\times10^{5}\,\mathrm{N/m^{2}}$，等于 29.8m 的承压水头；上覆土层厚度为 22.7m，承压水头 29.8m 小于 2 倍上覆土层厚度 45.4m。由此可见，Ⅲ岩组不可能造成上覆土层的顶托破坏。

7.3.4 Ⅴ岩组特性分析

Ⅴ岩组位于坝基的底层，渗透系数为 $1\times10^{-5}\,\mathrm{m/s}$，透水性较强。由于坝基采用全封闭式防渗墙，穿过Ⅴ岩组，该截面单宽渗流量为 $2.39\times10^{-7}\,\mathrm{m^{3}/s}$，占总渗流量的 4.59%，对整个坝基渗流量影响不大。Ⅴ岩组会对Ⅳ岩组产生向上的顶托力，但作用力很小，可忽略该作用力。

7.3.5 岩组间的接触冲刷

接触冲刷的本质是细土层中的细颗粒从粗土层孔隙中流失，即粗土层的孔隙粒径大于细土层可移动颗粒粒径。Ⅰ岩组平均粒径为 17.23～29.63mm，Ⅱ岩组的平均粒径为 0.32～0.6mm，两岩组粒径相差较大，且位于坝基的上部，符合接触冲刷的基本条件，存在接触冲刷的可能性。

刘杰的《土的渗透破坏及控制研究》表明：无黏性土层不产生接触冲刷的条件还可以表示为 $k_{粗}/k_{细}\leqslant60$。书中Ⅰ、Ⅱ岩组的渗透系数 $4\times10^{-5}\,\mathrm{m/s}$、$2\times10^{-6}$，渗透系数之比 $k_{\mathrm{I}}/k_{\mathrm{II}}=20<60$。因此，Ⅰ、Ⅱ岩组间不会发生接触冲刷。

同理，Ⅲ、Ⅳ岩组之间也不会发生接触冲刷。

7.4 结论与建议

（1）以比奥固结理论为基础的渗流场与应力场全耦合模型，考虑了土体的非线性流变以及土体固结变形过程中孔隙度、渗透系数、弹性模量及泊松比的变化，针对西藏达嘎水电站多元结构深厚覆盖层透水地基中各岩组的力学特性进行计算，结果更加接近实际情况。

（2）深厚覆盖层多元结构坝基各层在流固耦合过程中力学特性、变形规律等差异较大，在分析时关注的具体问题也不尽相同。Ⅰ岩组透水性较强，渗透破坏类型为管涌，且为主要的渗流通道，下游区域也是渗流出口区域。因此，应在Ⅰ岩组表层增设反滤层和排水设施，防止发生渗透破坏；Ⅱ、Ⅳ岩组的沉降占总沉降的 73.9%，对坝基沉降起主导作用，应该采取工程措施增大其刚度，减小沉降量，并对其液化特性进行验算。Ⅲ岩组为坝基中的承压层，对下游Ⅱ岩组产生向上的顶托力，但由于位置较深，并不能对上部结构造成影响。Ⅰ、Ⅱ岩组和Ⅲ、Ⅳ岩组彼此渗透系数之比不大于 60，土层间不会发生接触冲刷。

坝基快速固结时间仅占总固结时间的 35.7%，固结度却达到 91.5%。而 91.6% 的孔隙水压力在快速衰减阶段（总衰减时间的 23.8%）被消散。

（3）坝基采用封闭式垂直防渗墙有效地遏制了渗流破坏和渗流量，也将坝基在库水位作用下的沉降变形控制在防渗墙上游区域。上游坝基变形对防渗墙产生了较大的水平推力，若防渗墙抗弯刚度 EI 值较小，容易发生拉伸破坏。因此，对防渗墙上游坝基应该采取固结灌浆等措施，或者加大防渗墙的尺寸，或者采用柔性的土工膜防渗墙。

第8章

弱透水层特性对渗流场的影响有限元模拟

8.1 非饱和土体渗流理论

土-水交互特征曲线（SWCC）用于描述饱和-非饱和土中土体体积含水率与基质吸力（或孔隙水压力）间的函数关系，本章采用 Van Genuchten 数学模型为：

$$V_{ws} = \left[\frac{1}{1+(au_m)^n} \right]^m \qquad (8-1)$$

式中　V_{ws}——标准化体积含水量；

　　　a——进气压力值的倒数；

　　　u_m——基质吸力；

　　　n——与土孔径分布相关的参数；

　　　m——土体特征曲线的整体对称性参数。

非饱和土体中水的表面张力使得土体孔隙中的水、气截面产生弯液面，水和气承受不同的压力，孔隙气压力和孔隙水压力的差值称为基质吸力，基质吸力可借助 Laplace 公式计算为：

$$u_m = u_a - u_w = T_s \left(\frac{1}{r_1} + \frac{1}{r_2} \right) \qquad (8-2)$$

式中　u_a——孔隙气压力；

　　　u_w——孔隙水压力；

　　　T_s——表面张力；

　　r_1、r_2——弯液面短轴和长轴的半径。

非饱和渗透特征曲线可采用 Gardner 提出的非饱和渗透系数与基质吸力关系式为：

$$k = \frac{k_s}{1+a\left(\dfrac{u_m}{\gamma_w}\right)^n} \qquad (8-3)$$

式中　k——非饱和渗透系数；

　　　k_s——饱和渗透系数；

　　　γ_w——水的容重。

饱和渗透系数与土体孔隙率的关系为：

$$k_s = k_{s0} \left(\frac{n}{n_0} \right)^3 \left(\frac{1-n_0}{1-n} \right)^2 \qquad (8-4)$$

式中　k_{s0}——初始饱和渗透系数；

　　　n——孔隙率；

n_0——初始孔隙率。

非饱和土渗流控制微分方程为：

$$\frac{\partial}{\partial x_i}\left[k_s k_r(h_c)\frac{\partial h_c}{\partial x_j}+k_s k_r(h_c)\right]+S_Q=\left[C(h_c)+\beta S_s\right]\frac{\partial h_c}{\partial t} \tag{8-5}$$

式中 $k_r(h_c)$——相对透水率，非饱和区 $0<k_r<1$，饱和区 $k_r=1$；

h_c——压力水头；

S_Q——源汇项，$C=\dfrac{\partial V_{ws}}{\partial h_c}$ 为容水度；

β——选择参数；

S_s——饱和土单位贮水系数，对于非饱和土 $S_s=0$；

t——时间。

8.2 算例 1 分析

8.2.1 模型概况

弱透水层广泛分布于西南山区河道中，但由于成岩及地质构造等作用，导致不同河段中弱透水层的埋藏深度、厚度、连续性存在较大差异；①弱透水层埋深存在差异，从地表到地下数十米不等；②弱透水层厚度也存在区别，从 1～10m 不等；③连续分布的弱透水层较少，多数呈现非连续特性；根据防渗墙和弱透水层开口的相对位置关系，可分为"上游开口""下游开口""底端开口"3 种形式。模型中大坝坝高 75m，坝前水头为 70m；深厚覆盖层厚 90m，坝基由砂土和黏土构成，坝体和坝基中黏土为同一种材料；采用防渗墙控渗，深度为 0～90m。

为探讨弱透水层深度、厚度及连续性对渗流场的影响，建立如下模型；如图 8-1（a）所示，弱透水层厚 1m，深度为 10～80m；如图 8-1（b）所示，弱透水层深度为 45m，厚度为 1～10m；弱透水层开口在上游、下游、底端如图 8-1（c）、（d）、（e）所示，弱透水层深度为 45m，开口长度为 0～250m，每次延长 25m，共计 11 种。

8.2.2 计算参数

非饱和土体在渗流作用下，体积含水率 V_{ws} 和渗透系数 k 随基质吸力变化，V_{ws}、k 与基质吸力的关系曲线，如图 8-2 所示。

将弱透水层、砂土和防渗墙的基本物理参数列入表 8-1。

表 8-1　　　　　　　　　　　　　材料的基本物理指标

材料	孔隙率 $n/\%$	干密度 $\rho_d/(\mathrm{g/cm^3})$	容重 $\gamma/(\mathrm{kN/m^3})$	渗透系数 $k/(\mathrm{cm/s})$
弱透水层	44	1.93	19	—
砂土	28	2.34	23.1	—
防渗墙	5.6	2.2	24	2.24×10^{-6}

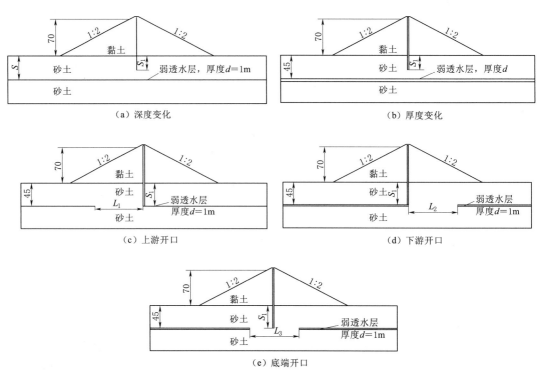

图 8-1 模型断面图

S—弱透水层深度；S_1—防渗墙深度；d—弱透水层厚度

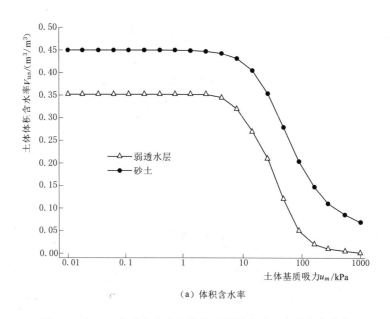

（a）体积含水率

图 8-2（一） 体积含水率和渗透系数随基质吸力的变化曲线

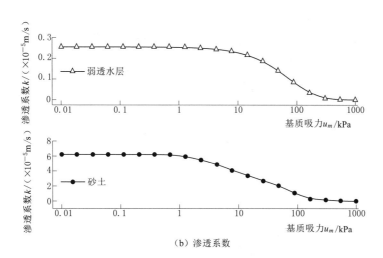

（b）渗透系数

图8-2（二）　体积含水率和渗透系数随基质吸力的变化曲线

8.3　算例1模拟结果及分析

在上述理论和模型建立的基础上，针对弱透水层深度、厚度和连续性对渗流场的影响进行系统研究，获得关键渗流参数。如图8-3所示，当弱透水层厚度和深度为1m和40m、防渗墙深度为40m工况时渗流等势线分布情况，显然弱透水层特性对渗流场有显著的影响。但弱透水层的每一种工况，渗流场都相应发生改变且差异较大。为此，根据数值模拟计算结果，系统分析弱透水层特性对渗流场的影响规律。

8.3.1　弱透水层深度分析

弱透水层不同深度下坝基渗流量的变化规律如图8-4所示。

由图8-4可得，①当$S_1=0$m时，渗流量随着弱透水层深度的增加而增大；S由10增大至80m时，渗流量增大6.48%，可见深度越小的弱透水层在控制渗流量方面的效果越显著；②当$S_1<S$时，为悬挂式防渗墙，渗流量随弱透水层深度的增加而增大；S增大至80m时，Q增大$1.87\times10^{-3}\sim2.87\times10^{-2}$m³/s，与无防渗墙时的变化规律一致；③当$S_1\geqslant S$时，渗流量随弱透水层深度的增加而减小；以$S_1=80$m为例进行说明，$S$由10增大至80m时，渗流量降低16.12%；可见深度越大的弱透水层与防渗墙形成的半封闭式联合防渗体系相比深度越小的联合防渗体系，更能有效地降低渗流量；④当$S_1=90$m，$Q=2.4\times10^{-4}\sim2.64\times10^{-4}$m³/s，对渗流量影响极小。

作出逸坡降变化曲线如图8-5所示。

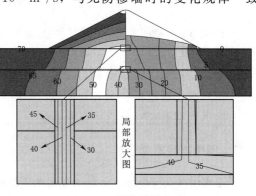

图8-3　等势线分布图

77

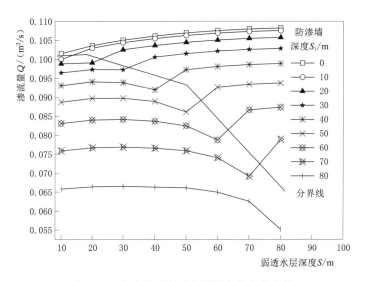

图 8-4 渗流量随弱透水层深度的变化曲线

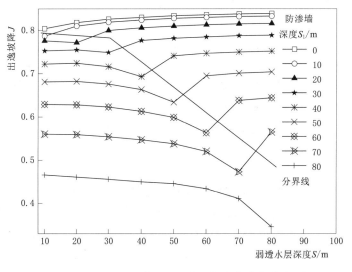

图 8-5 出逸坡降随弱透水层深度的变化曲线

对比图 8-4 和图 8-5 可得，两图中的曲线变化规律基本一致，不再详细阐述。当不设置防渗墙或设置悬挂式防渗墙时，深度越小的弱透水层抑制出逸坡降的效果越好。当设置半封闭式防渗墙时，深度越大的弱透水层与防渗墙形成的半封闭式联合防渗体系相比深度较小的，更能有效抑制出逸坡降。当采用全封闭式防渗墙时，$J = 1.65 \times 10^{-3} \sim 3.55 \times 10^{-3}$，弱透水层深度对出逸坡降影响极小。

8.3.2 弱透水层厚度分析

弱透水层深度较小时，已有研究表明其控渗效果类似于水平铺盖；当深度较大靠近基岩时，做成半封闭式和全封闭式防渗墙对应的工程量及造价较为接近，且全封闭式防渗墙控渗效果更佳，工程中往往做成全封闭式；但当弱透水层处于中间位置时，其控渗规律尚不明朗，需进一步展开研究，因此在分析厚度及连续性对渗流场的影响时，弱透水层处于中间位置。

分析厚度对渗流场的影响时，弱透水层是连续的，作渗流量 Q 随厚度 d 的变化曲线，如图8-6所示。

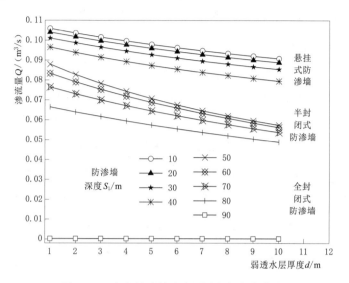

图8-6　渗流量随弱透水层厚度的变化曲线

图8-6中各曲线变化规律一致，渗流量随着弱透水层厚度的增大而降低。①当 $S_1 = 10 \sim 40\text{m}$ 时，d 由1m增大至10m时，Q 降低 $14.2\% \sim 17.69\%$；②当 $S_1 = 50 \sim 80\text{m}$ 时，d 增大至10m时，Q 降低 $26.45\% \sim 34.74\%$；③当 $S_1 = 90\text{m}$ 时，d 增大至10m时，Q 降低 0.03%。由此可得，弱透水层厚度对采用半封闭式防渗墙控渗时的渗流量影响最大，悬挂式防渗墙次之，全封闭式防渗墙最小。

作出逸坡降随厚度的变化曲线，如图8-7所示。

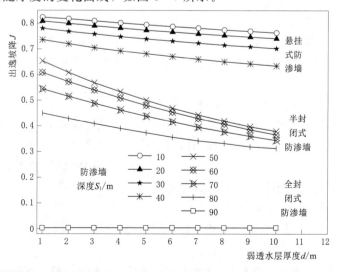

图8-7　出逸坡降随弱透水层厚度的变化曲线

对比图8-6和图8-7可得，两图中各曲线的变化规律比较类似，都是随着厚度的增加而降低。采用悬挂式防渗墙时，J降低7.29%～13.86%，曲线斜率为0.006～0.0102；采用半封闭式防渗墙时，J降低30.44%～41.96%，曲线斜率为0.0137～0.0274。采用全封闭式防渗墙时，J降低2.03%，曲线斜率为4.2×10^{-5}。可得，弱透水层厚度对采用半封闭式防渗墙控渗时的出逸坡降影响最大，悬挂式防渗墙次之，全封闭式防渗墙最小。

8.3.3 弱透水层连续性分析

8.3.3.1 弱透水层开口在防渗墙上游

作渗流量Q随弱透水层上游开口长度L_1（以下简称上游开口长度）的变化曲线，如图8-8所示。

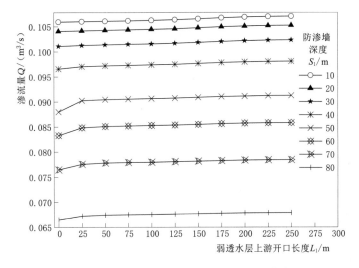

图8-8 渗流量随上游开口长度的变化曲线

由图8-8可得，渗流量随上游开口长度的增加而增大。当坝基采用悬挂式、半封闭式、全封闭式防渗墙控渗，L_1增大至250m时，Q分别增大1.08%～1.59%、2.59%～3.72%、0，可见上游开口长度对采用半封闭式防渗墙控渗时的渗流量影响最大、悬挂式防渗墙次之、全封闭式防渗墙最小。此外，从曲线的变化趋势可得出，上游开口长度对渗流量影响较小。

作出逸坡降随L_1的变化曲线，如图8-9所示。

图8-8和图8-9变化规律比较类似，由各曲线变化平缓可得L_1对出逸坡降影响较小。当$S_1 = 10$～90m，L_1增大至250m时，J分别增大1.26%、1.3%、1.42%、1.9%、4.69%、3.88%、3.34%、3%、0。L_1对采用半封闭式防渗墙控渗时的出逸坡降影响最大，悬挂式防渗墙次之、全封闭式防渗墙最小。

8.3.3.2 弱透水层开口在防渗墙下游

作渗流量随弱透水层下游开口长度L_2（下文简称下游开口长度）的变化曲线，如图8-10所示。

由图8-10可得，渗流量随下游和上游开口长度的变化规律一致，都是随着开口长度的增

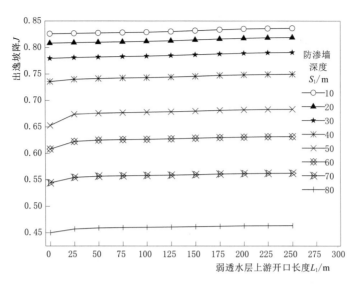

图 8-9　出逸坡降随弱透水层上游开口长度的变化曲线

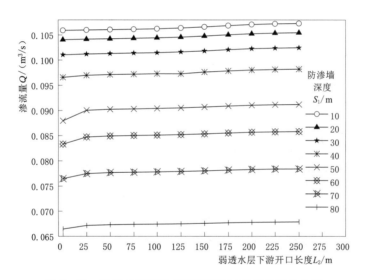

图 8-10　渗流量随弱透水层下游开口长度的变化曲线

加而增大，且上、下游开口长度对渗流量影响较小。坝基采用悬挂式、半封闭式、全封闭式防渗墙控渗时，Q 分别增大 1.3%～1.69%、2.13%～3.67%、0，可见下游开口长度对采用半封闭式防渗墙控渗时的渗流量影响最大、悬挂式防渗墙次之、全封闭式防渗墙最小。

　　作出逸坡降随下游开口长度 L_2 的变化曲线，如图 8-11 所示。

　　由图 8-11 可得，当 $S_1 = 10～80\text{m}$ 时，J 随下游 L_2 的变化趋势近似于抛物线，对称轴为 $L_1 = 150\text{m}$；J 随下游开口长度的增加而增大，$L_1 = 150\text{m}$ 时达到最大值，随后又逐渐降低。L_2 由 0 增大至 150m 时，J 增大 0～5.94%；L_2 由 150m 增大至 250m 时，J 降低 0～2.76%。

　　当 $S_1 > 150\text{m}$ 时，J 反而增大的现象可以用水力学中压力水头消散进行解释，当坝基

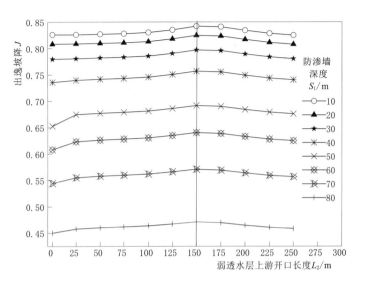

图 8-11 出逸坡降随弱透水层下游开口长度的变化曲线

出逸点下游弱透水层存在缺口时，利于压力水头消散，出逸点承受的压力水头降低，导致出逸坡降减小。

8.3.3.3 弱透水层开口在防渗墙底端

作渗流量和出逸坡降随防渗墙底端弱透水层开口长度 L_3（以下简称底端开口长度）的变化曲线，如图 8-12 所示。

对比图 8-12 和图 8-8、图 8-9 可得，开口在底端和上游时，渗流量和渗透坡降的变化规律一致，都是随着开口长度的增加而增大。采用悬挂式、半封闭式、全封闭式防渗墙时，L_3 增大至 250m 时，Q 分别增大 $0.89\% \sim 1.94\%$、$3.33\% \sim 6.27\%$、0，J 分别增大 $1.57\% \sim 3.23\%$、$6.35\% \sim 9.22\%$、0；可得 L_3 对渗流场影响较小；此外，L_3 对采用

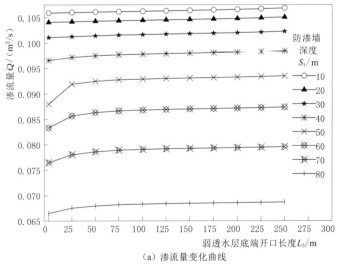

（a）渗流量变化曲线

图 8-12（一） 渗流量和出逸坡降随底端开口长度的变化曲线

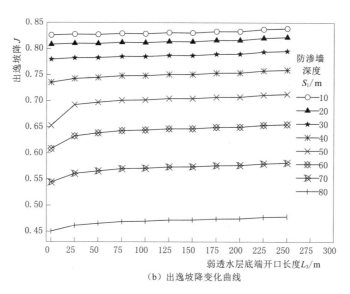

（b）出逸坡降变化曲线

图 8-12（二） 渗流量和出逸坡降随底端开口长度的变化曲线

半封闭式防渗墙控渗时的渗流场影响最大，悬挂式防渗墙次之，全封闭式防渗墙最小。

8.3.3.4 弱透水层开口形式分析

各开口长度下渗流场的变化规律比较类似，以弱透水层 3 种开口长度皆为 125m 为例，针对开口形式做对比分析。做不同开口形式对应的渗流量和出逸坡降柱状图，如图 8-13～图 8-14 所示。

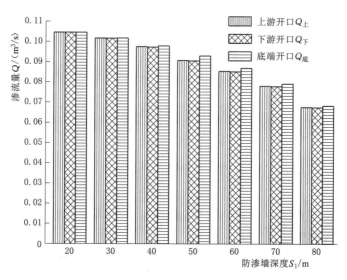

图 8-13 渗流量变化图

由图 8-13 可得，① 当 $S_1 = 20 \sim 40$m 时，$Q_上$、$Q_下$、$Q_底$ 分别为 $9.7519 \times 10^{-2} \sim 1.0458 \times 10^{-1}$ m³/s、$9.729 \times 10^{-2} \sim 1.0457 \times 10^{-1}$ m³/s、$9.7928 \times 10^{-2} \sim 1.0457 \times 10^{-1}$ m³/s，$Q_上$、$Q_下$ 和 $Q_底$ 无明显差异，其原因在于各开口形式下弱透水层与防渗墙都没

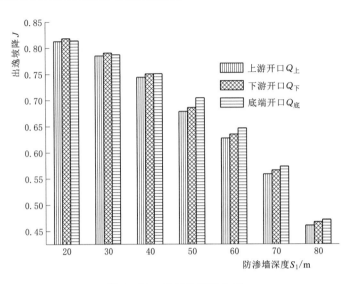

图 8-14　出逸坡降变化图

有形成相对封闭的联合防渗体系；②当 $S_1 = 50 \sim 80\text{m}$ 时，$Q_上 = 6.7618 \times 10^{-2} \sim 9.0744 \times 10^{-2}\text{m}^3/\text{s}$，$Q_下 = 6.75 \times 10^{-2} \sim 9.0536 \times 10^{-2}\text{m}^3/\text{s}$，$Q_底 = 6.8386 \times 10^{-2} \sim 9.3014 \times 10^{-2}\text{m}^3/\text{s}$，可见 $Q_底$ 最大、$Q_上$ 次之、$Q_下$ 最小；从防渗墙形式对该现象进行解释，底端和上下游开口对应的防渗墙为悬挂式和半封闭式，$Q_上$ 和 $Q_下$ 小于 $Q_底$。

由图 8-14 可得，①$S_1 = 20 \sim 40\text{m}$ 时，$J_上$、$J_下$、$J_底$ 分别为 $0.7444 \sim 0.8127$、$0.751 \sim 0.8181$、$0.751 \sim 0.8139$，$J_下 > J_底 > J_上$；②$S_1 = 50 \sim 80\text{m}$ 时，$J_上$、$J_下$、$J_底$ 平均值分别为 0.58155、0.58875、0.5992，$J_底 > J_下 > J_上$。可见，当 $S_1 \geqslant S$ 时，渗流量和出逸坡降从高到低排序为底端开口、上游开口、下游开口；因此，在设置防渗墙时应避免弱透水层底端开口的情况。

8.4 算例2分析

8.4.1 模型概况

某黏土心墙坝坝高 249m，坝前水头为 241m。Ⅰ～Ⅴ岩组的厚度分别为 $49.7 \sim 58.3\text{m}$、$9.4 \sim 24\text{m}$、$59.6 \sim 71.5\text{m}$、$14.0 \sim 38.4\text{m}$、$0 \sim 52.1\text{m}$，防渗墙深度为 56m，岩层分布如图 8-15 所示。

坝体、坝基、心墙和防渗墙的渗透系数，见表 8-2。

表 8-2　　　　　　　　　　　　　　**材 料 的 渗 透 系 数**

区 域	渗透系数/(cm/s)	区 域	渗透系数/(cm/s)
Ⅰ岩组	1.82×10^{-2}	Ⅴ岩组	4.33×10^{-1}
弱透水层（Ⅱ岩组）	1.72×10^{-5}	黏土心墙	1.12×10^{-5}
Ⅲ岩组	8.37×10^{-3}	防渗墙	2.24×10^{-6}
Ⅳ岩组	2.17×10^{-2}	堆石坝体	4.24×10^{-1}

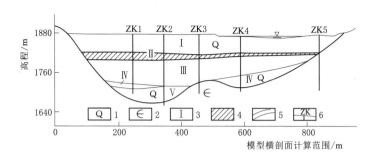

图 8-15　坝基岩层分布

1—第四系；2—寒武系；3—岩组编号；4—黏土层；5—岩层界限；6—钻孔编号

8.4.2　弱透水层深度分析

拟定 2 种工况，工况 1（ZK1）和工况 2（ZK2），弱透水层深度分别为 56m、50m，如图 8-16 所示。

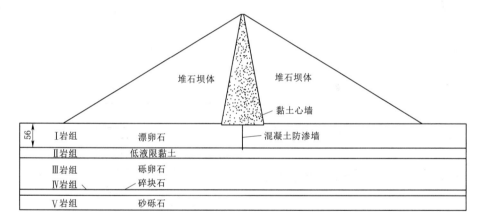

（a）工况 1（$S=56m$）

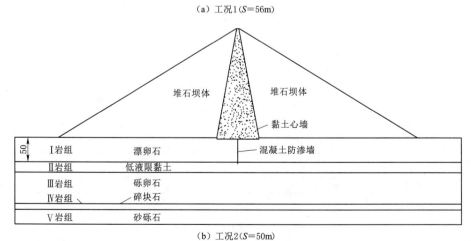

（b）工况 2（$S=50m$）

图 8-16　大坝断面图（深度）

计算得出单宽渗流量和出逸坡降，列入表 8-3。

表 8-3 渗流量和出逸坡降

工 况	渗流量 $Q/(\times 10^{-2} \mathrm{m}^3/\mathrm{s})$	出逸坡降 J
工况 1（$S=56\mathrm{m}$）	8.98	0.45
工况 2（$S=50\mathrm{m}$）	9.02	0.46

由于表 8-3 可得，当 S 由 56m 降低至 50m 时，Q 和 J 分别增大 0.445%、2.22%。与 4.1 节得出一致结论，深度越大的弱透水层和防渗墙形成的半封闭式防渗体系，越能有效降低渗流量、抑制出逸坡降。

8.4.3 弱透水层厚度分析

拟定 2 种工况，①工况 1（ZK1），Ⅰ～Ⅴ岩组的厚度分别为：56m、24m、70.5m、14m 和 33.15m；②工况 2（ZK4），Ⅰ～Ⅳ岩组的厚度分别为：50.29m、11.43m、60.15m 和 36.58m，该断面没有Ⅴ岩组，如图 8-17 所示。

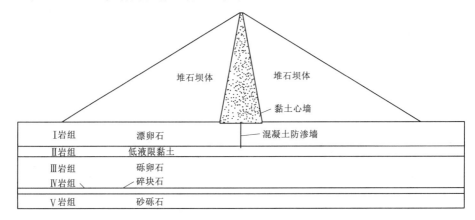

（a）工况1（$d=24\mathrm{m}$）

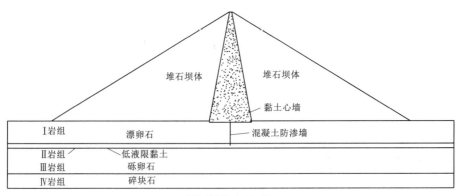

（b）工况2（$d=11.43\mathrm{m}$）

图 8-17 大坝断面图（厚度）

计算得出渗流量和出逸坡降，列入表 8-4。

表 8 - 4 渗 流 量 和 出 逸 坡 降

工 况	单宽渗流量 $Q/(\times 10^{-2} \mathrm{m}^3/\mathrm{s})$	出逸坡降 J
工况 1（$d=24\mathrm{m}$）	8.98	0.45
工况 2（$d=11.43\mathrm{m}$）	9.01	0.46

由表 3 可得，d 由 11.43m 增大至 24m 时，渗流量和出逸坡降分别降低 0.33％、2.22％。结合 8.2 节综合分析可得，弱透水层厚度越大，渗流量和出逸坡降越小。

8.4.4 弱透水层连续性分析

某土石坝坝高 78m，水头为 57m，筑坝材料为砂砾石，坝基覆盖层厚 150m，采用防渗墙控渗。坝基中黏土层厚度为 3.97m，埋藏深度为 73m（处于坝基中间位置），长度为 243.5m。大坝剖面如图 8 - 18（a）所示。

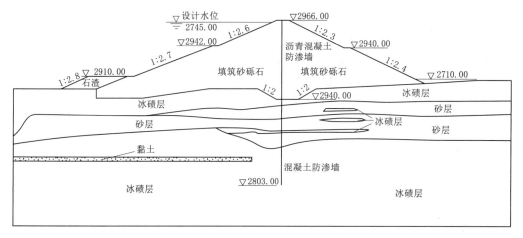

（a）工况 1（$L_1=30.5\mathrm{m}$）

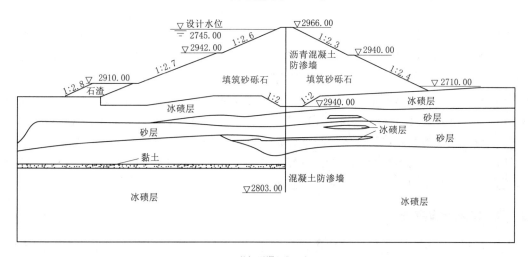

（b）工况 2（$L_1=0\mathrm{m}$）

图 8 - 18　大坝断面图（连续性）

坝体料、坝基、防渗墙、石渣的渗透系数，见表8-5。

增设工况2作对比分析，①工况1，弱透水层上游开口长度为30.5m；②工况2，弱透水层从上游贯穿至防渗墙，如图8-18（b）所示。

计算得出工况1、工况2对应的渗流量Q和出逸坡降J，将结果列入表8-6。

表8-5 材料的渗透系数

材料名称	渗透系数/(cm/s)	材料名称	渗透系数/(cm/s)
砂层	1.44×10^{-2}	黏土（弱透水层）	1.24×10^{-5}
坝体料	3.23×10^{-5}	石渣	1×10^{-1}
冰碛层	3.86×10^{-2}	防渗墙	2.24×10^{-6}

表8-6 渗流量和出逸坡降

工况	单宽渗流量 $Q/(\times 10^{-3} m^3/s)$	出逸坡降 J
工况1	1.45	0.39
工况2	1.38	0.37

由表8-6可得，当L_1由0增大至30.5m，Q、J分别增大5.07%和5.41%。结合8.3节综合分析可得，单宽渗流和出逸坡降随开口长度的增加而增大。

8.5 讨论

8.5.1 平缓渗流参量变化曲线分析

针对图8-8～图8-12中曲线变化平缓的现象进行如下讨论。①当防渗墙深度为70m时，为全封闭式防渗墙，防渗墙几乎承担全部的隔水任务，坝基内部构造以及弱透水层对渗流场的影响作用均不会体现出来，因此弱透水层的开口大小对渗流场影响甚微；②当弱透水层开口在防渗墙底端时，此时防渗墙虽然穿过了弱透水层，但并未形成封闭的隔水区域，防渗墙如同悬挂式防渗墙，而已有研究表明悬挂式防渗墙在控制渗流量和抑制出逸坡降方面的效果不显著，所以弱透水开口在防渗墙底部对渗流场的影响也较小；③当开口在上游和下游时，防渗墙深度为10～40m，为悬挂式防渗墙，同开口在底端时的控渗效果一致；当防渗墙深度为50～80m，开口另一侧的弱透水层和防渗墙形成半封闭式防渗墙，相反一侧弱透水层的开口长度增加对渗流场影响就相对较小。由此可见，弱透水层不连续的开口位置对渗流场影响相对较小。但若弱透水层是连续不间断的情况，对渗流场的影响是较大的，在3.1和3.2的分析中可以验证。

8.5.2 防渗墙设置分析

当坝基中存在弱透水层时，控渗理念在于结合防渗墙和弱透水层，形成联合防渗体系。①当坝基中存在连续分布且厚度较大的弱透水层时，如若弱透水层埋藏深度较大，建议将防渗墙嵌入弱透水层1～2m；当弱透水层埋深较小时，应结合渗流量和允许渗透坡降综合分析，选择适宜的防渗墙深度；②当弱透水层不连续分布时，应尽量保证防渗墙上游的弱透水层是连续分布的，使开口位于下游，从而确保弱透水层和防渗墙形成封闭的防渗体系；③当弱透水层厚度较小时，不仅要分析渗流场，应分析弱透水层承载力是否满足要求、液化特性、沉降变形等，在后续工作中将进一步展开研究。

8.6 结论

基于非饱和土渗流理论，探讨弱透水层深度、厚度及连续性对渗流场的影响，并结合实际工程对比分析，得出以下几点结论：

（1）无防渗墙或采用悬挂式防渗墙时，深度较小的弱透水层控渗效果越佳；深度越大的弱透水层与防渗墙形成的半封闭式联合防渗体系，控渗效果越好。

（2）渗流量和渗透坡降都随着弱透水层厚度的增大而降低；弱透水层厚度对采用半封闭式防渗墙控渗时的渗流场影响最大，悬挂式防渗墙次之，全封闭式防渗墙最小。

（3）渗流量和渗透坡降随上游、底端开口长度的增加而增大；渗流量随下游开口长度的增加而增大，但出逸坡降随呈先增大后减小的变化趋势。弱透水层的连续性对渗流场影响较小。此外，连续性对采用半封闭式控渗时的渗流场影响最大，悬挂式防渗墙次之，全封闭式防渗墙最小。

（4）采用半封闭式防渗墙时，渗流量和出逸坡降从高到低排序为底端开口、上游开口、下游开口；采用全封闭式防渗墙时，弱透水层的深度、厚度、连续性对渗流场的影响极小。

此外，书中探讨了深度、厚度、连续性对渗流场的影响，但弱透水层的渗透系数、液化特性、强度等其他物理力学指标同样会影响渗流场，仍需开展后续研究。

第 9 章

弱透水层作为渗流依托层的可行性

本章基于第 7 章的流固耦合模型，以上江坝为例，探索在流固耦合作用下弱透水层作为渗流依托层的可行性。

9.1 工程计算

9.1.1 工程概况

上江坝位于金沙江奔子栏——阿海河段，建基面高程为 1859m，坝顶高程为 2108m，坝前正常蓄水位为 2100m。最大坝高 249m，坝顶宽 10m，坝轴线长 2130m。心墙顶端高程为 2107.6m，墙顶宽 3m，上下游坝坡均为 1:0.2，心墙料为黏土。坝址河床覆盖层厚度 53.1～206.2m，深厚覆盖层坝基是典型的强弱透水互层地基。

根据钻孔资料将河床覆盖层从上至下分为五层：Ⅰ 岩组为漂卵石，厚 49.7～58.3m；

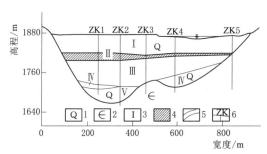

图 9-1 上江坝坝基岩层分布

1—第四系；2—寒武系；3—岩组编号；4—低液限黏土；
5—岩层界面；6—钻孔

Ⅱ 岩组为低液限黏土，厚 9.4～24m；Ⅲ 岩组为砾卵石，厚 59.6～71.5m；Ⅳ 岩组为碎块石，厚 14.0～38.4m；Ⅴ 岩组为砂砾石，厚 52.1m；深厚覆盖层坝基坐落于寒武岩；岩层具体分布图如图 9-1 所示。

Ⅱ 岩组为低液限黏土层，以黏粒和粉粒为主，试验检测为非液化土层，埋深 49.67m，可视为相对弱透水层（以下简称弱透水层）。其物理特性为：含水量为 17.4%～37.5%，湿密度为 1.95g/cm，天然干密度为 1.60g/cm，压缩模量为 8.35MPa，凝聚力为 22kPa，内摩擦角为 20°，变形模量为 12MPa。

9.1.2 计算工况

弱透水层空间分布连续和稳定，厚度较大，客观上构成了完整稳定的隔水层，但其厚度分布不均匀，呈现左岸厚右岸薄，能否作为坝基防渗的依托层还有待研究。由于其厚度最薄的位置是弱透水层能否作为依托层的关键，本章以弱透水层最薄厚度 9.4m 处的坝基剖面作为建模剖面，对应位置处 Ⅰ 岩组厚 49.67m，Ⅲ 岩组厚 58.9m，此剖面没有 Ⅴ 岩组，Ⅳ 岩组虽然存在，但其厚度较薄且处于底部，对上部双场影响不大，计算中不考虑 Ⅳ

岩组。计算分析弱透水层对渗流场、应力场的影响及自身应力应变特性。针对研究目标，拟定以下3种计算工况进行模拟：

（1）工况1：以弱透水层为依托层，防渗墙厚度为1m，顶端伸入心墙2m，底端嵌入弱透水层3m，形成半封闭式防渗体系，如图9-2（a）所示。

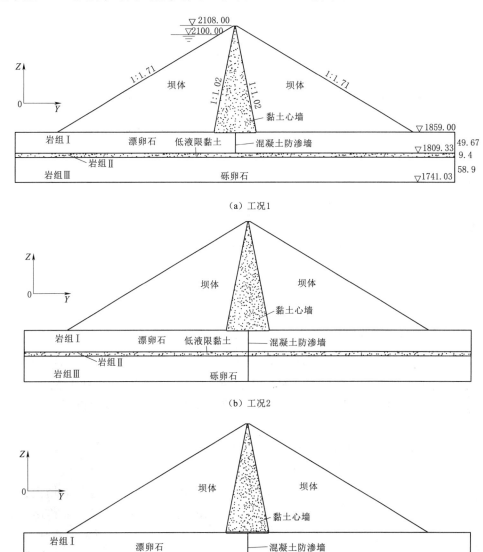

图 9-2　3 种不同工况下土石坝剖面图

（2）工况2：不考虑弱透水层的隔水作用，防渗墙厚度为1m，顶端伸入心墙2m，底端伸入基岩，形成全封闭式防渗体系，如图9-2（b）所示。

（3）工况3：假设弱透水层不存在，该岩层的参数与Ⅰ岩组一致，采用悬挂式防渗墙进行防渗，防渗墙厚度为 1m，顶端伸入心墙 2m，防渗墙深度等同于工况 1，如图 9-2（c）所示。

耦合计算中坝前水位为 2100m，坝后水位为 1859m，不考虑蓄水过程和大坝填筑情况。

9.1.3 计算参数

坝体、深厚覆盖层坝基、黏土心墙和防渗墙的计算参数见表 9-1。

表 9-1 坝体及坝基计算参数

区　域	杨氏模量/(N/m²)	泊松比	密度/(kg/m³)	渗透系数/(m/s)	比热容 J'/(kg·c°)	热膨胀系数
Ⅰ岩组	7.2×10^8	0.17	2200	1.82×10^{-4}	920	1×10^{-6}
弱透水层	1.058×10^7	0.18	1830	1.72×10^{-7}	1406	5×10^{-6}
Ⅲ岩组	4.3×10^8	0.17	2230	8.37×10^{-5}	930	3×10^{-6}
黏土心墙	1.1×10^7	0.18	1820	1.12×10^{-7}	1406	5×10^{-6}
混凝土防渗墙	2.85×10^{10}	0.20	2400	2.24×10^{-8}	1004.8	1×10^{-5}
堆石坝体	5.2×10^8	0.28	2300	4.24×10^{-3}	900	2×10^{-6}

9.2 弱透水层对渗流场影响

9.2.1 弱透水层对渗流量的影响

悬挂式防渗墙在控制渗流量方面的效果不显著，在深厚覆盖层建坝，一般不建议采用悬挂式防渗墙进行防渗。因此，本章只对比分析工况 1（半封闭式）和工况 2（全封闭式）。渗流场与应力场相互耦合需经历较长的周期，在数值模拟计算中以天（d）为时间单位。

在 ADINA 中，采用热固耦合模块（TMC）代替流固耦合模块（FSI）计算得出土石坝单宽渗流量 q 随时间 t 的变化，如图 9-3 所示。

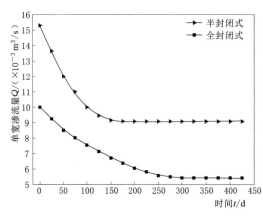

图 9-3 渗流量 q 随时间 t 的变化曲线

由图 9-3 可知，随着双场耦合作用，单宽渗流量 q 随着时间的推移逐渐减小，最后趋于稳定。半封闭防渗墙时，渗流量约在 210d 左右趋于稳定，全封闭式时，渗流量约在 350d 才能趋于稳定，因此采用半封闭式防渗墙时耦合趋于稳定需要的时长相对较短。

达到渗流稳定时，采用全封闭式、半封闭式防渗墙时，单宽渗流量 q 分别为：$5.42 \times 10^{-3} \text{m}^3/\text{s}$ 和 $9.08 \times 10^{-3} \text{m}^3/\text{s}$。采用半封闭式防渗墙的单宽渗流量 q 比全封

闭式增大了 $3.66×10^{-3}$ m³/s，为全封闭防渗墙对应的单宽渗流量的 67.53%。关于渗流量要求可参考刘杰的《土的渗透破坏及控制研究》中渗流量控制要求：

$$Q<(0.005-0.01)Q_平 \tag{9-1}$$

式中　Q——渗流量；

$Q_平$——河道的多年平均来水量；0.005 适用于缺水地区，0.01 适用于一般地区。

金沙江年平均流量为 4570m³/s，金沙江地处西南地区，属于一般地区，$Q_平$ 前系数取 0.01 即可，$0.01Q_平=45.70$m³/s。采用半封闭式防渗墙时渗流量 Q 等于单宽渗流量 q 与坝轴线长的乘积，即 $Q=qL=9.08×10^{-3}×2103=19.10$m³/s 小于允许渗流量 45.70m³/s，满足渗流量控制要求。

9.2.2　弱透水层对出逸坡降的影响

渗流破坏主要始于渗流出口处，本章计算采用半封闭式防渗墙与全封闭式防渗墙时，出逸口都位于下游坡脚处，在分析中应着重考虑出逸坡降的大小，并与允许值进行比较。耦合过程中出逸坡降 J 随时间 t 的变化如图 9-4 所示。

图 9-4 中的曲线变化规律与图 3 一致，即渗透坡降在采用半封闭式防渗墙时趋于稳定需要的时长较短。达到渗流稳定时，采用全封闭式和半封闭式防渗墙时，出逸坡降 J 分别为：0.06 和 0.15，皆小于Ⅰ岩组的允许渗透坡降为 0.35。

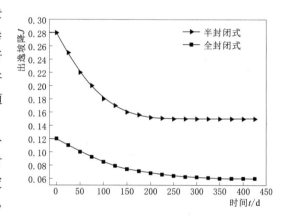

图 9-4　出逸坡降 J 随时间 t 的变化曲线

9.3　弱透水层对大坝位移和应力影响

9.3.1　弱透水层对大坝位移的影响

从位移分布上来看，坝基中无弱透水层时所对应的垂直及水平位移等值线如图 9-5 所示。

由图 9-5 可知，当弱透水层不存在时，坝体心墙和防渗墙会形成单一的悬挂式垂直防渗体。坝体和坝基的竖向位移从上游至下游出现整体和递减式沉降，最大的沉降出现在心墙中部，达到 0.5m 左右。坝基自上而下沉降较为均匀，上游坝坡最大沉降量达到 0.47m。上游坝坡最大水平位移达 0.52m，从该处向坝基处逐渐降低至 0。

从位移分布上来看，坝基中有弱透水层时所对应的垂直及水平位移等值线如图 9-6 所示。

由图 9-6 可知，当弱透水层存在时，弱透水层、垂直防渗墙和坝体心墙形成了相对封闭的联合防渗体。此时，联合防渗体前的坝体和坝基随着双场耦合作用，沉降量相比其

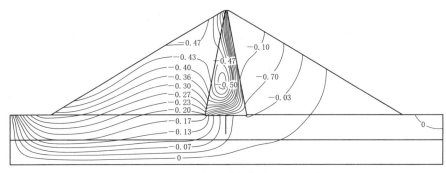

（a）垂直位移等值线图

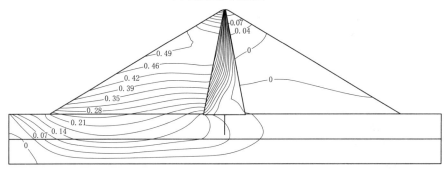

（b）水平位移等值线图

图9-5 无弱透水层时垂直、水平位移等值线

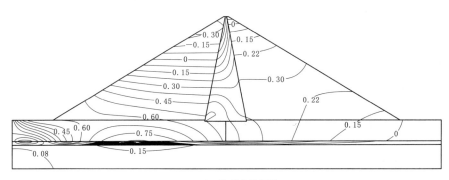

（a）水平位移等值线图

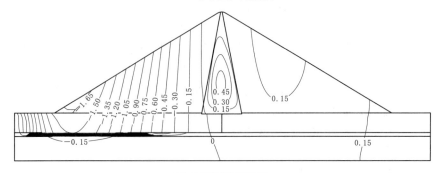

（b）垂直位移等值线图

图9-6 有弱透水层式垂直、水平位移等值线

他区域都大，最大竖向位移发生在坝体上游坡脚处，为 1.65m 左右；弱透水层下部的Ⅲ岩组几乎没有发生竖向位移。在联合防渗体前出现了沉降和隆起的分界线，即（0.00 线条），分界线下游坝体和坝基微微隆起，其中坝体心墙中心隆起出现最大值，约为 0.45m；下游坝坡最大隆起值为 0.15m。

最大水平位移出现在弱透水层，为 0.85m 左右；在联合防渗体前出现了向上游和向下游移动的分界线，即（0.00 线条），接近于上游坡顶；其中上游坝坡部分区域发生了向上游的位移，最大值约达 0.32m。

由此可见，弱透水层参与渗流控制时，对心墙、坝体和坝基等关键部位的位移影响较大。应该注重上游坝坡特别是坡脚处的力学特性，注意心墙隆起时发生的开裂等破坏，采取必要的工程措施。

计算出有弱透水层和无弱透水层时对应的坝体、黏土心墙、防渗墙、Ⅰ岩组和Ⅲ岩组的水平及垂直位移极值如表 9-2 所示（表中"—"代表沉降）。

表 9-2　　　　　　　　　坝体及坝基的水平及垂直位移极值

部　位	水 平 位 移/m		垂 直 位 移/m	
	工况 1	工况 3	工况 1	工况 3
Ⅲ岩组	0.15	0.17	0.15	−0.13
Ⅰ岩组	0.78	0.24	−1.50	−0.3
黏土心墙	0.55	0.46	0.45	−0.5
防渗墙	0.52	0.09	0.06	−0.05
坝体	0.62	0.52	−1.65	−0.5

从表 9-2 可知：有弱透水层时Ⅲ岩组的水平位移相比无弱透水层时降低 11.76%，Ⅰ岩组、黏土心墙、防渗墙和坝体分别增大 225%、16.36%、477.78% 和 19.23%。有弱透水层时Ⅲ岩组、黏土心墙和防渗墙的垂直位移相比无弱透水层时分别升高 0.28m、0.95m 和 0.11m，Ⅰ岩组、坝体分别降低 0.12m 和 1.15m。

需要说明的是：弱透水层存在时坝体的最大沉降量为 1.65m，土石坝坝高 249m，最大沉降量与坝高的比值为 0.66%。SL 274—2020《碾压式土石坝设计规范》对沉降量和坝高比值要求控制在 1% 以内，该计算结果是满足沉降要求的。

9.3.2 弱透水层对主应力和主应变的影响

计算工况 1 和工况 3 下防渗墙与Ⅲ岩组的大主应力 σ_1、小主应力 σ_3、YY 平面应变 ε_{YY}、ZZ 平面应变 ε_{ZZ} 和 YZ 平面应变 ε_{YZ}。对比分析弱透水层存在与否对混凝土防渗墙和Ⅲ岩组应力应变的影响。

经数值模拟计算，工况 1 和工况 3 相应的主应力及主应变极值见表 9-3 和表 9-4。

当弱透水层不存在时，混凝土防渗墙的 σ_1、σ_3、ε_{YY}、ε_{ZZ} 和 ε_{YZ} 相比其存在时都有不同程度的降低，分别降低了 40.07%、29.91%、75%、60% 和 16.67%；而Ⅲ岩组在无弱透水层时的 σ_1、σ_3、ε_{YY}、ε_{ZZ} 和 ε_{YZ} 相比其存在时都有所升高。分别升高了 21.33%、13.33%、31.58%、9.52% 和 37.74%。由此可见：当弱透水层不存在时，此时防渗墙为

悬挂式防渗墙，更利于库水渗向下游，防渗墙承担的主应力应变值都相应地降低，而Ⅲ岩组承受的主应力应变相应地增加。

当弱透水层存在时，其发挥了显著的隔水作用，并与垂直防渗墙形成联合防渗体系。联合防渗体有效地降低了Ⅲ岩组的主应力应变值，但同时也增大了防渗墙的主应力应变值。

9.4 弱透水层自身应力应变特性

9.4.1 弱透水层孔隙率和渗透系数的变化规律

孔隙率 n 决定渗透系数 k 的大小，随着双场耦合作用，土颗粒间的孔隙逐渐被压缩，透水性（渗透系数）越来越弱，隔水效果将越来越显著，最终趋于稳定。

弱透水层的渗透系数 k 和孔隙率 n 随时间 t 变化的曲线如图 9-7 和图 9-8 所示。

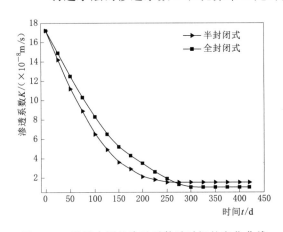

图 9-7 弱透水层的渗透系数随时间的变化曲线　　图 9-8 弱透水层的孔隙率随时间的变化曲线

由图 9-7 和图 9-8 可知，无论采用何种防渗墙形式，坝基中弱透水层的渗透系数和孔隙率都随着流固耦合作用逐渐降低。当采用半封闭式防渗墙时，弱透水层的渗透系数 k 由 1.72×10^{-7} m/s 降低至 1.52×10^{-8} m/s，孔隙率 n 由 0.85 降低至 0.62。当采用全封闭式防渗墙时，弱透水层的渗透系数 k 由 1.72×10^{-7} m/s 降低至 1.02×10^{-8} m/s，孔隙率 n 由 0.85 降低至 0.58。

采用半封闭式防渗墙时，弱透水层的渗透系数 k 和孔隙率 n 达到稳定的时间相比全封闭式更短，且稳定值大于全封闭式。

9.4.2 弱透水层承载能力验算

弱透水层相对Ⅰ岩组和Ⅲ岩组，其工程性质相对较差，可视为深厚覆盖层坝基中的软弱夹层。在坝址的勘测中，需要将软弱夹层的勘察和试验分析放在首要位置。在双场耦合时其自身承载能力及变形特性改变是能否作为渗流依托层的又一关键问题。

数值计算得到双场耦合时弱透水层的主应力和应变值见表 9-3。

表 9 - 3 　　　　　　　　　　工况 1 下弱透水层主应力和应变值

σ_1/MPa	σ_3/MPa	ε_{YY}	ε_{ZZ}	ε_{YZ}
2.63	0.51	0.042	0.22	0.18

9.4.2.1　弱透水层的应力特性

地基极限承载力依据普朗德尔-瑞斯纳极限平衡理论，其表达式为：

$$P_u = qN_q + cN_c \tag{9-2}$$

式中　c——土体的凝聚力；

　　　q——均布荷载（$q = \gamma D$，γ 为土的容重，D 为土的埋深）；

N_q、N_c——承载力系数，都是土体的内摩擦角函数，其表达式为：

$$N_q = \tan^2(45° + \varphi/2)\text{e}^{\pi\tan\varphi} \tag{9-3}$$

$$N_c = (N_q - 1)\text{ctan}\varphi \tag{9-4}$$

式中　φ——土体的内摩擦角。

弱透水层的凝聚力为 22kPa，内摩擦角为 20°，密度为 1.95g/cm，土的容重为 17.6kN/m³，埋深 49.67m。

将上述参数代入式（9-1）~式（9-3）中，计算得到弱透水层的极限承载力 $P_u = 6.8\text{MPa}$。弱透水层的大主应力为 2.63MPa，小于弱透水层的极限承载力 6.8MPa。由此可见，弱透水层满足承载力要求。

9.4.2.2　弱透水层的应变特性

弱透水层的应变特性采用杨敏等提出弹性模量与压缩模量的关系式，其表达式为：

$$E = (2.5 - 3.5)E_s \tag{9-5}$$

式中　E——弹性模量；

　　　E_s——压缩模量。

弹性胡克定律为：

$$\varepsilon = \sigma/E \tag{9-6}$$

式中　ε——土体应变；

　　　σ——土体应力。

将弱透水层的压缩模量 $E_s = 8.35\text{MPa}$ 代入式（9-4）得到弹性模量 $E = 20.88 \sim 29.23\text{MPa}$。并将应力 $\sigma = 6.8\text{MPa}$ 代入式（9-5）得到弱透水层 $\varepsilon = 0.233 \sim 0.326$。极限应力对应极限应变，得到弱透水层的极限应变为：$0.233 \sim 0.326$。而表 9-5 中计算的弱透水层应变 $\varepsilon_{YY} = 0.042$、$\varepsilon_{ZZ} = 0.22$ 和 $\varepsilon_{YZ} = 0.18$ 均小于其极限应变值，即弱透水层满足应变要求。

9.5　讨论

针对深厚覆盖层坝基中弱透水层能否作为依托层这一问题，本章以上江坝工程实例为研究对象，从弱透水层对坝基渗流场、应力场以及自身变形特性等方面进行计算。结合具体的工程措施进行如下讨论：

（1）采用半封闭式防渗墙时，其与弱透水层形成联合防渗体。坝基渗流量和渗透坡降均小于允许值，单纯从渗流场角度考虑，弱透水层能作为坝基防渗的依托层。封闭式防渗墙在减小渗流量效果方面是半封闭式防渗墙的 1.7 倍左右，渗透出口的出逸坡降也明显较小；但其造价和施工难度会大大增加，工期较长。

（2）弱透水层对坝基整体的应力应变影响较大，采用半封闭式防渗墙时，弱透水层上部坝基岩层的应力应变值均有所增加。此时防渗墙承受的应力应变也较大，实例中防渗墙应力极值为 47.12MPa。所以，实际工程中若要采用半封闭式防渗墙，应该特别注意垂直防渗墙的材料特性和厚度，避免因为变形过大而造成防渗墙破坏。弱透水层下部坝基应力和应变相对较小，从应力场角度考虑，透水层能作为坝基防渗的依托层。

（3）弱透水层作为坝基的软弱夹层，其自身特性值得关注。半封闭防渗墙时，弱透水层和防渗墙联合防渗，计算出弱透水层的最大主应力为 2.63MPa 小于自身极限承载力 6.8MPa；计算的最大应变 0.22 也小于实测值 0.326。实测弱透水层为非液化土层，在流固耦合作用过程中，其渗透系数和孔隙率逐渐降低，固结度越来越大，在坝基中隔水效果也会逐渐增强。因此，从弱透水层自身力学特性方面考虑，弱透水层也能作为坝基防渗的依托层。

9.6 结论

本章基于比奥固结理论，以土体初始孔隙率 n_0 作为双场耦合桥梁，针对上江坝工程深厚覆盖层坝基中弱透水层能否作为渗流控制依托层这一问题进行计算，结果表明：半封闭式防渗墙和弱透水层形成的联合防渗体，能有效地控制坝基的渗流，各项指标均在允许范围内；该坝基中的弱透水层是可以作为渗流控制依托层的。

需要指出的是，大型水利工程渗流控制方案的选择需要慎之又慎，必须结合当地实际的工程地质状况系统分析，力争做到万无一失。但过于保守会导致人力、财力等方面的浪费。采用半封闭式防渗墙也需要充分论证，必要时需要和其他工程措施联合，或者采用封闭式防渗墙。若存在弱透水层也应该给予足够的重视，科学论证后若能加以利用，就能事半功倍。

第 10 章

覆盖层中局部强透水层对渗流的影响研究

据统计，局部区域的强透水层广泛分布在深厚覆盖层地基中，强透水层具有孔隙大、透水性强等特性，其特性决定了强透水层是渗流的优先和集中通道，是控渗工程的薄弱环节。因此，为了保证工程的安全稳定，制定合理可靠的渗控方案，局部强透水层对大坝渗流的影响规律亟待探明。

大量学者以局部强透水层为研究对象，开展了以下研究。谢辉借助 Seep 3D 针对底部为强透水的特殊基坑工程进行了三维非稳定渗流模拟，防排结合的方式能有效控制基坑内的降水。常明云等提出针对砂卵石地层复杂强透水地层进行处理时，应针对强透水通道进行回填充填灌浆堵漏处理。崔永高研究表明含有强透水层的超大面积基坑在降水时存在着较强的群井效应。刘晓庆等针对强透水地基上土石坝进行非饱渗流数值模拟，得出辐射井和集水廊道联合作用能有效收集水库渗水。李桂荣等针对郑州引黄灌溉调蓄池的强透水层进行研究，提出了"塑性混凝土＋水平壤土铺盖"联合控渗方案。叶青研究表明采用止水帷幕针对强透水基坑进行控渗处理时，随着帷幕深度增大，控渗效果越佳。李来祥等提出采用高喷帷幕截渗方案对高瞳泵站的强透水地基进行控渗处理，效果显著。曹洪等以双层强透水层堤基为研究对象，研究表明强透水层间的垂向渗流作用较弱，强透水层层内流动及越流补给作用显著。

综上所述，已有研究成果主要集中在强透水基坑及地基存在的弊端及处理方式，或优化渗流计算模型。但针对深厚覆盖层中局部强透水层深度、厚度及连续性等特性对渗流场的影响尚缺乏系统的研究，需深入探讨。

本章基于第 7 章流固耦合模型，通过设定模拟工况，探索覆盖层中局部强透水层对渗流的影响。

10.1 模型建立

10.1.1 模型概况

数值模型如图 10-1 所示，坝体为黏土均质土坝，坝高 20m，坝顶宽 5m，坝前和坝后水头为 16m 和 0m；上下游坝坡均为 1:2。深厚覆盖层地基厚度为 110m，为典型的强弱互层地基，由砂土（强透水层）和黏土（弱透水层）构成；坝基的控渗方案为混凝土防渗墙，嵌入坝体内 2m，墙体厚 1m，深度 S_2 为 0～110m。

10.1.2　计算工况

经调查研究表明，由于受到地质成岩作用、地质构造运动等因素的影响，深厚覆盖层坝基中局部强透水层的埋深（深度）、厚度、连续性存在较大差异，且局部强透水层往往是渗流的集中通道，是控渗工程的重点处理对象，决定整个控渗工程的成败的关键因素。

基于强透水层特性（深度、厚度和连续性）的差异，建立数值模型：①厚度：强透水层厚度 $d=1\text{m}$，深度 $S_1=10\sim100\text{m}$，如图 10-1（a）所示；②深度：强透水层深度

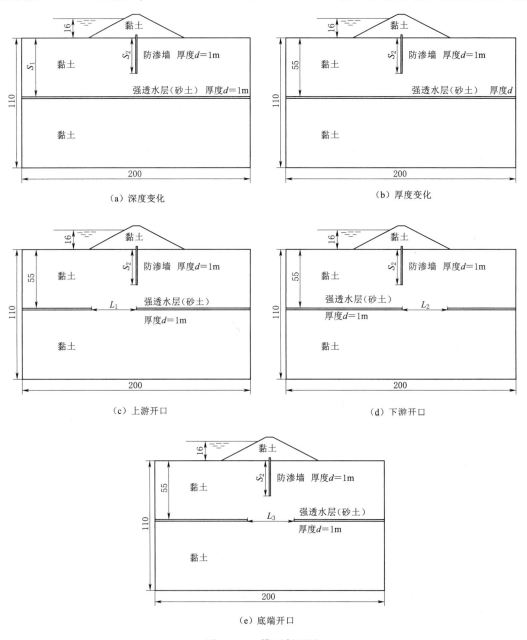

图 10-1　模型断面图

$S_1 = 55$m，厚度 $d = 1 \sim 10$m，如图 10-1（b）所示；③连续性：强透水层深度 S_1 和厚度 d 分别为 55m 和 1m，其上游、下游和底端开口长度分别用 L_1、L_2 和 L_3 表征，在 $10 \sim 100$m 之间取值，如图 10-1（c）～图 10-1（e）所示。

10.1.3　计算参数

将黏土、强透水层和防渗墙的基本物理参数列入表 10-1。

表 10-1　　　　　　　　　　　　　土体的基本物理指标

材料	孔隙率 $n/\%$	干密度 $\rho_d/(\text{g/cm}^3)$	容重 $\gamma/(\text{kN/m}^3)$	渗透系数 $k/(\text{cm/s})$
黏土（弱透水层）	44	1.93	19	见图 10-2
砂土（强透水层）	28	2.34	23.1	见图 10-2
混凝土防渗墙	5.6	2.2	24	2.24×10^{-8}

非饱和砂土和黏土在渗流作用下，流体和固体发生耦合作用，体积含水率 V_{ws} 和渗透系数 k 随基质吸力变化，变化曲线如图 10-2 所示。

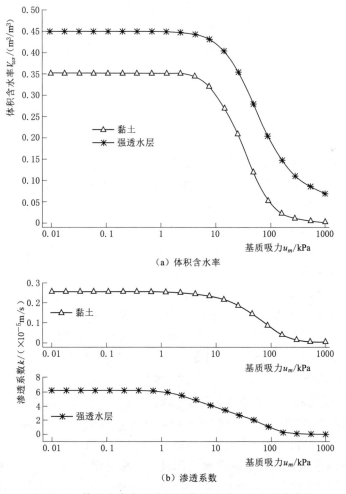

（a）体积含水率

（b）渗透系数

图 10-2　体积含水率和渗透系数随基质吸力的变化曲线

10.2　模拟结果及分析

基于上述数值模型，分别计算出各渗流参量，旨在分析强透水层的特性对大坝渗流的影响。

10.2.1　强透水层深度分析

作渗流量 Q 随强透水层深度 S_1 的变化曲线，如图 10 - 3 所示。

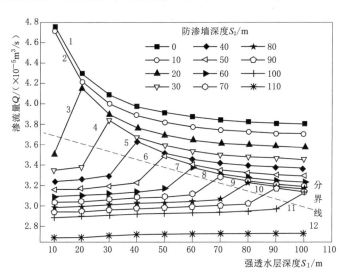

图 10 - 3　渗流量随强透水层深度的变化曲线

由图 10 - 3可得，①曲线 1～曲线 2 变化规律类似，渗流量 Q 随强透水层深度 S_1 的增大而减小；当 S_1 由 10m 增大至 100m 时，曲线 1、曲线 2 对应的渗流量 Q 分别降低 20.06%、21.36%，且初始降低速度较快；②曲线 3～曲线 11 变化规律类似，存在明显的分界线，当 $S_1 \leqslant$ 防渗墙深度 S_2 时（分界线以下区域），渗流量随 S_1 增加而增大，增幅为 8.61%～18.26%；当 $S_1 \geqslant S_2$ 时（分界线以上区域），渗流量随 S_1 的增大而降低，降幅为 1.04%～14%；③当 $S_2 = 110$m 时，为全封闭式防渗墙，曲线近似水平；当 S_2 由 10m 增加至 100m 时，渗流量仅增大 1.6%。

进一步分析坝踵处渗透坡降 J_1 与强透水层深度间的关系，曲线如图 10 - 4 所示。

对比图 10 - 4和图 10 - 3可得，渗流量和坝踵处渗透坡降的变化规律类似，皆存在明显的分界线，但也存在些许差异。①当 $S_1 \geqslant S_2$ 时（分界线以上区域），坝踵处渗透坡降 J_1 随 S_1 的增大而降低，降幅为 7.92%～33.49%；②当 $S_1 \leqslant S_2$ 时（分界线以下区域），坝踵处渗透坡降 J_1 先降低，随后近似趋于稳定，最后再增大；以曲线 5（$S_2 = 40$m）为例进行阐述说明，当 S_1 由 10 增大至 20m 时，坝踵处渗透坡降 J_1 降低 15.67%；S_1 由 20 增大至 30m 时，J_1 仅增大 1.38%；S_1 由 30 增大至 40m 时，J_1 增大 40.74%。

进一步分析出逸坡降 J_2 随强透水层深度 S_1 的变化规律，其变化曲线如图 10 - 5 所示。

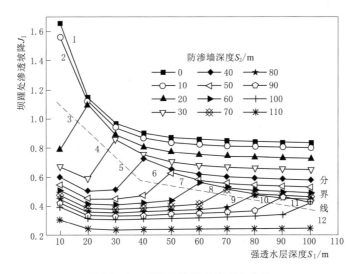

图 10-4　坝踵处渗透坡降变化曲线

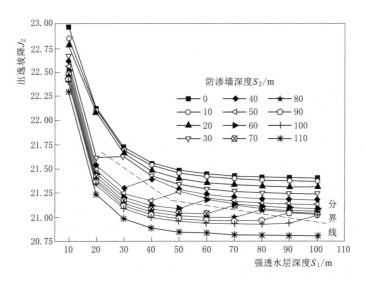

图 10-5　出逸坡降随强透水层深度的变化曲线

由图 10-5 可得，各曲线的变化特征存在共性，总体呈下降趋势，且初始下降速度较快，随后逐渐趋于稳定；当 S_1 由 10m 增加至 100m 时，出逸坡降 J_2 降低 6.17% ~ 6.81%。但对比各曲线也存在一定差异：①当防渗墙深度 $S_2 \leqslant 20$m 和 $S_2 = 110$m 时，出逸坡降呈下降趋势；②当 $30 \leqslant S_2 \leqslant 100$m 时，出逸坡降 J_2 曲线存在明显的分界线，J_2 先降低后增大，随后再降低，最后趋于稳定；③当 $S_1 = S_2$ 时，出逸坡降 J_2 增大，增幅为 0.05% ~ 0.48%。

基于各渗流参数随强透水层深度 S_1 的变化特性，进一步分析渗流参数随强透水层厚度 d 的变化规律。

10.2.2　强透水层厚度分析

当强透水层深度 $S_1＝55m$ 时，作渗流量 Q 如图 10-6 所示。

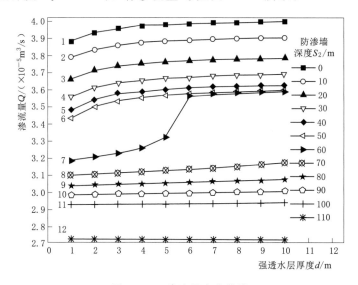

图 10-6　渗流量变化曲线

由图 10-6 可得，①当防渗墙深度 $S_2＝0\sim50m＜S_1＝55m$ 时（曲线 1～曲线 6），渗流量逐渐增大，随后逐渐趋于稳定；当强透水层厚度 d 由 1m 增加至 10m 时，渗流量增大 $2.96\%\sim4.78\%$；②当防渗墙深度 $S_2＝60m$ 时（曲线 7），以厚度 $d＝6m$ 为分界线，左端呈增大趋势，增幅为 11.88%；右端趋于平稳，强透水层厚度 d 从 6 增大至 10m，渗流量仅增大 0.76%；当防渗墙厚度由 5m（防渗墙底端位于分层界面）增加至 6m（防渗墙底端位于强透水层）时，渗流量增大 7.32%；③当 $S_2＝70\sim100m＞S_1＝55m$ 时（曲线 8～曲线 11），防渗墙穿过强透水层，渗流量曲线变化平缓，当 d 由 1m 增大至 10m 时，渗流量 Q 仅增大 $0.38\%\sim2.39\%$；④当 $S_2＝110m$ 时（曲线 12），为全封闭式防渗墙，曲线近似水平，当 d 由 1m 增大至 10m 时，渗流量 Q 仅减小 0.07%。

作坝踵处渗透坡降 J_1 的变化曲线，如图 10-7 所示。

对比图 10-6 和图 10-7 可得，渗流量和坝踵处渗透坡降曲线的变化规律类似，当防渗墙深度 $S_2＝0\sim50m$、$70\sim100m$ 时，强透水层厚度由 1m 增加至 10m 时，坝踵处渗透坡降 J_1 增大 $0.31\%\sim11.67\%$；当防渗墙深度 $S_2＝60m$ 时，d 由 1m 增加至 10m 时，J_1 增大 46.8%；当防渗墙深度 $S_2＝110m$ 时，d 由 1m 增加至 10m 时，J_1 降低 0.82%。当 d 由 5m 增大至 6m 时，曲线 7 对应的渗流量增大 26.11%。

作出逸坡降 J_2 的变化曲线如图 10-8 所示。

对比图 10-6～图 10-8 不难得出，3 个渗流参数的变化规律类似，出逸坡降 J_2 的特性参照 J_1 和 Q 的变化规律，不再赘述。但出逸坡降明显大于坝踵处渗透坡降，$J_1＝0.243\sim0.908$，$J_2＝20.837\sim21.521$。

基于上述规律，进一步分析强透水层的连续性对渗流场的影响，设定 3 种工况：强透

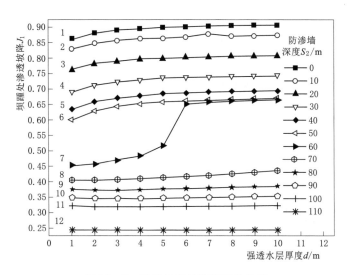

图 10-7 坝踵处渗透坡降变化曲线

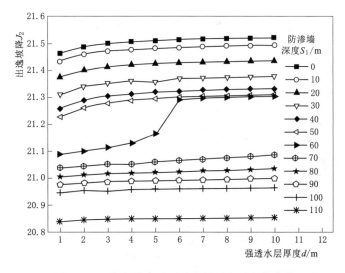

图 10-8 出逸坡降随强透水层厚度的变化曲线

水层上游开口、下游开口、底端开口。

10.2.3 强透水层连续性分析

10.2.3.1 强透水层开口在防渗墙上游

作渗流量 Q 随强透水层上游开口长度 L_1 的变化曲线，如图 10-9 所示。

由图 10-9 可得，各曲线变化规律类似，曲线平缓。当 $S_1 = 0 \sim 100$m 时，Q 随上游开口长度 L_1 的增加而增大，增幅为 $0.31\% \sim 2.36\%$。当防渗墙深度 $S_1 = 110$m 时，为全封闭式防渗墙，Q 随着 L_1 的增大上下波动，但总体呈增大趋势，增幅为 0.15%。

作坝踵出渗透坡降 J_1 与强透水层上游开口长度 L_1 的关系曲线，如图 10-10 所示。

由图 10-10 可得，各曲线变化规律类似，变化平缓，波动较小；以上游开口长度

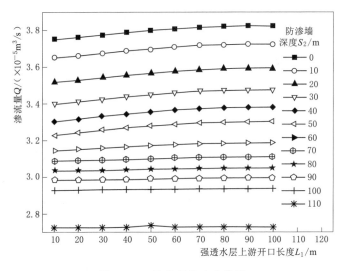

图 10 - 9　渗流量随变化曲线

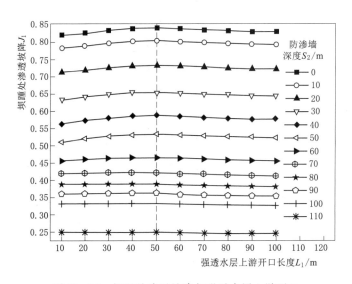

图 10 - 10　坝踵处渗透坡降与强透水层上游开口
长度的关系曲线

$L_1=50$m 为对称轴；①当 $L_1 \leqslant 50$m 时，坝踵处渗透坡降 J_1 随左端开口长度 L_1 增大而增大，增幅为 $0 \sim 4.51\%$；②当上游开口长度 $L_1 \geqslant 50$m 时，L_1 从 50m 增大至 100m 时，坝踵处渗透坡降 J_1 降低 $1.19\% \sim 2.31\%$；③当防渗墙深度 $S_2=110$m 时，为全封闭式防渗墙，对应的 J_1 较小 $0.247 \sim 0.25$。

　　当强透水层厚度 $d=1$m，深度 $S_1=55$m 时，作出逸坡降 J_2 的变化曲线，如图 10 - 11 所示。

　　对比不难得出，Q 和 J_2 变化规律类似。出逸坡降 J_2 随强透水层上游开口长度 L_1 的增大而增加，增幅为 $0.005\% \sim 0.2\%$；且防渗墙深度 $S_2=110$m 对应的出逸坡降曲线近

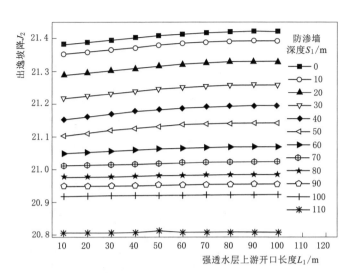

图 10-11　出逸坡降与强透水层上游开口长度的关系曲线

似水平，变化幅度最小。

10.2.3.2　强透水层开口在防渗墙下游

进一步分析渗流量 Q 和渗透坡降随强透水层下游开口长度 L_2（以下简称"下游开口长度"）的变化规律，渗流量曲线如图 10-12 所示。

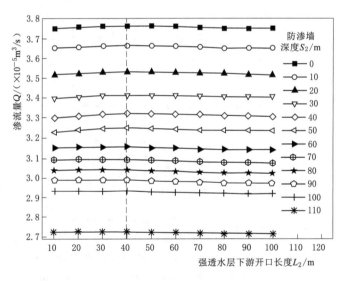

图 10-12　渗流量随强透水层下游开口长度的变化曲线

由图 10-12 可得，各曲线变化规律类似，都以强透水层下游开口长度 $L_2=40$m 为对称轴，呈先增大后降低的趋势；当下游开口长度 L_2 由 10m 增大至 40m 时，渗流量 Q 增大 $0\sim0.71\%$；当 L_2 由 40m 增大至 100m 时，渗流量 Q 降低 $0.33\%\sim0.59\%$。且采用全封闭式防渗墙控渗时（$S_1=110$m），控渗效果明显优于其他工况。

作坝踵处渗透坡降 J_1 与强透水层下游开口长度 L_2 的关系曲线，如图 10-13 所示。

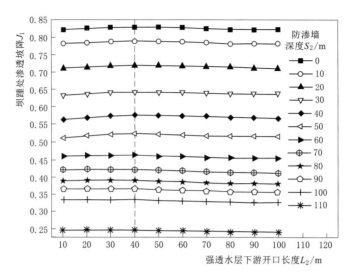

图 10-13　坝踵处渗透坡降与强透水层下游开口长度的关系曲线

对比图 10-12 和图 10-13 不难可得，两者变化规律类似，以下游开口长度 $L_2=40\text{m}$ 为对称轴，在该处达到极大值；当 L_2 由 10m 增大至 40m 时，坝踵处渗透坡降 J_1 增大 $0\sim2.76\%$；当 L_2 由 40m 增大至 100m 时，J_1 降低 $0.8\%\sim2.14\%$。

作出逸坡降 J_2 的变化曲线，如图 10-14 所示。

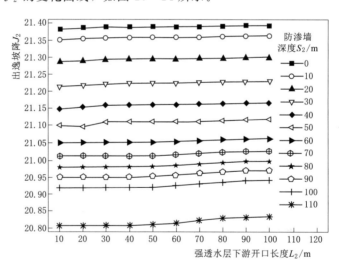

图 10-14　出逸坡降与强透水层下游开口长度的关系曲线

由图 10-14 可得，出逸坡降 J_2 随下游开口长度 L_2 的增加而增大，增幅为 $0.06\%\sim$ 0.13%；且采用全封闭式防渗墙（$S_2=110\text{m}$）时，J_2 增大最为显著（0.13%），其余曲线近似水平。

综上所述，渗流量 Q、坝踵处渗透坡降 J_1、出逸坡降 J_2 曲线变化平缓，可见强透水层下游开口对渗流影响较小。

10.2.3.3　强透水层开口在防渗墙底部

作渗流量与强透水层底端开口长度 L_3 的关系曲线，如图 10-15 所示。

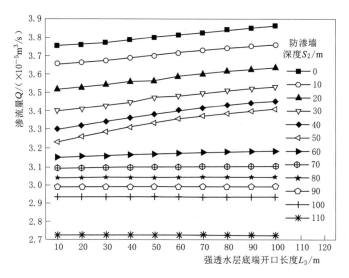

图 10-15　渗流量与强透水层底端开口长度的关系曲线

由图 10-15 可得，渗流量曲线大致分 3 类，"显著上升曲线""平缓上升曲线""平缓下降曲线"。①当 $S_2=0\sim50\text{m}<S_1=55\text{m}$ 时（防渗墙未穿过强透水层），L_3 由 10m 增加至 100m 时，渗流量增大 2.82%~5.45%；②当 $S_2=60\sim100\text{m}>S_1=55\text{m}$ 时（防渗墙穿过强透水层），L_3 由 10m 增加至 100m 时，Q 增大 0.03%~1.05%；③当 $S_2=110\text{m}$ 时，为全封闭式防渗墙，L_3 由 10m 增加至 100m 时，Q 反而降低 0.07%。

作坝踵处渗透坡降 J_1 的变化曲线如图 10-16 所示。

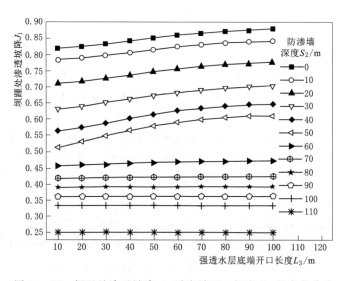

图 10-16　坝踵处渗透坡降 J_1 随底端开口长度 L_3 的变化曲线

由图 10-16 可得，①当 $S_2=0\sim50\mathrm{m}<S_1=55\mathrm{m}$ 时，防渗墙未穿过强透水层，J_1 随 L_3 增加而增大，增幅为 $6.95\%\sim19.73\%$；②当 $S_2=60\sim100\mathrm{m}>S_1=55\mathrm{m}$ 时，防渗墙穿过强透水层，L_3 由 10m 增大至 100m 时，J_1 增大 $0.28\%\sim3.29\%$；③当 $S_2=110\mathrm{m}$ 时，为全封闭式防渗墙，L_3 由 10m 增大至 100m 时，J_1 降低 0.4%。

作出逸坡降 J_2 的变化曲线如图 10-17 所示。

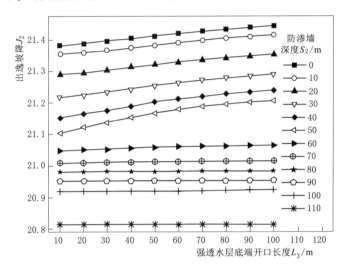

图 10-17　出逸坡降 J_2 随底端开口长度 L_3 的变化曲线

对比图 10-15～图 10-17 不难得出，三者变化规律类似，J_2 的变化规律不再详细赘述。①当 $S_2=0\sim50\mathrm{m}<S_1=55\mathrm{m}$ 时，J_2 增大 $0.28\%\sim0.49\%$；②当 $S_2=60\sim100\mathrm{m}>S_1=55\mathrm{m}$ 时，J_2 增大 $0.02\%\sim0.1\%$；③当 $S_2=110\mathrm{m}$ 时，J_2 反而降低 0.01%。

前文已经详细分析了强透水层上游、下游、底端开口长度对渗流量 Q、坝踵处渗透坡降 J_1、出逸坡降 J_2 的影响规律，但何种开口形式对控渗工程更不利尚不明确，需展开对比分析。

10.2.3.4　强透水层开口形式分析

以强透水层厚度 $d=1\mathrm{m}$、深度 $S_1=55\mathrm{m}$、开口长度 $L_1=L_2=L_3=50\mathrm{m}$ 为例，针对强透水层开口形式作对比分析。作不同开口形式下渗流量 Q 随防渗墙深度 S_2 的变化曲线，如图 10-18 所示。

分析图 10-18 不难得出，①各曲线变化规律类似，渗流量（$Q_上$、$Q_下$、$Q_底$）随着防渗墙深度 S_2 的增加而减小；S_2 由 0m 增大至 110m，$Q_上$、$Q_下$、$Q_底$ 分别降低 27.95%、27.68%、28.28%；②$Q_上$、$Q_下$、$Q_底$ 分别为 $2.738\times10^{-5}\sim3.8\times10^{-5}\mathrm{m^3/s}$、$2.722\times10^{-5}\sim3.764\times10^{-5}\mathrm{m^3/s}$、$2.726\times10^{-5}\sim3.801\times10^{-5}\mathrm{m^3/s}$，可见 $Q_下$ 明显低于 $Q_上$ 和 $Q_底$，下游开口对渗流量 Q 影响最小；③当 $S_2=0\sim50\mathrm{m}$ 时，防渗墙未穿过强透水层时，各曲线并未重合；当防渗墙穿过强透水层（$S_2=0\sim60\mathrm{m}$）时，各曲线近似重合；可见当防渗墙穿过强透水层后，强透水层的开口形式对渗流量影响较小。

当强透水层开口长度 $L_1=L_2=L_3=50\mathrm{m}$ 时，做坝踵处渗透坡降 J_1 变化曲线如图 10-19 所示。

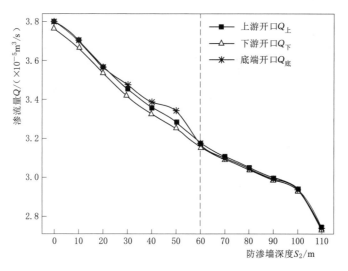

图 10-18　渗流量变化曲线

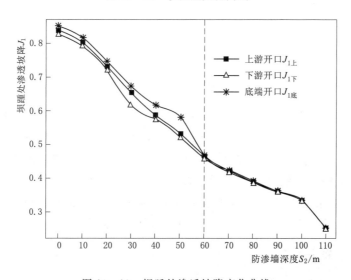

图 10-19　坝踵处渗透坡降变化曲线

对比图 10-18 和图 10-19 不难得出，渗流量 Q 曲线和坝踵处渗透坡降 J_1 曲线变化规律类似，其变化规律不再赘述。此外，$J_{1上}$、$J_{1下}$、$J_{1底}$ 分别为 0.25～0.839、0.249～0.827、0.25～0.851，$J_{1底} > J_{1上} > J_{1下}$，可见对坝踵处渗透坡降影响从大到小排序为：底端、上游、下游。

当强透水层开口长度 $L_1 = L_2 = L_3 = 50m$ 时，做逸坡降 J_2 变化曲线如图 10-20 所示。

对比图 10-18～图 10-20 不难得出，Q、J_1 和 J_2 的规律类似，随着 S_2 的增大而降低。当 S_2 由 0m 增大至 110m 时，$J_{2上}$、$J_{2下}$ 和 $J_{2底}$ 分别降低 2.8%、2.7% 和 2.82%。当 $S_2 = 0～50m < S_1 = 55m$ 时（防渗墙未穿过强透水层），$J_{2上}$、$J_{2下}$、$J_{2底}$ 分别为 21.131～21.408、21.112～21.389、21.167～21.411，可见 $J_{2底} > J_{2上} > J_{2下}$；当防渗墙穿过强透水层时（$S_2 = 60～110m > S_1 = 55m$），曲线 3 近似重合。

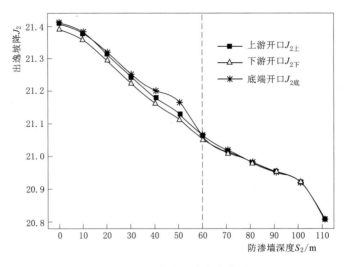

图 10-20　出逸坡降变化曲线

10.3　讨论

10.3.1　平缓曲线分析

由 4.3 节可知，在分析强透水层对渗流场的影响规律时，图 10-8～图 10-17 中渗流参数曲线变化平缓，展开如下讨论。①当防渗墙未穿过强透水层时（$S_2 = 0 \sim 50 \text{m} < S_1 = 55 \text{m}$），防渗墙与上层弱透水层（位于强透水层之上）构成相对稳定的隔水空间，强透水层的连续与否对整个坝基的隔水特性影响较小；②当防渗墙穿过强透水层时（$S_2 = 60 \sim 110 \text{m} > S_1 = 55 \text{m}$），防渗墙与下层弱透水层（位于强透水层下部）构成相对稳定的隔水空间，强透水层的连续与否对整个坝基的隔水特性影响不显著。

10.3.2　防渗墙设置分析

本章深厚覆盖层坝基主要由弱透水层（黏土）构成，局部区域的强透水层为渗流集中通道，为控渗工程中的"薄弱环节"。在分析强透水层特性（S_1、d、L_1、L_2、L_3）对各渗流参数的影响时不难得出，当防渗墙穿过强透水层时对应的渗流参数（Q、J_1、J_2），明显低于未穿过时对应的各参数；此外，当采用全封闭式防渗墙时（$S_2 = 110 \text{m}$），渗流参数都降至最低。因此，针对局部区域存在强透水层的深厚覆盖层地基，防渗墙设置时应穿过强透水层，形成相对封闭的联合控渗体系；若仍不能满足控渗要求时，建议做成全封闭式防渗体系。

10.4　结论

基于非饱和土渗流理论，探讨深厚覆盖层坝基中局部强透水层特性对渗流场的影响规律，得出以下 5 点结论。

（1）当强透水层深度大于防渗墙深度时，渗流量、坝踵处渗透坡降和出逸坡降随着强透水层深度增大而减小；反之，随着强透水层深度增大，渗流量逐渐增大，坝踵处渗透坡降先降低后增大，出逸坡降降低。

（2）渗流量、坝踵处渗透坡降、出逸坡降皆随着强透水层厚度的增加而增大；且当防渗墙底端位于强透水层时，渗流参数显著增大。

（3）随着强透水层上游开口长度增加，渗流量和出逸坡降呈增大趋势，坝踵处渗透坡降先增大后降低；随着强透水层下游开口长度增大，渗流量和坝踵处渗透坡降先增大后降低，出逸坡降逐渐增大；各渗流参数随强透水层底端开口长度的增加而增大，全封闭式防渗墙除外。

（4）当强透水层处于坝基中间位置，且厚度和开口长度一定时，各渗流参数随防渗墙深度的增加而降低；各开口形式对渗流参数影响从大到小排序为：底端、上游、下游。

（5）针对深厚覆盖层中存在局部强透水层的特殊地基，设置防渗墙时应穿过强透水层，形成相对封闭的联合控渗体系；若仍不能满足控渗要求时，建议做成全封闭式防渗体系。

参 考 文 献

［1］ 盛金宝，刘嘉炘，张士辰，等. 病险水库除险加固项目溃坝机理调查分析 [J]. 岩土工程学报，
2008，30（11）：1620－1625.

［2］ 温续余，徐泽平，邵宇，等. 深覆盖层上面板堆石坝的防渗结构形式及其应力变形特性 [J]. 水
利学报，2007，38（2）：211－216.

［3］ 田东方，刘德富，王世梅，等. 土质边坡非饱和渗流场与应力场耦合数值分析 [J]. 岩土力学，
2009，30（3）：810－814.

［4］ 谢兴华，王国庆. 深厚覆盖层坝基防渗墙深度研究 [J]. 岩土力学，2009，30（9）：2708－2712.

［5］ 沈振中，田振宇，徐力群，等. 深覆盖层上土石坝心墙与防渗墙连接型式研究 [J]. 岩土工程学
报，2017，39（5）：939－945.

［6］ Neuzil C E. Groundwater flow in low－permeability environments [J]. Water Resour Res，1986，
22（8）：1163－1195.

［7］ Yang Y L，Aplin A C. Permeability and petrophysical properties of 30 natural mudstones [J]. J
Geophys Res－Sol Ea，2007，112（B3）：485－493.

［8］ 王军，陈云敏. 均质结构性软土地基的一维固结解析解 [J]. 水利学报，2003，34（3）：19－24.

［9］ Wu M. A finite－elemnt algorithm for modeling variably saturated flows [J]. Journal of Hydrolo-
gy，2010，394（395）：315－323.

［10］ 汪斌，唐辉明. 含弱透水层岸坡地下水渗流特征的数值分析 [J]. 岩土力学，2006，27（10）：
194－197.

［11］ 曹文炳，万力，龚斌，等. 水位变化条件下黏性土渗流特征试验研究 [J]. 水文地质工程地质，
2006，12（2）：118－122.

［12］ Teh Cee Ing，Nie Xiaoyan. Coupled consolidation theory with non－Darcian flow [J]. Computers
and Geotechnics，2002，29（3）：169－209.

［13］ 章丽莎，应宏伟，谢康和，等. 动态承压水作用下深基坑底部弱透水层的出逸比降解析研究
[J]. 岩土工程学报，2017，39（2）：295－300.

［14］ 崔莉红，成建梅，路万里，等. 弱透水层低速非达西流咸水下移过程的模拟研究 [J]. 水利学
报，2014，45（7）：875－882.

［15］ 谢海澜，武强，赵增敏，等. 考虑非达西流的弱透水层固结计算 [J]. 岩土力学，2007，28（5）：
1061－1065.

第 3 篇

覆盖层岩土体流变特性对坝体结构的影响

如前所述，河谷中的第四纪松散沉积物主要成分为颗粒粒径较大的漂卵砾石、块碎石以及粉细砂等，粗粒土分布相对更加广泛，且呈强弱相间的层状分布，深度从几十米到几百米不等。在这类地基上建坝，地基承载力不足、稳定性难以满足要求、基础沉降和不均匀沉降过大等是常见问题，甚至造成大坝结构破坏等严重后果。除了与覆盖层渗透性、坝基处理措施、岩土体自身组成等因素相关外，计算中忽略覆盖层尤其是粗粒土层的流变性也是原因之一。

目前计算岩土体的流变理论和模型较多，研究成果丰硕。但对于层状岩土体坝基而言，各层物理力学特性相差较大，以往的覆盖层流变模型往往将其均一化处理，这是造成计算结果与实际误差较大的原因之一。针对这一问题，本章节在分析覆盖层中各岩土层特点的基础上，对覆盖层流变元件模型进行改进，以更准确模拟覆盖层中每层的基本特点，建立更为合理的计算模型。主要研究两方面内容：

（1）建立一种适用层状覆盖层坝基的流变元件模型。

（2）结合具体工程，研究坝基岩土体流变对大坝结构性能的影响。

第 11 章

一种改进的流变模型在层状覆盖层
坝基上的应用

  土石料的流变模型中主要有 Maxwell 模型、Burgers 模型、Kelvin 模型、Bingham 模型、理想黏弹塑性体、西原模型等。这些模型通过基本元件的"串联"和"并联"来描述岩土介质的流变特性，建立反应岩土应力-变形-时间的本构模型，反应岩土线性黏弹塑性性质，但不能反映岩土的加速蠕变阶段；元件模型元件越多，模型越复杂，参数就越多，模型数值计算就越困难。在以往研究岩土变形的流变模型中，H-K 模型能较全面的反应岩土弹性、蠕变、松弛变形特性，如蔡新采用流变学理论，选取 Maxwell 模型和 H-K 模型模拟单一岩土石料的流变特性，探讨土石料流变特性对土石坝应力、位移的影响。覆盖层大多由多层且各层性状不同的岩土组成的，H-K 模型计算该类坝基变形会存在一定偏差。

  综上所述，本章对 H-K 模型进行改进，研究新的计算模型以适应层状覆盖层的特点，并以青湾坝为例，采用 Comsol 建立层状覆盖层上大坝流变及流固耦合数值模型，结合实测数据以确定模型和准确性，进而全面评价层状覆盖层流变对坝体、坝基以及主要结构的影响，以期为深厚覆盖层上大坝的稳定计算提供支持。

11.1 层状覆盖层流变模型

11.1.1 单一土层的 H-K 模型

  H-K 模型从其元件构造上能直观的识别弹性和黏弹性变形分量，其数学表达式能客观的描述蠕变、应力松弛及稳定变形等。

  该模型由一个弹模为 E_1 的弹性元件（H）和 Kelvin（K）体串联而成如图 11-1（a）所示，其变形随时间的关系如图 11-1（b）所示。在应力 σ 作用下，其应力-应变方程为：

$$E_1 e_1 \varepsilon + E_1 \eta_1 \frac{\partial \varepsilon}{\partial t} = (E_1 + e_1)\sigma + \eta_1 \frac{\partial \sigma}{\partial t}$$

$$(11-1)$$

式中 E_1、e_1——H 弹簧体及 Kelvin 体

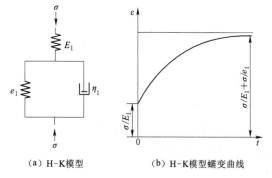

(a) H-K模型   (b) H-K模型蠕变曲线

图 11-1 H-K 的蠕变模型

的弹性模量；

η_1——Kelvin 体的黏性系数；

σ——应力，而总应变 $\varepsilon = \varepsilon_H + \varepsilon_K$，其中 ε_H，ε_K 分别为 H 弹簧体及 Kelvin 体的应变。

(1) 当 $\partial\sigma/\partial t = 0$，即应力 σ 不随时间变化，由初始应变 $\varepsilon_0 = \sigma/E_1$ 可得：

$$\varepsilon = \frac{\sigma}{E_1} + \frac{\sigma}{e_1}\left(1 - e^{-\frac{e_1}{\eta_1}t}\right) \qquad (11-2)$$

由公式 (11-2) 可知，应变随时间持续递增（$t \to \infty$ 时，$\varepsilon \to \sigma/E_1 + \sigma/e_1$），其应变速率由起始时的最大值逐渐趋近于零。

(2) 当 $\partial\varepsilon/\partial t = 0$，即应变 ε 不随时间变化，由初始应力 $\sigma_0 = E_1\varepsilon$ 可得：

$$\sigma = \frac{E_1\varepsilon_1}{E_1 + e_1}\left(e_1 + E_1 e^{-\frac{E_1 + e_1}{\eta_1}t}\right) \qquad (11-3)$$

由公式 (11-3) 可知，应力随时间增大而减小 [$t \to \infty$ 时，$\sigma \to E_1 e_1 \varepsilon/(E_1 + e_1)$]。

上述分析可知，H-K 是时间上的衰减模型。模型中关键参数为 E_1、e_1、η_1，可通过室内外岩土体流变实验获得。此外，还与泊松比 μ，渗透系数 k 等有关。对于层状覆盖层，各层岩土体特性差异较大，蠕变变形也各不相同，采用 H-K 模型不能较好反应覆盖层整体蠕变特性。

11.1.2　多层土 H-KS 模型的建立

在层状坝基中将每层土作为一个单元，考虑各层之间存在力的传递，各土层性质不同，因此，可将每层土视为一个 H-K 体，各层总体为串联关系如图 11-2 (a) 所示。由 H-K 体串联得层状坝基模型如图 11-2 (b) 所示。

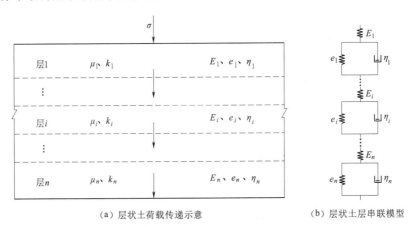

(a) 层状土荷载传递示意　　　　　　(b) 层状土层串联模型

图 11-2　多土层坝基串联模型

由于模型元件构造复杂不利于分析计算，结合模型中各元件所代表的含义，将图 11-2 中各层不随时间变化的弹性模量 E_1、E_2、$\cdots$、E_i 合并为模型整体弹性模量 E，关系式为：

$$\frac{1}{E}=\frac{1}{E_1}+\frac{1}{E_2}+\frac{1}{E_i}+\frac{1}{E_n}=\sum_{i=1}^{n}\frac{1}{E_i} \tag{11-4}$$

得到简化后的模型如图 11-3 所示，其中 E 为与时间因素无关的整体变形模量，各层与时间因素相关的蠕变模型不变化。

简化后形成层状坝基流变计算新模型（以下简称 H-KS 模型），在通过试验获取参数方面，该模型因试验次数减少而降低了误差，提高了计算结果精度。

总应变 ε_t 等于各 H-K 元件的应变之和，表达如下：

$$\varepsilon_t=\varepsilon_1+\varepsilon_2+\cdots+\varepsilon_n=\sum_{i=1}^{n}\varepsilon_i \tag{11-5}$$

式中 ε_1、ε_2、$\cdots$、ε_n——对应各层岩土的变形量。

将式（11-2）代入式（11-5）得：

$$\varepsilon_t=\sum_{i=1}^{n}\left(\frac{\sigma}{E_i}\right)+\sum_{i=1}^{n}\frac{\sigma}{e_i}\left(1-\mathrm{e}^{-\frac{e_i}{\eta_i}\cdot t}\right) \tag{11-6}$$

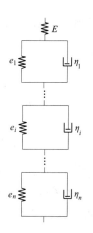

图 11-3 简化后层状土层串联模型

式中 σ——恒定应力；

t——加载时间；

E_i——对应各层岩土变形初期的弹性模量；

η_i——对应各层黏弹变形的黏滞系数。

联立式（11-4）、式（11-6）可得到模型的变形方程：

$$\varepsilon=\frac{\sigma}{E}+\sum_{i=1}^{n}\frac{\sigma}{e_i}\left(1-\mathrm{e}^{-\frac{e_i}{\eta_i}\cdot t}\right) \tag{11-7}$$

式中 E——弹性模量。

坝基沉降除了受岩土体流变作用外，还受流固耦合效应的影响。因此，坝基沉降需要将流变与流固耦合模型联合计算。

11.2 流固耦合模型

11.2.1 渗流偏微分方程

描述多孔介质饱和流体流动的达西定律质量守恒建立流体的连续性方程：

$$\frac{\partial}{\partial t}(\rho\varepsilon_p)+\nabla(\rho u)=Q_m \tag{11-8}$$

式中 ρ——液体密度；

u——达西速度；

$\partial(\rho\varepsilon_p)/\partial t$——多孔存储项；

Q_m——液体源汇项。

其中多孔存储项表达式为：

$$\frac{\partial}{\partial t}(\rho\varepsilon_p)=\rho S\frac{\partial P}{\partial t} \tag{11-9}$$

式中　S——多孔介质存储系数；

　　　P——水头。

达西速度表达式为：

$$u = -\frac{k}{\mu}(\nabla p_f + \rho g \nabla D)$$ (11－10)

式中　k——渗透率；

　　　μ——液体动力黏度；

　　　p_f——孔隙压力；

　　　g——重力加速度；

　　　D——位置水头。

Q_m 为液体源汇项，由于孔隙空间的膨胀率（$\partial \varepsilon_{vol}/\partial t$）增加，使液体的体积分数增加，从而引起液体汇，有：

$$Q_m = -\rho \alpha_B \frac{\partial}{\partial t}\varepsilon_{vol}$$ (11－11)

式中　α_B——Biot 系数；

　　　ε_{vol}——多孔介质体应变。

将式（11－8）、式（11－9）和式（11－10）代入式（11－7）可由质量守恒方程得：

$$\rho S \frac{\partial H}{\partial t} - \nabla \rho \left[\frac{k}{\mu}(\nabla p_f + \rho g \nabla D)\right] = -\rho \alpha_B \frac{\partial}{\partial t}\varepsilon_{vol}$$ (11－12)

式中　H——总水头。

11.2.2　固体骨架变形方程

孔隙弹性将多孔介质中流体流动及颗粒变形联系起来，得到应力、应变和孔隙压力的本构关系，由 Biot 理论可得流体含量增量、体积应变和孔隙压力的本构关系，联立两式如下：

$$\begin{cases} \sigma = C\varepsilon - \alpha_B p_f I \\ p_f = M(\zeta - \alpha_B \varepsilon_{vol}) \end{cases}$$ (11－13)

式中　σ——柯西应力张量；

　　　C——弹性矩阵；

　　　ε——应变张量；

　　　α_B——Biot 系数；

　　　p_f——流体孔隙压力；

　　　I——单位矩阵；

　　　ζ——多孔介质中流体含量的变化值。

固体颗粒的体积变化 P_m 的表达式为：

$$P_m = -K_s \varepsilon_{vol} + \alpha_B P_f$$ (11－14)

式中　K_s——固体的弹性模量。

11.2.3 耦合的实现

采用 COMSOL 多场耦合来实现流固耦合，其具体流程如图 11-4 所示。该流程能完成某一时刻的数值模拟，下一个时刻，应力张量可作为一个附加的各项同性项参与计算，并视为下一时刻的一个初始应力，则该时刻总的初始应力为 P_{t1}，其表达式为：

$$P_{t1} = P_{t0} + \sigma \tag{11-15}$$

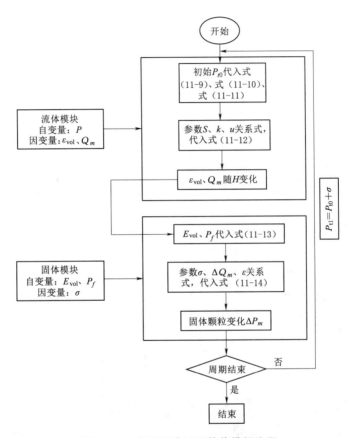

图 11-4 坝基沉降过程数值模拟流程

整个耦合过程在每一个时间段内反复迭代求解，直到沉降完成为止。

此外，为了解坝基各层黏弹性对其应力应变及渗流的影响，将常用的非流变模型——分层总和法结合流固耦合模型（以下简称 HSM 模型）与本模型计算结果进行对比分析。

11.3 工程应用

11.3.1 工程概况

青湾均质土坝最大坝高 50m，坝长 200m，水库正常蓄水高度 45m。上下游坡度均为

1:2。坝基覆盖层约80m，根据颗粒组成及物理力学性质等差异，可将其自下而上分为5层：①以粗粒为主的冰水积含漂卵砾石层，厚11.5m；②以细粒为主的堰塞堆积粉细砂层，厚13m；③以粗粒为主的冲积含漂砂卵砾石层，厚17m；④以细粒为主的堰塞堆积粉细砂层，厚15m；⑤以中粗粒为主的冲洪堆积含漂砂卵砾石层，厚25m。覆盖层各土层的物理力学参数见表11-1。

表11-1　　　　　　　　　　　　　　坝体及各层岩土物理力学属性

地层编号	密度 /(kg/m³)	弹性模量 /MPa	渗透系数 /(10⁻⁶m/s)	泊松比	Biot系数	孔隙率	剪切模量 /MPa
⑤	2150	180	75	0.27	0.70	0.33	70.87
④	1700	100	0.06	0.28	0.75	0.33	39.06
③	2230	200	80	0.26	0.70	0.32	79.37
②	1650	110	0.275	0.25	0.75	0.27	44.00
①	2250	220	55	0.27	0.85	0.28	86.61
坝体	1750	300	0.05	0.14	0.90	0.20	—

11.3.2　建模计算

在Comsol中通过自动划分网格，得到1086个域单元，239个边界元，求解自由度为7069个，具体如图11-5所示。模型底部和两侧设置为固定约束且为不透水边界；上游侧为透水边界，大坝上下游水位分别为45m和0，淹没在水位以下的上游河谷及坝面设置为总水头边界，其他边界设置为潜在出渗边界。

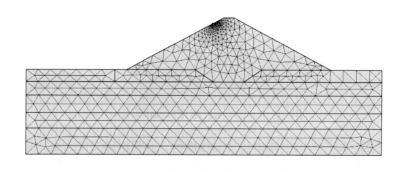

图11-5　大坝数值模型网格剖分单元

为了监测坝基沉降、应力和渗流等相关指标，大坝设置了完整的监测系统。为监测坝基沉降，在基建面及截水槽底部共设置5组水管式沉降仪；坝体位移监测包括水平和沉降两项，分别在坝底面、高度为20m和35m水平面安装沉降和水平位移设备；在渗流监测方面，坝体内部设置测压管并在坝后设置量水堰。此外，还在坝轴线（断面2）、截水槽底部等重要部位设置应变及渗压计等，大坝监测点布置如图11-6所示。

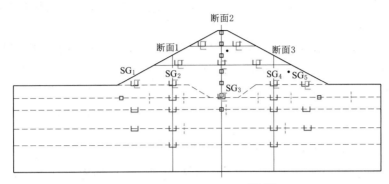

□ 水管式沉降仪　□ 应变计　·测压管

□ 水平位移计　┊ 渗压计

图 11-6　坝体监测系统布置

11.4　结果分析

11.4.1　大坝沉降分析

11.4.1.1　覆盖层各土层沉降

采用 HSM 及 H-KS 模型分别对大坝沉降进行计算，其结果如图 11-7 所示。

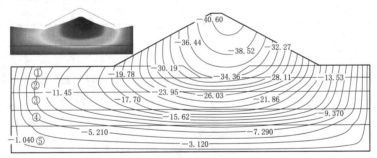

（a）HSM模型沉降等值线

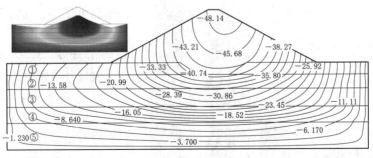

（b）H-KS模型沉降等值线

图 11-7　两工况下沉降等直线（单位：cm）

由图 11-7 可知，H-KS 模型计算的沉降量总体上高于前者。坝基各土层的变形增量自上至下分别为 1.13cm、0.25cm、1.78cm、0.43cm、2.25cm。对比发现，以粗粒土为主的①、③、⑤土层沉降增量较大，占总沉降量的 88.4%，单位厚度增量分别为 0.10cm/m、0.11cm/m 和 0.09cm/m。其中⑤层厚度较大且位于底部，其变形总量也相应较大，占总增量的 38.5%；细粒土为主的土层②、④总体变形较小，沉降单位厚度增量仅为 0.02cm/m 和 0.03cm/m。由此可见，考虑流变后的沉降不仅与各土层的性质有关，还与其厚度及所在位置相关。

11.4.1.2　结果验证

为验证计算结果的准确性，结合图 11-6 中坝基沉降监测数据对比结果见表 11-2，并以断面 1 位置为例绘制对比图如图 11-8 所示。

表 11-2　　　　　　　　　　　　坝基各层沉降量对比

土层	HSM 模型		H-KS 模型		实　测　值	
	断面 1	断面 3	断面 1	断面 3	断面 1	断面 3
①	0.62	0.75	0.89	0.95	0.85	0.98
②	1.11	2.33	1.11	2.47	1.12	2.5
③	2.86	2.53	3.3	2.8	3.2	2.9
④	6.82	6.07	7.2	7.3	7	7.1
⑤	7.27	6.52	8.89	7.3	8.67	7.5
坝基	18.68	18.2	21.39	20.82	20.84	20.98

注　表中沉降量单位为 cm。

由表 11-2 和图 11-8 可知，H-KS 模型计算的沉降量在各土层及整体上均与实测值更接近，而 HSM 模型计算结果与实测值误差较大。说明 H-KS 模型计算结果与实际沉降更吻合。对于该粗细相间的层状坝基，各层土的沉降量在两种算法下也不尽相同。其中，HSM 模型在①、③、⑤粗粒土层中计算误差较大，如 SG₁ 处误差分别为 27%、10.6%、16.1%；而细粒土层②、④计算结果误差相对较小，误差仅为为 0.89% 和 2.6%；此外，H-KS 模型在各土层的沉降计算误差均在 5% 以内。

综上所述，HSM 模型在流变性较小的细粒土沉降计算中基本符合实际，但在粗粒土层坝基沉降计算方面与实际有较大出入，而考虑流变的 H-KS 模型计算结果与实际沉降基本吻合。

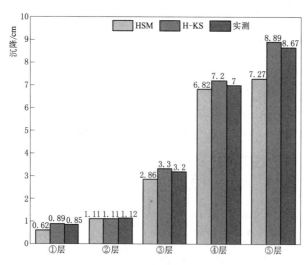

图 11-8　大坝监测断面 1 处沉降对比

11.4.2 应力分析

坝基岩土流变对大坝整体强度会有一定影响，尤其是粗细相间的层状坝基，各土层流变对大坝应力的影响尚不明确，需要进一步探索。

11.4.2.1 应力整体分布

两种模型下的大坝应力分布如图 11-9 所示。

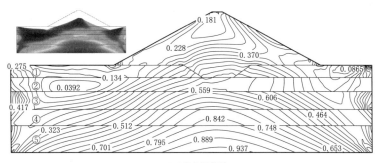

（a）HSM应力等值线

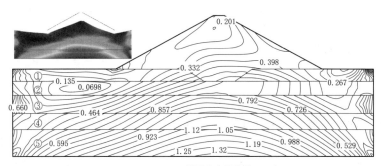

（b）H-KS模型应力等值线

图 11-9 应力分布等值线（单位：MPa）

由图 11-9 可知，H-KS 模型计算总体应力水平高于前者，坝体和坝基应力分布均是自上而下逐渐增大，并在坝基底部出现应力极值，分别为 0.937MPa、1.32MPa。受坝基流变的影响，坝体整体应力水平有所增长，但增量率较小。值得注意的是，坝踵和坝趾处的应力均有明显增大，增量达到 0.027MPa、0.03MPa。

11.4.2.2 覆盖层各土层应力变化

取坝轴线处各层应力计算结果如图 11-10 所示，需要说明的是，由于坝轴线处的截水槽将①层全部替换，替换后土料和均质土坝一致，为细粒黏性土，因此该处计算结果不反应原来的粗粒土。

由图 11-10 对比发现，以粗粒土为主的③、⑤层应力增量明显高于以细粒土为主的①、②、④层。自上而下各层的应力增量分别约为 0.03MPa、0.06MPa、0.1MPa、0.07MPa、0.17MPa。其中，性质单一、颗粒最细的①层（截水槽处）应力差别最小，误差在 1.2%，②、④土层应力增长也较小，均在 5.75% 左右；而⑤层差别最大，总体应力水平增长率约为 15.2%。可见，在流变性大的粗粒土层应力方面增量也较大，而在流变性较小的细粒土层应力增量相对较小，说明土层流变性影响着应力变化。

11.4.2.3　应力结果验证

结合坝体监测数据，取图 11 - 6 中坝体中坝轴线位置应力监测值与两种模型计算结果进行对比如图 11 - 11 所示。

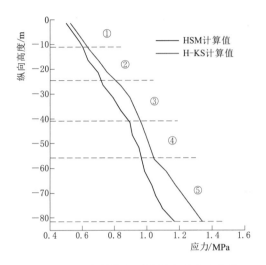

图 11 - 10　坝轴线处覆盖层各层应力变化

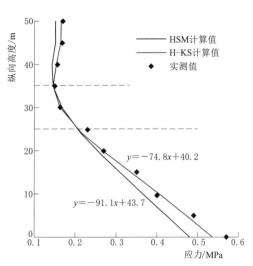

图 11 - 11　坝轴线处坝体应力变化

由图 11 - 11 可知，坝轴线处坝体应力自上而下变化规律不同，自坝顶向下 16m 应力值随高度基本无变化，甚至出现变小趋势，本模型应力值与实测值吻合且大于 HSM 模型计算结果；16～26m 处应力与高度呈非线性变化，应力由 0.18MPa 增至 0.23MPa，两模型计算结果均与实测值能较好吻合；26m 至坝底应力与高度基本呈线性变化，拟合线性关系分别为：$y=-91.1x+43.7$、$y=-74.8x+40.2$，HSM 随着高度下降，偏差逐渐加大，H - KS 模型计算结果与监测值基本一致。因此，本模型的正确性得到了验证，相对于传统模型优势显著。

11.4.3　渗流分析

除了上述应力场的变化，覆盖层中岩土体流变也影响着渗流场的改变，也是一个流固耦合过程。

11.4.3.1　大坝孔隙水压力分布

分别计算 HSM、H - KS 模型得到大坝孔隙压力分布如图 11 - 12 所示。

由图 11 - 12 可知，H - KS 模型计算的各层土体孔压均小于前者，其中流变性大的粗粒层①、③、⑤孔压减小量较大，平均减小量分别为 0.039MPa、0.043MPa 和 0.06MPa；而流变性较小的细粒料层②、④孔压减小量相对较小，仅为 0.013MPa 和 0.015MPa。可见岩土体流变对粗细土层的影响也不同，以⑤、②层为例，前者减小约 55.6%，而后者仅减小 2.48%。分析其原因，主要是在流固耦合中，由于粗粒土的流变性较大，土体骨架被压缩而孔隙体积减小，在渗流稳定后，原来由孔隙水承担的部分压力转由土骨架承担，导致孔隙水压力减小的更多。

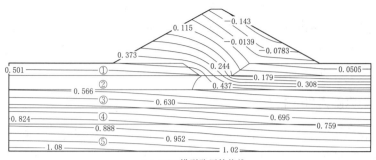

（a）HSM模型孔压等值线

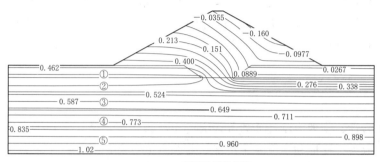

（b）H-KS模型孔压等值线

图 11-12 孔隙水压力等值线（单位：MPa）

11.4.3.2 渗流结果验证

大坝渗流量实测结果与两模型计算结果对比见表 11-3。

表 11-3 坝 后 渗 流 总 量 对 比

工 况	渗流量/(m³/s)	工 况	渗流量/(m³/s)
HSM 模型	0.45	实测值	0.37
H-KS 模型	0.34		

由表 11-3 可知，渗流稳定后采用 HSM 模型计算的渗流量比实测值增加了 $0.08\text{m}^3/\text{s}$，增量为 21.6%；采用 H-KS 模型计算的渗流量比实测值减少了 $0.03\text{m}^3/\text{s}$，减小率为 8.1%，与实测结果更吻合。

11.5 讨论

11.5.1 深厚覆盖层考虑流变的重要性

研究表明，我国西南山区河谷覆盖层自下而上分为①含泥砂卵碎石层（Ⅰ）；②漂卵石、含泥砂碎块石、粉细砂互层（Ⅱ）；③现代河流漂卵石层（Ⅲ）共 3 大层，覆盖层中粗粒含量相对细粒占比要大得多。本研究反映了由于粗粒土流变性较大，大坝运行后其变形、应力、渗透性等变化主要受到粗粒土流变的影响。常规计算方法忽略了覆盖层流变尤其是粗粒土流变的影响，结果与实际情况不相符。忽略覆盖层流变会导致土石坝沉降等变形超过预期，坝体内部因不均匀沉降出现裂缝、结构脱落甚至破坏，影响坝体的安全稳定。深厚覆盖层上大坝的除险加固难度相对较大，前期的设计和坝基处理若未考虑其流变性，也会为后期留下隐患。因此，在深厚覆盖层上建坝，科学对待坝基的流变性并采取合理的工程措施是至关重要的。

11.5.2 流变对流固耦合的影响

计算结果表明，考虑坝基流变相比不考虑流变模型的沉降量增加了约 7.5cm，也就是说考虑了坝基流变性后，岩土体的实际孔隙压缩较快且会更小，其渗透性更加弱化，增强了坝基的渗透稳定性。若不考虑流变，流固耦合过程和时间会更长，最终结果也有一定偏差。所以，流变加速了流固耦合，缩短了流固耦合时间，渗流计算结果更加符合实际情况，为渗流控制与分析提供更合理的理论支持。

11.6 结论

（1）对于岩性、物理力学性质差异较大的层状覆盖层坝基，采用 H-KS 流变模型能较好反应大坝应力、变形和渗流实际情况，与监测值对比，误差在 5% 以内，模型在模拟层状坝基方面具有明显的优势。

（2）H-KS 模型计算结果相比不考虑流变模型的应力、变形分别增大了 10% 和 15.7%，部分增量会影响到大坝结构的安全稳定，应予以重视。

（3）流变会导致大坝整体渗透性降低，粗细粒层孔隙水压力分别减小了约 50% 和 2.5%，加速了流固耦合过程，对于重新评估大坝的渗透性有重要参考意义。

（4）由于流变性不同，深厚覆盖层中粗粒土层对变形、应力和渗流方面影响最大，细粒土的贡献相对较小；除了与岩性相关之外，与土层所处位置、厚度等相关。

基于 H - KS 模型的层状深厚覆盖层流变对面板堆石坝结构性能的影响

西南山区水电开发常遇到深厚覆盖层，大多呈层状分布，在其上建造面板堆石坝，覆盖层与坝体和防渗系统之间的相互作用是最为关键的问题之一。地基流变和流固耦合效应对面板堆石坝应力、变形以及防渗结构的影响需要深入研究。

本章以第 12 章 H - KS 计算模型为基本方法，以河口村面板坝为例，采用多场耦合 Comsol 建立层状覆盖层上大坝在施工期、蓄水期及运行期各阶段的计算模型，结合实测数据和其他模型计算结果对比，以确定模型和准确性，进而全面评价层状覆盖层流变对坝体、坝基以及主要结构的影响。

12.1 工程实例分析

12.1.1 工程概况

河口村水利枢纽由混凝土面板堆石坝、泄洪洞、溢洪道及引水发电系统等建筑物组成。堆石坝最大坝高 122.5m，坝长 530m，坝顶高程 288.5m，水库正常蓄水位 275m。上游坝坡 1:1.5，下游综合坝坡 1:1.685。坝体从上游依次由混凝土面板、垫层区、过渡料、主堆石、次堆石和下游块石护坡等组成。坝基覆盖层约 40 余米下设混凝土防渗墙，其底部嵌入基岩内，大坝典型剖面如图 12 - 1 所示。

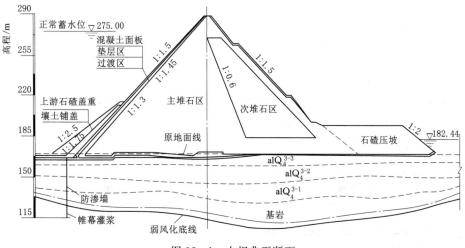

图 12 - 1 大坝典型断面

12.1.2 覆盖层特性

大坝所在的U形河谷中覆盖层地质条件复杂，岩性为含漂石及泥的砂卵石层，夹4层连续性不强的黏性土及若干砂层透镜体。根据颗粒组成及物理力学性质等的差异，将覆盖层分为3层：①为含漂石卵石层（alQ$_4^{3-3}$），自河床至高程163m，厚度10m左右；②为含漂石砾石层（alQ$_4^{3-2}$），高程自163~152m（即第二层与第三层黏性土间），厚度10m左右；③为含漂石砂卵石层（alQ$_4^{3-1}$），高程152m以下至基岩，厚度10~15m。基岩浅层为风化基岩，帷幕灌浆穿过浅层风化基岩底线进入深层基岩。

图12-2为覆盖层颗粒粒径范围0.005~200mm，alQ$_4^{3-3}$、alQ$_4^{3-2}$、alQ$_4^{3-1}$的粒径不均匀系数分别为675、566、350。

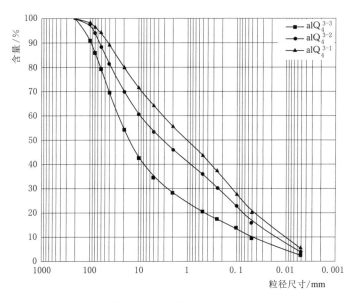

图12-2 覆盖层粒径分布

12.1.3 地基处理及监测系统布置

覆盖层含漂、卵石比重大，粒径分布范围广，高渗透性及各层压缩性质差异大。为满足地基承载力要求，上游主堆石区坝基（D0+00~D0+50）为高压旋喷桩处理，间距从上至下采用2m、3m、4m三级过渡；坝基（D0+50~D0+180）为挖除换填区，挖出覆盖层表层及浅层透镜体，置换级配碎石；下游次堆石区（D0+180~D0+364）表层局部挖除，坝后压坡区为原始地貌。具体处理如图12-3所示。

从图12-3中可知，为了监测坝基沉降，在高程173m处安置埋设一组水平固定测斜仪；坝体沉降方面，在高程为221.5m、241.5m及260.0m处安装振弦式水管沉降仪；渗流方面，在高程173m处下游方向安装一套测压管。除此之外，在防渗墙及连接板、连接板及趾板、趾板及面板和面板间设置测缝计，并在重要的部位设置土压力计及应力计等。其典型监测布置情况图如图12-3所示。

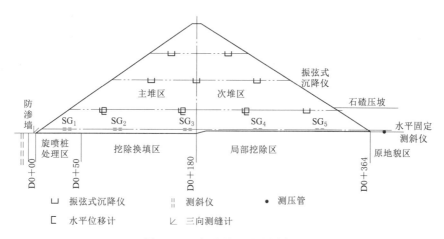

图 12 - 3　坝基处理及监测布置

12.1.4　防渗体系

大坝采用面板—趾板—连接板—防渗墙的防渗系统。面板由上而下呈线性变化，顶部厚度为 0.3m，底部最大厚度为 0.72m；趾板采用平趾板形式，两岸趾板全部坐落在较坚硬完整的弱风化基岩上，河床部位连接板+趾板坐落在覆盖层上，起连接混凝土防渗墙和面板的作用，宽度分别为 4m 和 6.5m，厚度均为 0.9m；防渗墙平行于坝轴线，厚度 1.2m，顶部长度 112m。防渗墙最大深度为 30m，墙底嵌入基岩 1m。采用 C25 混凝土，轴向抗拉、压强度分别为 1.27MPa、11.9MPa。

12.2　数值模型

12.2.1　坝基覆盖层模型参数

针对河口村面板坝覆盖层具体工程特性，通过室内外实验及参数反演等途径，获取 H-KS 模型中的计算参数，见表 12-1。

表 12 - 1　　　　　　　　　　　河口村面板坝覆盖层参数

覆盖层	γ /(kN/m³)	弹性模量		η_i /10^{13}	μ	k /(10^{-4}m/s)	v
		E_i	e_i				
①	19.4	50.55	7.6	13	0.43	6.5	0.23
②	18.6	58.33	13.9	4.2	0.4	4.9	0.3
③	21.2	60.07	6.4	30	0.46	5.7	0.19

12.2.2　坝体模型

河口村面板坝坝料三轴试验结果表明：①试件压缩性随着轴向应变的增大而减小；②偏应力和轴向应变曲线随围压的增加而增加。Duncan E-B 非线性弹性模型能准确描述

堆石料的体积应变行为。该模型的两个基本变量分别是切线杨氏模量 E_t 及切线体积变形模量 B_t，表达式如下：

$$E_t = KP_a \left(\frac{\sigma_3}{P_a}\right)^n (1 - R_f S_l)^2 \qquad (12-1)$$

$$B_t = K_b P_a \left(\frac{\sigma_3}{P_a}\right)^m \qquad (12-2)$$

对于非黏性土，$c=0$，φ 由下式计算：

$$\varphi = \varphi_0 - \Delta\varphi \lg\left(\frac{\sigma_3}{P_a}\right) \qquad (12-3)$$

式中　P_a——大气压；

σ_1、σ_3——大、小主应力；

K、K_b——杨氏模量系数和体积模量系数；

n——弹性模量指数；

m——体积模量指数；

R_f——破坏比；

S_l——水平应力；

c、φ——抗剪强度指标。

此外，对于混凝土结构各部位（混凝土面板、趾板、连接板、防渗墙）均采用线弹性模型，其密度、弹性模量、泊松比及渗透系数分别取为 $2.4\mathrm{g/cm^3}$、$28\mathrm{GPa}$、0.167 及 $1\times 10^{-12}\mathrm{m/s}$。模型中各计算参数见表 12-2。

表 12-2　　　　　　　　　河口村大坝三维有限元分析材料设计参数表

材料	γ /(kN/m³)	K	K_{ur}	n	R_f	φ_0	φ	K_b	m
④	23	1250	2500	0.45	0.85	55	12	500	0.28
⑤	23	1200	2400	0.48	0.9	54	12	500	0.28
⑥	21.5	1150	2300	0.35	0.83	53	13	500	0.28
⑦	20.5	1000	2000	0.25	0.81	52	12	450	0.2
⑧	20.5	1000	1250	0.3	0.75	45	0	550	0.28

注　④垫层料；⑤过渡料；⑥主堆石；⑦次堆石；⑧石渣。

12.2.3　流固耦合

为了准确反应大坝蓄水后岩土体的变形特性，在上述 H-KS、Duncan E-B 等模型基础上，考虑渗流场对其影响。基于多孔介质渗流理论，采用 Comsol 实现渗流—应力耦合计算。流体连续性控制方程为：

$$\rho S \frac{\partial H}{\partial t} - \nabla\rho\left[\frac{k}{\mu}(\nabla P_f + \rho g\ \nabla D)\right] = -\rho \alpha_B \frac{\partial}{\partial t}\varepsilon_{\mathrm{vol}} \qquad (12-4)$$

式中　ρ——液体密度；

S——多孔介质存储系数；

H——总水头；

P_f——孔隙压力；

k——渗透率；

μ——液体动力黏度；

g——重力加速度；

D——位置水头；

α_B——比奥固结参数；

ε_{vol}——多孔介质体应变。

多孔介质孔隙变形方程为：

$$\begin{cases} \sigma = C\varepsilon - \alpha_B P_f I \\ P_f = M(\zeta - \alpha_B \varepsilon_{vol}) \\ P_m = -K_s \varepsilon_{vol} + \alpha_B P_f \end{cases} \quad (12-5)$$

式中 σ——柯西应力张量；

C——弹性矩阵；

ε——应变张量；

α_B——比奥固结参数；

P_f——流体孔隙压力；

I——单位矩阵；

ζ——多孔介质中流体含量的变化值；

P_m——土颗粒的体积变化；

K_s——固体的弹性模量。

12.2.4 模型的实现

采用 Comsol 有限元仿真模拟如图 12-5 所示，覆盖层底部和两侧设置为固定边界且为不透水边界；上部坝体两侧设置为固定边界，水头边界由工况而定。

为有效地模拟和评价大坝实际填筑、蓄水和运行过程中的变形和渗流等特性，在填筑及蓄水过程均采用逐级加载的方式。填筑期以每层施工时间作为时间增量，每层填筑荷载用一次施加来模拟，产生的应力及应变再结合时间步长，利用坝基流变模型进行修正。修正后的单元应力和应变作为该层平衡后的应力和应变，新加荷层在此基础上增加，打破原有平衡进入新的迭代计算；蓄水期将竣工后的应力应变作为初值，按分级蓄水的时间步长，分别计算各级水荷下的应力应变，计算方法与施工期类似。每级蓄水注意下一级施加水压力时，上一级荷载已蓄水部位的水压力也要增加（如图 12-5 所示）；运行期将蓄水后的应力应变作为初值，进而确定大坝在正常蓄水后的长期工作状态。

在 Comsol 中计算时将施工期和蓄水期共分为 32 级，拟定每级 2 个月；蓄水完成后，正常运行 5 年。本章计算了大坝的三个阶段，历时 125 个月，各阶段对应时长见表 12-3。

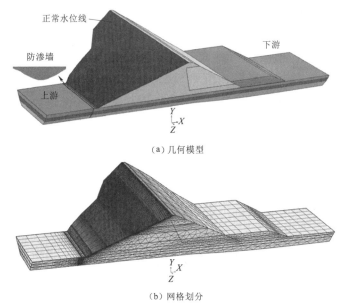

（a）几何模型

（b）网格划分

图 12-4　几何模型和网格划分

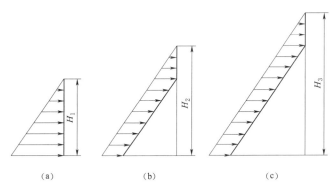

（a）　　　　　　　　（b）　　　　　　　　（c）

图 12-5　水荷载逐级加载示意图

表 12-3　　　　　　　　　　　各 工 期 对 应 时 间 表

工　　况	时间/月	工　　况	时间/月
填筑期（阶段 1）	0～60	运行 5 年（阶段 3）	65～125
蓄水期（阶段 2）	61～64		

注　以下简称阶段 1、阶段 2、阶段 3。

12.3　结果分析

12.3.1　大坝整体应力

12.3.1.1　各工况的应力分析

对阶段 1、2、3 分别进行计算，得到各工况末的应力分布如图 12-6、图 12-7、图 12-8 所示。

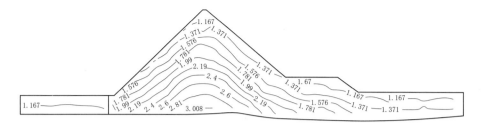

（a）大主应力σ_1

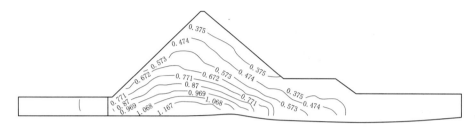

（b）小主应力σ_3

图 12-6　阶段 1 末应力剖面等值线（单位：MPa）

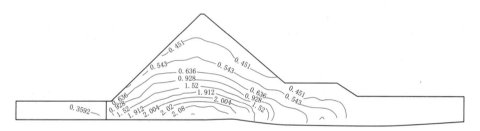

（a）大主应力σ_1

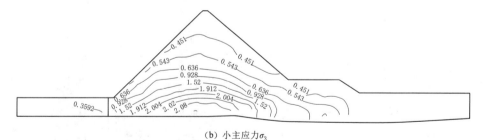

（b）小主应力σ_3

图 12-7　阶段 2 末应力剖面等值线（单位：MPa）

由大坝应力图可知，按时间先后顺序，阶段 1、2、3 末的 σ_1 峰值分别为 3.01MPa、5.23MPa、7.85MPa，差额为 2.22MPa、2.62MPa，增量较大。其中蓄水期应力平均增量为 0.56MPa/月，运行期应力增长率 0.044MPa/月。同理蓄水期和运行期 σ_3 峰值增量分别为 0.23MPa/月、0.018MPa/月。可见除施工期外，在蓄水阶段随着水位的上升，蓄水对大坝应力的影响较为明显。蓄水完成后，大坝运行期间随着岩土体的流变，大坝应力持续增长，增长幅度趋缓。各阶段应力峰值随时间的变化如图 12-9 所示。

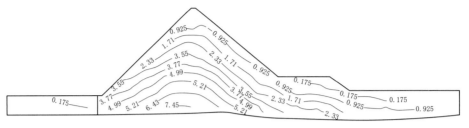

（a）大主应力 σ_1

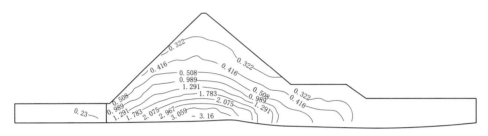

（b）小主应力 σ_3

图 12-8 阶段 3 末应力剖面等值线（单位：MPa）

图 12-9 表明，各阶段应力的增长率是阶段 2＞阶段 1＞阶段 3，其中在第 96 月（运行期的第 3 年）大坝应力基本趋于稳定。

12.3.1.2 流变对大坝应力的影响

将本模型计算结果与不考虑流变的 Duncan 模型应力峰值计算结果对比如图 12-10 所示。

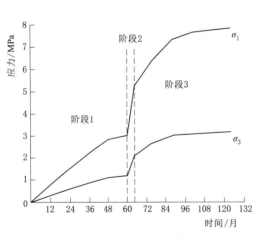

图 12-9 应力峰值随时间变化过程线

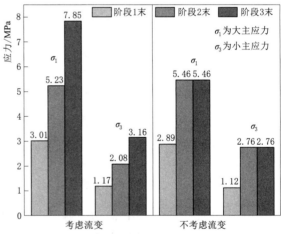

图 12-10 各工期应力峰值对比

如图 12-10 可知，在阶段 1 考虑流变时的应力值均比不考虑流变的应力值大，σ_1、σ_3 峰值的差值分别为 0.12MPa 和 0.05MPa。但在第 2 阶段，不考虑流变时 σ_1、σ_3 的峰值却偏大，差值分别为 0.23MPa 和 0.13MPa。因不考虑流变，Duncan 模型在第 2 阶段末的应力值和第3阶段末的应力值相同。实际上由于材料的流变特性，在施工期，应力还会持续增长，从应力峰值上看，本模型计算结果比不考虑流变模型计算结果最终应力极值结果分别增大 2.62MPa 和 0.4MPa。

12.3.2 大坝变形分析

12.3.2.1 位移计算分析

图 12-11、图 12-12、图 12-13 为阶段 1、2、3 下大坝变形结果图。

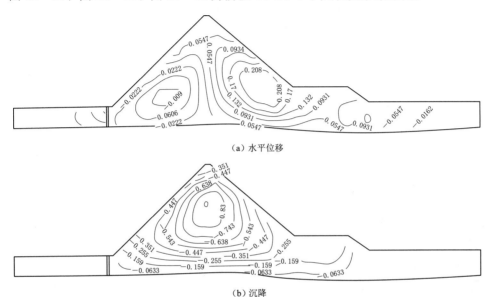

（a）水平位移

（b）沉降

图 12-11 阶段 1 末水平位移、沉降等值线（单位：m）

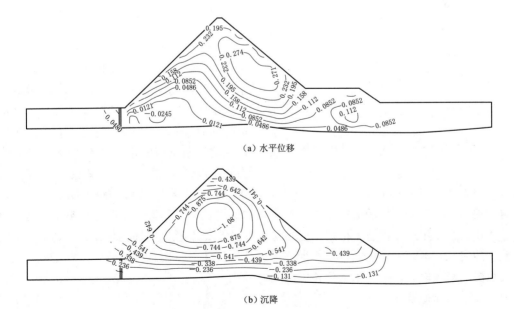

（a）水平位移

（b）沉降

图 12-12 阶段 2 末水平位移、沉降等值线（单位：m）

137

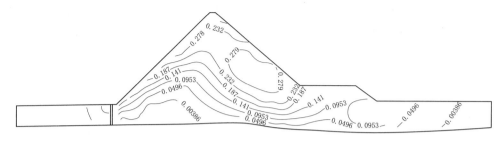

（a）水平位移

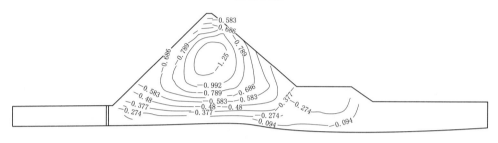

（b）沉降

图 12-13　阶段 3 末水平位移、沉降等值线（单位：m）

由位移图可知，水平位移在阶段 1 基本以坝轴线为界，向上、下游位移（H_u，H_d）

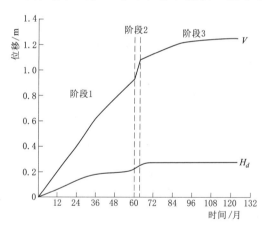

图 12-14　位移随时间变化过程线

最大值分别为 0.10m、0.21m；在阶段 2，随着蓄水位的上升，坝体大部分区域水平位移向下游偏移，此时最大值为 0.27m，到阶段 3 末，$H_{d\max}$ 达到 0.28m。此外，3 种工况下，最大沉降量（$V_{\max}$）分别为 0.93m、1.08m 及 1.25m。其中蓄水期的增量为 0.038m/月，运行 5 年期的平均增量 0.003m/月。以沉降 V 和 H_d 为例，绘制位移随时间的变化如图 12-14 所示。

由图 12-14 可知，阶段 1 和阶段 2 的沉降随时间基本呈线性变化，大坝的沉降 V 在填筑期结束时已完成 74.4%，增长率为 0.186m/a；在阶段 2，V 仅有 0.15m 的

增量，但其增长率为 0.45m/a，远大于第 1 阶段，水库蓄水对 V 影响较为明显。蓄水后随着大坝的运行和岩土体的流变，大坝沉降会持续增长，但其增长幅度明显小于前两个阶段，并在运行 3 年后，V 趋于稳定。但相对于阶段 2，仍有 0.13m 的增量。此外，H_d 随着蓄水的完成基本趋于稳定，在运行期水平位移增长并不明显。由此可见，岩土体的流变对大坝沉降影响较大，但对水平位移影响相对较小。

12.3.2.2　沉降的验证

为了验证计算结果的正确性，结合大坝监测点的布置，在高程 173m 处选择沉降观测

点 SG_1、SG_3 及 SG_4 的实测值与计算值进行对比如图 12-15 所示。

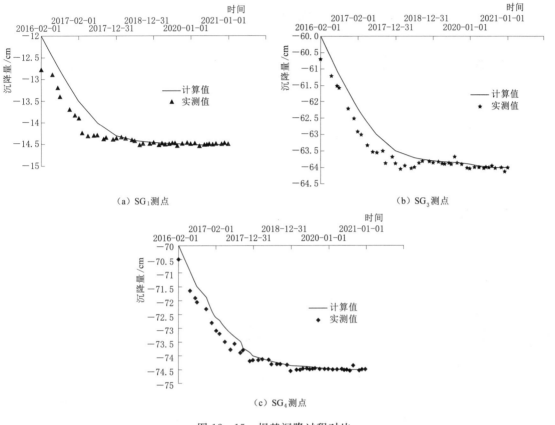

图 12-15　坝基沉降过程对比

由图 12-15 可知，实测与计算结果规律一致。其中在运行的前 2 年内，实测值略大于计算值，原因可能是该模型在计算中忽略了坝体中堆石体的流变性，但由于堆石体本身流变极小，最大误差也仅有 1~2cm。在运行 2 年后，实测值与计算结果基本相等。总体而言，各测点的实测值与本模型沉降计算结果基本吻合。从而验证了该模型计算结果的精确性，也更加符合大坝沉降的基本规律。

12.3.3　大坝渗流分析

12.3.3.1　渗流计算分析

随着孔隙介质流变、渗流场与应力场的耦合，大坝的渗流场也会发生变化。以运行 1 年、5 年末的大坝水头计算结果为例，其等值线如图 12-16 所示。

由图 12-16 可知，由面板、趾板与防渗墙组成的防渗体系控渗效果显著。对比发现，在正常运行状态下，坝体浸润线 $P=0$ 略有下移，各压力水头随时间增加而略有减小，说明随着流变和耦合的发生，大坝整体的渗透性随时间而递减。

12.3.3.2　大坝渗流验证

同理为了验证渗流计算结果的正确性，将运行期大坝渗流量 Q 的观测值及计算值对

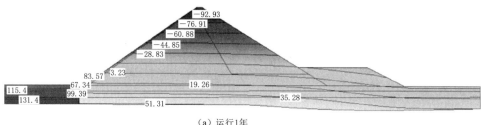

（a）运行 1 年

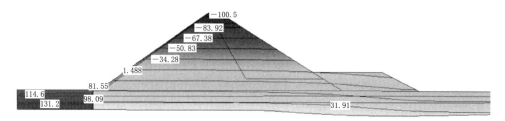

（b）运行 5 年

图 12－16 运行 1 年和 5 年等势线分布

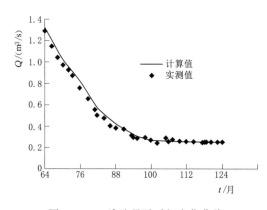

图 12－17 渗流量随时间变化曲线

比结果如图 12－18 所示。

由图 12－17 可知，计算结果与实测值基本吻合，在运行前 3 年内，Q 的计算值由 $1.29\text{m}^3/\text{s}$ 降至 $0.28\text{m}^3/\text{s}$，实测值由 $1.32\text{m}^3/\text{s}$ 降至 $0.27\text{m}^3/\text{s}$，误差仅为 $0.01 \sim 0.03\text{m}^3/\text{s}$；运行 3 年后，实测值与计算结果基本相等且趋于稳定。说明耦合及流变过程在大坝运行的前 3 年内，对渗流场的影响较大，此后，耦合过程基本结束，渗流场基本稳定。该规律符合大坝渗流场变化规律，也验证了渗流计算结果的准确性。

综上所述，在大坝应力、变形、渗流三方面的计算结果与实测值均能较好地契合，表明该模型能准确反应大坝在各个工况下的运行状态。因此，可进一步采用该模型分析各个防渗体的应力和变形规律。

12.3.4 面板应力与变形

面板的应力与变形计算主要考虑在蓄水期和运行过程中水位、岩土体流变与耦合对其的影响。故计算中主要分析阶段 2、阶段 3 面板的应力变形。

12.3.4.1 面板应力

阶段 2、阶段 3 混凝土面板轴向应力、顺坡应力变化如图 12－18、图 12－19 所示。

由面板应力图可知，轴向应力 σ_a、顺坡应力 σ_s 的分布均为由面板中部向两侧递减，其中 σ_a 的极值位于面板中心 $1/2$ 高处，为压应力；σ_s 的极值位于面板中心 $1/3$ 高处。阶

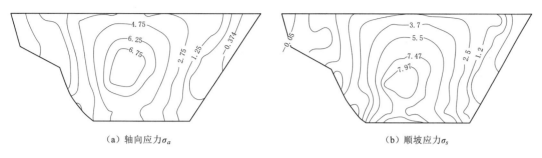

（a）轴向应力σ_a　　　　　　　　　　　　（b）顺坡应力σ_s

图 12-18　阶段 2 末面板应力等值线图（单位：MPa）

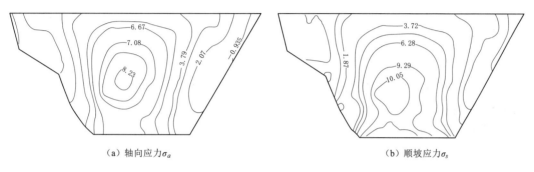

（a）轴向应力σ_a　　　　　　　　　　　　（b）顺坡应力σ_s

图 12-19　阶段 3 末面板应力等值线图（单位：MPa）

段 3 相比阶段 2 而言，整体应力水平均有一定的增加，各高程对应的应力增长范围为 0.562～1.48MPa，其中极值分别增大了 1.55MPa、2.08MPa。此外，还应注意的是，混凝土面板的 σ_a 在靠近岸坡的位置会出现拉应力，该拉应力有持续增长的趋势。

12.3.4.2　面板位移

同理分析两种工况下，面板位移如图 12-20、图 12-21 所示。

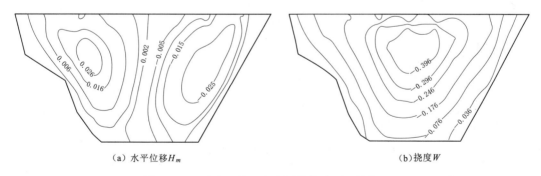

（a）水平位移H_m　　　　　　　　　　　　（b）挠度W

图 12-20　阶段 2 末面板变形等值线图（单位：m）

由图 12-20（a）、图 12-21（a）可知，水平位移趋势指向面板中部，其中指向右岸的位移分别为 0.026m、0.0267m，指向左岸的位移分别为 0.025m、0.0248m，整体表现为由两岸向面板中部递减。面板挠度向下游方向弯曲，阶段 3 末的挠度比阶段 2 末的挠度增加了 0.061m。由此可见，随着坝体运行、沉降及两侧刚性山体的约束等因素的影响，面板轴向位移和挠度均有一定的增加。

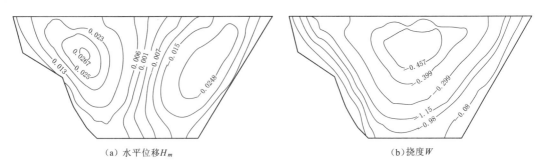

(a) 水平位移 H_m (b) 挠度 W

图 12-21　阶段 3 末面板变形等值线图 （单位：m）

12.3.5　坝基防渗墙应力与变形

模型主要考虑了坝基各岩层的流变特性，作为与坝基岩土层直接接触的防渗墙，其应力与变形会受到岩土体流变的直接影响，需要进一步探索。

12.3.5.1　防渗墙应力

防渗墙受上部结构、水压力、坝基内各因素的共同影响，计算阶段 2、阶段 3 末防渗墙的应力分布如图 12-22、图 12-23 所示。

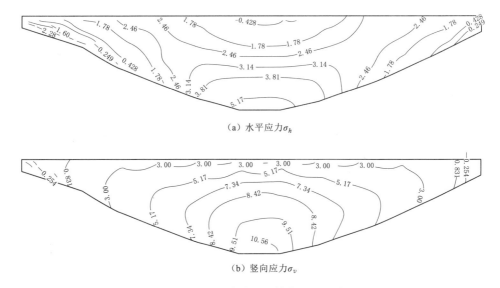

(a) 水平应力 σ_h

(b) 竖向应力 σ_v

图 12-22　阶段 2 末防渗墙应力等值线图 （单位：MPa）

由防渗墙应力图可知，两阶段下防渗墙的水平应力 σ_h 分布规律基本一致。以阶段 2 末的 σ_h 为例，左岸防渗墙 σ_h 由 -2.2MPa 增至 2.46MPa，右岸由 -0.25MPa 增至 2.46MPa，均由两侧向中部递增。防渗墙中部应力自上而下由 0.428MPa 增至 5.17MPa。变化规律为自上而下逐渐递增，在防渗墙底部应力最大。对比阶段 2、阶段 3 发现，阶段 3 的防渗墙 σ_h 水平整体明显增大，如防渗墙底部极值增大了 3.58MPa。两阶段末的竖向应力 σ_v 分布规律基本一致，均由自上而下、由外及内逐渐增大。对比发现，阶段 3 的应力水平也明显高于阶段 2，应力极值由 10.56MPa 增至 15.68MPa，增大了 5.12MPa。

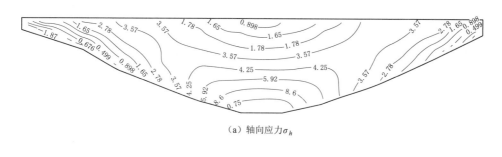

（a）轴向应力σ_h

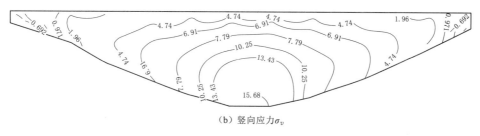

（b）竖向应力σ_v

图 12-23 阶段 3 末防渗墙应力等值线图（单位：MPa）

12.3.5.2 防渗墙位移

同理分析两种工况下，防渗墙位移如图 12-24，图 12-25 所示。

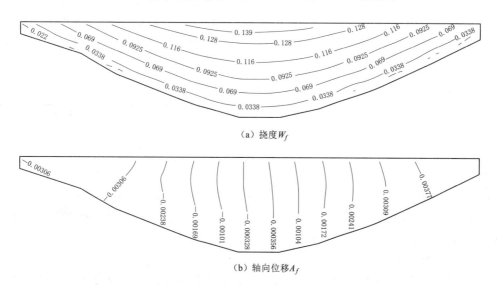

（a）挠度W_f

（b）轴向位移A_f

图 12-24 阶段 2 末防渗墙变形等值线图（单位：m）

由防渗墙位移图可知，两阶段末挠度 W_f 指向下游，自上而下逐渐减小。在墙顶中部出现极值，分别为 13.9cm、19.1cm。防渗墙整体 A_f 较小，由左岸至右岸逐渐增大，极值靠近右岸墙体，分别为 0.38cm、0.44cm。对比阶段 2、阶段 3 发现，阶段 3 防渗墙变形水平明显高于阶段 2，W_f 增加 5.1cm，A_f 增加 0.06cm。

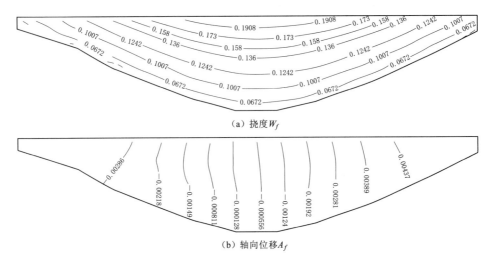

(a) 挠度 W_f

(b) 轴向位移 A_f

图 12-25 阶段 3 末防渗墙变形等值线图 (单位: m)

12.3.6 趾板应力与变形

12.3.6.1 趾板应力

趾板轴向应力在趾板中心 (河谷中部) 受压, 两端受拉, 最大轴向压应力分别为 6.34MPa、6.42MPa, 最大轴向拉应力分别为 2.42MPa、2.31MPa; 顺河向应力在趾板两端有较小拉应力区域, 其余大部分区域都为压应力, 趾板最大顺河向压应力分别为 3.62MPa、3.72MPa, 最大顺河向拉应力分别为 1.6MPa、1.17MPa。趾板应力极值见表 12-4。

表 12-4 趾 板 应 力 极 值 统 计

工 况	轴向应力/MPa		顺河向应力/MPa	
	压应力	拉应力	压应力	拉应力
阶段 2	6.341	−2.423	3.623	−1.596
阶段 3	6.415	−2.312	3.724	−1.173

趾板大部分区域受力为压应力。由表 12-4 可知, 趾板轴向压应力从蓄水期至运行 5 年后增长 0.07MPa, 顺河向压应力增长 0.102MPa。

12.3.6.2 趾板变形

同理受应力变化影响, 趾板的轴向位移与竖向沉降变化规律与应力基本一致, 变形极值基本位于趾板中心 (河谷中部)。两工况下趾板变形极值见表 12-5。

表 12-5 趾 板 变 形 极 值 统 计

工 况	轴向位移/cm	沉 降/cm
阶段 2	2.21	26.63
阶段 3	2.25	27.57

可见在运行期，轴向位移和沉降均比蓄水期有所增长，增长量分别为 0.04cm、0.94cm。作为面板和防渗墙的连接段，趾板的变形应得到足够重视。

12.4　讨论

12.4.1　流变对面板坝中混凝土结构的影响

面板、趾板和防渗墙均为土石坝工程中的混凝土结构，表现为明显的塑性，承受变形能力较差，尤其不能承受弯曲应力。若按常规计算方法，忽略流变对混凝土结构应力和变形的影响，不利于结构的安全稳定。由上述分析可知，坝基中岩土体流变对防渗墙的影响主要体现在水平位移上，本模型比不考虑流变模型的计算结果增大了 5～6cm，防渗墙承受了较大的弯曲变形。若在计算中未考虑流变，按照计算结果设置的防渗墙可能会发生破坏；趾板变形主要受到板底岩土体沉降的影响，该模型计算的沉降量也明显偏大，不利于趾板的整体稳定性；此外，作为上部结构的坝体混凝土面板变形主要体现在：支撑和接触面板的材料与其性能不同，受到面板垫层、坝体堆石体、坝基岩土体和四周山体等综合影响，尤其是坝基流变作用的沉降作用，会导致各部位不均匀变形，进而会影响面板的变形和应力。本模型计算结果在强度和刚度上均比不考虑流变要求要高，需要重视。

12.4.2　流变的可持续性

计算结果也反映了流变的时效性，随着时间的推移，坝基在长期受压状态下自我调整和多场耦合作用，应力、变形和渗流等各方面指标逐渐会趋于稳定，本模型计算结果显示，自建坝开始该过程大致持续了 8 年。尤其是在蓄水期间变化最为剧烈，此后又持续了 2～3 年。说明坝基流变现象基本在蓄水后 2～3 年内完成，其间应该着重关注大坝各结构的安全稳定性。此后，若大坝发生安全稳定问题，与岩土体的流变性关系可能不大，特殊情况除外。

12.5　结论

（1）对于岩性、物理力学性质差异较大的层状覆盖层坝基，采用 H-KS 流变模型能较好反应大坝各个阶段的应力、变形和渗流实际情况。

（2）H-KS 模型计算结果相比不考虑流变模型而言，应力和变形均有一定增大，部分增量会影响到大坝结构的安全稳定，应予以重视。

（3）大坝在建设期，沉降和应力总量占比达到 70％以上，但由于历时较长，单位时间增量并不大；蓄水阶段由于水土相互作用剧烈，岩土体流变及流固耦合作用对大坝各部位强度和刚度影响最大，增长率也最大；运行期，各指标增长率相对较缓，最终趋于稳定，但部分指标增量可能会导致结构破坏。

（4）混凝土面板-趾板-防渗墙是完整有效的渗流控制体系，有效的遏制层状覆盖层的

渗流。坝基岩土体的流变对防渗墙的影响较为明显，导致防渗墙上部水平位移增大，整体强度降低。趾板和面板在中部承受较大的弯曲变形，有受弯破坏的趋势。还应注重面板与下部结构因不均匀沉降而发生脱离的情况。

（5）层状岩土体的流变是具有时效性的，该层状覆盖层的流变在开建后约 7～8 年或水库蓄水后 2～3 年之间基本完成，相应指标也趋于稳定，此后流变不会有大的影响。

参 考 文 献

［1］ Wei Yufeng，Chen Qiang，Huang Hao，et al. Study on creep models and parameter inversion of columnar jointed basalt rock masses ［J］. Engineering Geology，2021，290（3）：106206.

［2］ Ruofan Wang，Li Li，Richard Simon. A model for describing and predicting the creep strain of rocks from the primary to the tertiary stage ［J］. International Journal of Rock Mechanics and Mining Sciences，2019，123：10487.

［3］ Zhu Zhan‐yuan，Luo Fei，Zhang Yuan‐ze，et al. A creep model for frozen sand of Qinghai‐Tibet based on Nishihara model ［J］. Elsevier，2019，167：102843.

［4］ 王唯，刘远明. 一种改进的 Bingham 岩石蠕变模型研究 ［J］. 水力发电，2019，45（8）：18－22，41.

［5］ 吕彩忠. 基于 Mogi‐Coulomb 强度准则的隧道围岩理想弹塑性解答 ［J］. 土木建筑与环境工程，2014，36（6）：54－59.

［6］ Yu M，Liu B，Sun J，et al. Study on Improved Nonlinear Viscoelastic‐Plastic Creep Model Based on the Nishihara Model ［J］. Geotechnical and Geological Engineering，2020，38（3）：3203－3214.

［7］ 邓荣贵，周德培，张倬元，等. 一种新的岩石流变模型 ［J］. 岩石力学与工程学报，2001（6）：780－784.

［8］ 夏才初，王晓东，许崇帮，等. 用统一流变力学模型理论辨识流变模型的方法和实例 ［J］. 岩石力学与工程学报，2008（8）：1594－1600.

［9］ 熊良宵，汪子华. 中国近 20 年岩石流变试验与本构模型的研究进展 ［J］. 地质灾害与环境保护，2018，29（3）：104－112.

［10］ 阮红风，罗强，孟伟超，等. 基于直剪试验的土体变形时间效应及状态类别分析 ［J］. 岩土力学，2016，37（2）：453－464.

［11］ 蔡新，成峰，杨建贵，等. 土石坝流变非线性分析 ［J］. 河海大学学报（自然科学版），1999，27（6）：20－24.

［12］ 李阳，任亮，王瑞骏，等. 流变对面板砂砾石坝应力变形的影响研究 ［J］. 水资源与水工程学报，2014（4）：123－128.

［13］ 熊成林，邓伟，姜龙. 基于深厚覆盖层的面板堆石坝沉降变形规律分析 ［J］. 中国水利水电科学研究院学报，2016，14（2）：150－154.

［14］ 张亮亮，王晓健. 考虑黏弹塑性应变分离的岩石复合蠕变模型研究 ［J］. 中南大学学报（自然科学版），2021，52（5）：1655－1665.

［15］ 王瑞，沈振中，陈孝兵. 基于 COMSOL Multiphysics 的高拱坝渗流‐应力全耦合分析 ［J］. 岩石力学与工程学报，2013，32（S2）：3197－3204.

［16］ Olivier Ozenda，Pierre Saramito，Guillaume Chambon. Tensorial rheological model for concentrated non‐colloidal suspensions：normal stress differences ［J］. Journal of Fluid Mechanics，2020，898（A25）：1－18.

［17］ Guowen Xu，Chuan He，Jian Yan，et al. A new transversely isotropic nonlinear creep model for layered phylliteand its application ［J］. Bulletin of Engineering Geology and the Environment，2019，78（7）：5387－5408.

第 4 篇

几种覆盖层坝基防渗与处理方法研究

深厚覆盖层坝基渗流控制是大坝成败的关键所在。目前水平主要是用垂直防渗体截断深厚覆盖层中渗流的方法，当防渗墙无法实现时，采用混凝土防渗墙加深部灌浆的双重方法，而且多采用两道防渗墙，造价十分昂贵，施工难度大，工期长。主要原因是无法探明深厚覆盖层自身工程特性以及渗流和变形的演变规律，不考虑如何运用覆盖层自身特性来针对性地制定渗流控制方案，无论什么类型覆盖层统一封死，全部截断等手段，采用同一的施工方式，施工技术也相对粗放。

渗流控制应遵循防渗—排渗—反滤层三位一体的原则，本部分试图研究坝基自身特点，重视深厚覆盖层中可利用的强/弱透水层，以安全和经济为主旨来制定渗流控制方案。除了目前工程中一些常规处理措施外，主要探讨以下问题：

（1）一道和两道垂直防渗体的优劣分析及优化。

（2）覆盖层中哪些弱透水层可以与垂直防渗墙等联合控渗研究，典型坝基采用水平铺盖和垂直防渗墙联合防渗的要点分析。

（3）典型堤基固结灌浆处理措施效果研究。

（4）其他较为特殊的坝基处理措施研究等。

第 13 章

覆盖层中双排防渗墙渗流控制效果研究

混凝土防渗墙等垂直防渗体具有强度高、成型快、耐久性好、渗透系数小等优点，已广泛应用于深厚覆盖层地基的防渗工程中，其深度从 20 世纪 60 年代的 20m 已经发展到目前的 140m 以上。

但部分地质条件复杂、高水头的水利工程，由于坝高的发展和允许渗流梯度的限制，一道防渗墙难以满足渗控要求，越来越多的水利工程采用双排防渗墙，如瀑布沟水电站、三峡工程二期围堰、加拿大马尼克 3 号坝、六库水电站、长河坝、九甸峡混凝土面板堆石坝。学者们针对双排防渗墙展开研究，邱祖林等借助三维非线性有限元软件分析了软弱覆盖层地基中双排混凝土防渗墙的应力变形特性。吴梦喜等从渗透坡降及变形的角度，针对瀑布沟水电站心墙堆石坝双排混凝土防渗墙与土质心墙几种连接方案进行了研究。郭成谦针对双排防渗墙渗流的水力学特性进行了分析，并提出防渗墙的渗透系数对控渗效果的影响。高莲士等针对三峡工程二期围堰进行了非线性应力应变计算。路晓婷利用 Midas GTS 分析瀑布沟电站双排防渗墙对渗流、应力和位移的影响。刘麟采用有限元软件分析了云南省怒江州六库水电站的双排防渗墙的内力、应力分布和变形。颜国卿分析了大渡河长河坝双排防渗墙的应力、应变及变形。吕生玺基于有限元模型分析了九甸峡混凝土面板堆石坝采用单排防渗墙柔性连接、双排防渗墙柔性连接、双排防渗墙刚性连接 3 个方案下防渗墙的应力及变形。

综上所述，上述学者主要借助有限元软件分析了双排防渗墙的应力、应变和位移，以及防渗墙与土质心墙、坝体及坝基的连接形式；在渗流控制方面，分析了防渗墙的渗透系数及连接形式对控渗效果的影响。并未涉及双排防渗墙的深度、间距、布置形式对控渗效果影响等方面的研究。甚至有部分学者提出双排防渗墙间会产生较大的渗流梯度，使下游防渗墙失去应有的防渗作用，没有必要采用双排防渗墙。随着深厚覆盖层上高坝的建设，双排防渗墙的应用会越来越广泛；因此双排防渗墙的深度、间距及布置形式对渗流场的影响规律急需探明。

本章以典型强弱互层深厚覆盖层地基为研究对象，设置不同的双排防渗墙控渗方案，开展渗流砂槽试验，探索双排防渗墙的间距、深度、布置形式（前长后短、前短后长、前后同长）对渗流的影响，探明双排防渗墙的控渗效果。以期为采用双排防渗墙控渗的工程提供理论支撑，在防渗墙深度一定的情况下提高控渗效率。

13.1 材料与方法

经调研西南地区深厚覆盖层地基具有明显的层状结构，强弱透水层交替分布，土层的厚度及基本特征见表 13-1。

表 13-1 土层厚度及基本特征

地基层序	土 体	厚度/m	基 本 特 征 描 述
1	现代河流漂卵石	13～20	由漂卵石夹砂、砾质砂、纯砂组成，分选性较好，浑圆状或半浑圆状
2	细砂、粉质壤土	20	部分河段以架空结构分布，结构和物质成分显示了冰缘堆积的基本特征
3	漂卵石或卵石	<20	以半浑圆状和次棱角状的漂卵石为主，其次为中细砂。结构比较紧密
4	细粉砂、粉质壤土	≤20	薄层状构造。下部多为深灰、灰黑色粉质壤土上部为褐黄色粉细砂
5	漂卵石	10～20	以半浑圆状至次棱角状的漂卵石为骨架，其间充填砂砾石。结构比较紧密
6	含泥砂卵（碎）石	≤50	粒径大小不一，颗粒以 $d=30～70mm$ 的碎石为主，其次为细粉砂和砂壤土，大漂石呈散粒状分布。结构一般紧密

13.1.1 材料特性

基于表 13-1 中的典型剖面，建立深厚覆盖层坝基砂槽模型。试验材料：砂土和黏土分别作为强透水材料和弱透水层材料，土工布作为垂直防渗墙。土体均取自长江堤防重庆万州段左岸，黏土和砂土各 3 份，经风干、分散后进行室内筛分试验，做土体的颗粒级配曲线如图 13-1 所示。

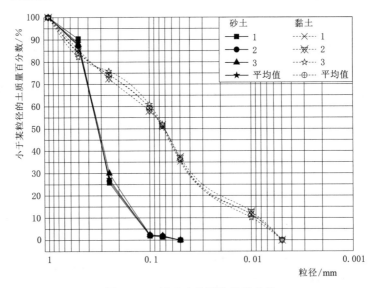

图 13-1 试验土的颗粒级配曲线

由图 13-1 中砂土的平均颗粒级配曲线可得，砂土的有效粒径 $d_{10}=0.015$、中值粒径 $d_{30}=0.015$、限制粒径 $d_{60}=0.015$，不均匀系数 $C_u=d_{60}/d_{10}=2.67$，曲率系数 $C_c=d_{30}^2/d_{10} \cdot d_{30}=1.67$。同理，求得黏土的不均匀系数 $C_u=35$、曲率系数 $C_c=9.11$。

借助液、塑限联合测定仪获取土样的液、塑限值，通过烘干法测得土体的含水率 w、干密度 ρ_d，基于常水头法测得土体的渗透系数，将土体的基本参数列入表 13-2。

表 13-2 砂土和黏土的基本参数

土体	含水率 $w/\%$	孔隙率 $n/\%$	干密度 ρ_d /(g/cm³)	有效粒径 d_{10} /mm	中值粒径 d_{30} /mm	限制粒径 d_{60} /mm	不均匀系数 C_u	曲率系数 C_c	液限 $w_L/\%$	塑限 w_p	渗透系数 k /(cm/s)
砂土	8.94	33	2.42	0.14	0.23	0.36	2.57	1.05	—	—	3.28×10^3
黏土	9.42	42	1.98	0.007	0.125	0.245	35	9.11	35.8	24.2	2.57×10^5

由表 13-2 可知，砂土层的渗透系数（3.28×10^{-3} cm/s）为黏土（2.57×10^{-5} cm/s）的 127.63 倍，黏土可视为相对弱透水层，以下简称弱透水层。砂土和黏土的渗透性能较好模拟强弱互层地基的渗流特性，具有代表性，且符合水工试验模拟标准。

13.1.2 试验方法

13.1.2.1 试验装置

砂槽尺寸为 200cm×100cm×130cm。根据西南地区强弱互层深厚覆盖层地基的典型断面，结合砂槽的实际尺寸设置试验，如图 13-2 所示。土体自上而下分别为：砂土、黏土、砂土、黏土、砂土、黏土，厚度分别为 17cm、20cm、20cm、20cm、15cm、18cm，模型比尺为 1:100。设置坝基时，保证土体充分固结沉降；坝体填筑过程中参照 SL 274—2020《碾压式土石坝设计规范》进行分层压实。大坝高 20cm，坝顶宽 5cm，上下游坝坡均取 1:2，坝轴线距上游砂槽端部 100.5cm，距下游砂槽端部 99.5cm，集水池的尺寸为 63cm×50cm×53cm。试验中上下游水头差为定值，坝基和防渗墙在消杀水头方面能体现出规律，下游段设置长度是符合要求的。

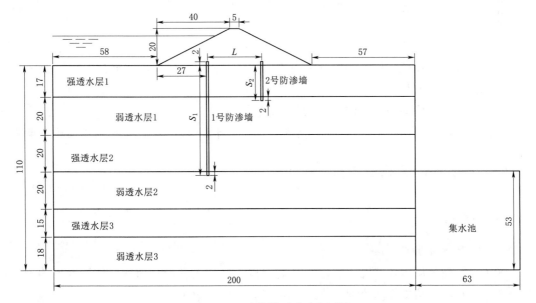

图 13-2 砂槽模型试验布置图

砂槽中布置87个多孔进水型铝管测压计，并与测压管相连接，得出各监测点的孔隙水压力值。上游水头 $h=16cm$，下游水头 $h_2=0cm$；由于渗流量较小，3个出水口能保证下游水头为0cm。根据地层的分布特点，防渗墙主要目的在于截断强透水层，嵌入弱透水层，形成半封闭式防渗墙，具有较好的隔水效果；防渗墙的模型比尺为1:100，设置深度分别为19cm、59cm、94cm，如图13-2所示。1、2号防渗墙的深度分别为 S_1、S_2，为研究防渗墙的布置形式及深度对渗流场的影响，共设置7种工况见表13-3。防渗墙的间距 $L=2\sim30mm$，每2cm取一值，共计11种。

表13-3　　　　　　　　　　双排防渗墙的布置形式

工况	①	②	③	④	⑤	⑥	⑦
S_1	19	59	19	59	94	59	94
S_2	19	19	59	59	59	94	94

各工况下，防渗墙底端皆嵌入弱透水层2cm，顶端嵌入坝体2cm。坝体为均质土坝，材料为黏土。水位调节管和进水管共同调控上游水位，始终保持上游水位恒定。砂槽下游末端设置了3个出水孔，高程与建基面一致，皆为100cm。测压管中滴入红色试剂，便于精确读数。用纱布包裹多孔进水型铝管测压计，防止进水孔被堵塞。

13.1.2.2　试验步骤

（1）布置双排垂直防渗体。垂直防渗体采用土工膜，借助木条和钢钉将土工膜固定在砂槽侧壁，并用橡皮泥堵塞缝隙，防止接缝处渗漏及侧渗。

（2）坝基、坝体填筑及测压计的安装。坝体填筑通过干密度、土料含水率控制，分层压实；填筑过程中，在87个测压监测点安装多孔进水型铝管测压计。

（3）蓄水及测压管排气。打开进水阀蓄水，排净测压管中的气体。

（4）上下游水位调节。水位调节管与进水管共同调控坝前水位至116cm，排水管调控坝后水位至100cm。

（5）读数。①渗流量：通过烧杯量测排水管的流量，即得到总渗流量；②孔隙压力水头：为精确读数，读数前应将测压管中的气泡排净。为减小孔隙压力水头 h 的读数误差，进行多次读数，求取均值 $\bar{h}$。

（6）改变防渗墙的间距 $L(2\sim30cm)$，重复步骤（1）～步骤（5）。

（7）改变防渗墙的布置形式（前长后短、前短后长、前后同长），进行上述所有步骤。

13.2　试验结果与分析

13.2.1　渗流量分析

13.2.1.1　总渗流量 Q 分析

为了更清楚地揭示各工况下总渗流量 Q（以下简称渗流量）随防渗墙的间距 L 的变化规律，根据试验结果作渗流量 Q 的变化曲线，如图13-3所示。

由图13-3可得，各工况下渗流量均随着间距的增加而降低。对比不难发现，曲线1、

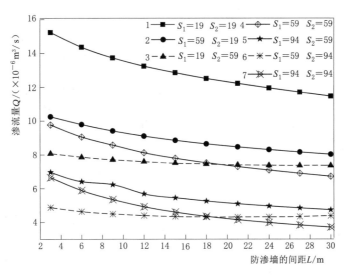

图 13 - 3 渗流量随防渗墙间距的变化曲线

曲线 2、曲线 4、曲线 5、曲线 7 的斜率 dQ/dL 较大，曲线 3、6 的斜率 dQ/dL 较小。当间距由 3cm 增大至 30cm 时，工况①～工况⑦对应的渗流量分别降低 24.75％、21.65％、8.9％、31.24％、31.95％、10.12％、44.14％；由此可见，工况③⑥（前短后长）对应的渗流量降低量 ΔQ 明显低于其他工况。工况⑦（前后同长）下 $L=30cm$ 对应的渗流量最小 $3.7147\times10^{-6}\,\mathrm{m^3/s}$。

总的渗流量包括坝体和坝基渗流量，在防渗墙深度较大时，会有更多的水体通过坝体渗向下游。因此，为了更清楚地反映出双排防渗墙对坝体和坝基渗流的影响，以下将进一步分析坝体和坝基渗流量的变化规律。

通过试验，绘制各工况下的流网图，各工况下流网图的绘制方法及步骤一致，以工况①（$L=30cm$）为例，如图 13 - 4 所示。

流网法计算渗流量的表达式为：

$$Q=\frac{n}{N}kH \qquad (13-1)$$

式中 H——上下游水头差，cm；

k——土体渗透系数，cm/s；

n——沿垂直流动方向的网格数；

N——沿流动方向的网格数。

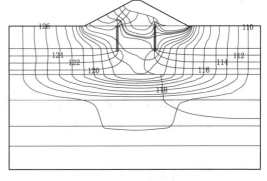

图 13 - 4 流网图

基于图 13 - 4 和式（13 - 1）计算得出坝体渗流量 Q_1 和坝基渗流量 Q_2。

13.2.1.2 坝体渗流量 Q_1 分析

为了分析双排防渗墙间距及布置形式对坝体渗流量的影响，作坝体渗流量变化曲线如图 13 - 5 所示。

由图 13 - 5 可得，各曲线的变化规律类似，近似于正态分布，曲线 1、曲线 2、曲线

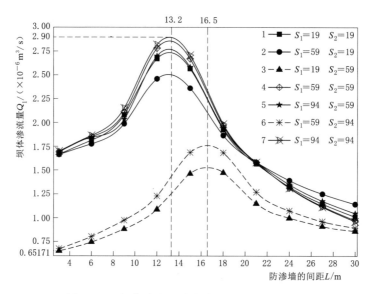

图 13-5　坝体渗流量随防渗墙间距的变化曲线

4、曲线 5、曲线 7 和曲线 3、曲线 6 分别以间距 $L=13.2$cm 和 $L=16.5$cm 为界，在该点达到最大值，左侧随间距增加而增大，右侧随间距增加而减小。此外，曲线 1、曲线 2、曲线 4、曲线 5、曲线 7 对应的坝体渗流量降低至最小值时间距 $L=30$cm，而曲线 3、曲线 6 在间距 $L=3$cm 时坝体渗流量最小。

对比发现，工况③在间距 $L=3$cm 时对应的坝体渗流量最小 6.5171×10^{-7} m³/s；工况⑦在间距 $L=13.2$cm 时对应的坝体渗流量最大 2.9×10^{-6} m³/s。其原因在于双排防渗墙都嵌入弱透水层，形成封闭的隔水空间，水体不易通过坝基渗向下游，坝体成为渗流优先通道。

13.2.1.3　坝基渗流量 Q_2 分析

在分析了总渗流量 Q 和坝体渗流量 Q_1 的基础上，进一步分析坝基渗流量 Q_2，作坝基渗流量变化曲线如图 13-6 所示。

由图 13-6 可得，各曲线的变化规律都类似，都随着间距 L 的增加先降低后增大。对比不难发现，曲线 1、曲线 2、曲线 4、曲线 5、曲线 7 在 $L=13.5$cm 时达到最小值，而曲线 3、曲线 6 在 $L=17.5$cm 降低至最小值。工况⑦在 $L=17.5$cm 时，坝基渗流量降低至最小值 1.8×10^{-6} m³/s。

13.2.2　渗透坡降分析

根据各测压管的压力水头值，计算得出出逸坡降 J，作出逸坡降变化曲线如图 13-7 所示。

由图 13-7 可知，各曲线的变化规律与图 3 类似，出逸坡降 J 随防渗墙间距的增加而降低。对比不难发现，曲线 1、曲线 2、曲线 4、曲线 5、曲线 7 的斜率 $\mathrm{d}J/\mathrm{d}L$ 较大，曲线 3、曲线 6 的斜率 $\mathrm{d}J/\mathrm{d}L$ 较小。当两防渗墙的间距 L 由 3cm 增大至 30cm 时，工况①～工况⑦对应的出逸坡降分别降低 40.61％、38.36％、10.74％、45.45％、47.14％、

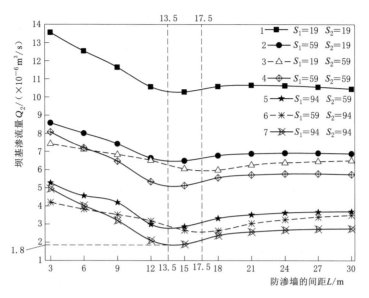

图 13-6 坝基渗流量 Q_2 随防渗墙间距的变化曲线

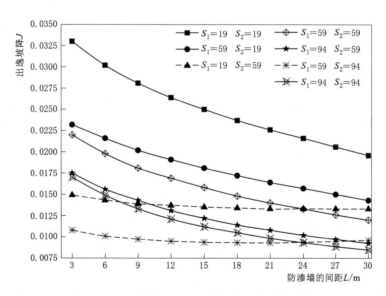

图 13-7 出逸坡降 J 随防渗墙间距的变化曲线

11.02%、50.18%。由此可见，工况③、工况⑥（前短后长）对应的出逸坡降降低量 ΔJ 明显低于其他工况。

综上所述：

（1）坝体渗流量以 $L=13.2\mathrm{cm}$、16.5cm 为分界线，先增大后降低；坝基渗流量以 $L=13.5$、17.5cm 为分界线，先降低后增大。

（2）当 1 号防渗墙的深度大于或等于 2 号防渗墙（$S_1 \geqslant S_2$）时，渗流量和出逸坡降随间距增大降低明显；坝体渗流量 Q_1 在 $L=13.2\mathrm{cm}$ 时出现极大值；坝基渗流量 Q_2 在

$L = 13.5\text{cm}$ 时出现极小值。

（3）当 1 号防渗墙的深度 S_1 小于 2 号防渗墙的深度 S_2 时，渗流量和出逸坡降随防渗墙间距的增加变化不显著；坝体渗流量 Q_1 和坝基渗流量 Q_2 分别在 $L = 16.5\text{cm}$ 和 $L = 17.5\text{cm}$ 时出现极小值。

13.3 水头消减和防渗墙形式分析

13.3.1 水头消减分析

当防渗墙深度 S 一定时，间距 L 对渗流量和出逸坡降存在一定的影响，但对等势线分布的影响不显著，因此在分析孔隙水压力分布规律时取 $L = 30\text{cm}$。基于测压管的压力水头，借助 Sufer 绘制各工况下渗流等势线分布如图 13 - 8 所示。

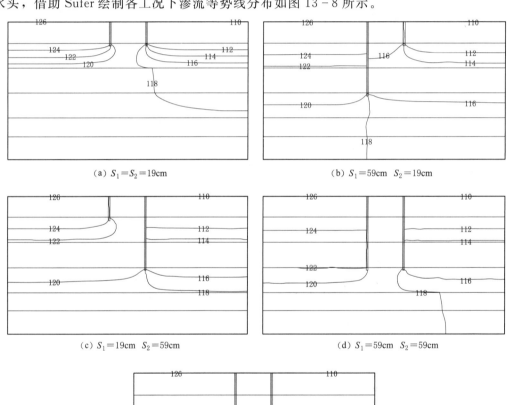

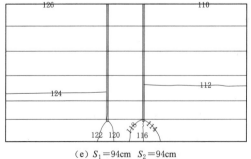

图 13 - 8 坝基渗流等势线分布图

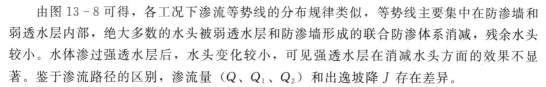

由图 13-8 可得，各工况下渗流等势线的分布规律类似，等势线主要集中在防渗墙和弱透水层内部，绝大多数的水头被弱透水层和防渗墙形成的联合防渗体系消减，残余水头较小。水体渗过强透水层后，水头变化较小，可见强透水层在消减水头方面的效果不显著。鉴于渗流路径的区别，渗流量（Q、Q_1、Q_2）和出逸坡降 J 存在差异。

基于图 13-8（a）～图 13-8（e）计算得出各工况下双排防渗墙消减的水头，列入表 13-4。

表 13-4		水 头 消 减 值			单位：cm
防渗墙深度/cm	$S_1=19$ $S_2=19$	$S_1=59$ $S_2=19$	$S_1=19$ $S_2=59$	$S_1=59$ $S_2=59$	$S_1=94$ $S_2=94$
1 号防渗墙	6	10	4	6	6
2 号防渗墙	8	4	10	8	8

由表 13-4 可得，当双排防渗墙深度一致时，防渗墙 1 消减水头 6cm，防渗墙 2 消减水头 8cm，分别占总量的 37.5% 和 50%，余下 12.5% 的水头由坝基土体消减。当前后防渗墙深度不一致时，以 $S_1=59$cm、$S_2=19$cm 进行阐述说明（另外一种工况规律一致），防渗墙 1 消减水头 10cm，防渗墙 2 消减水头 4cm，分别占总量的 62.5% 和 25%，剩余的 12.5% 的水头同样被坝基自身消减。

由此可见，当两防渗墙的深度一致时，靠近上游的防渗墙消减的水头要小于下游防渗墙；当两防渗墙深度不同时，深度较大的防渗墙（与位置无关）消减更多的水头。此外，坝基土体中也存在 3 层弱透水层，同样消减了部分水头；由于强透水层渗透系数较大，消减的水头可忽略不计。

13.3.2　防渗墙形式分析

试验中设置了 7 种防渗墙形式，归纳总结可分为 3 种：

(1)"前长后短"，工况②⑤；

(2)"前短后长"，工况③⑥；

(3)"前后同长"，工况①④⑦。对比三种类型防渗墙的控渗效果，展开如下分析。

以工况②（$S_1=59$cm、$S_2=19$cm）③（$S_1=19$cm、$S_2=59$cm）④（$S_1=S_2=59$cm）为例，进行渗流量和渗透坡降分析。当间距 $L=30$cm 时，基于图 3 和图 7，对比工况②～工况④下渗流量 Q 和出逸坡降 J，如图 13-9 所示。

由图 13-9（a）可得，当间距 $L=30$cm 时，"前长后短"工况对应的渗流量最大 8.029×10^{-6} m³/s，"前短后长"工况次之，"前后同长"工况最小。从防渗墙造价角度考虑，"前长后短"和"前短后长"工况造价相近（两防渗墙的总深度一致），但"前短后长"工况在控制渗流量方面的效果明显更佳，应优先考虑。

同理，对比图 13-9（a）和图 13-9（b），具有类似的规律，都是"前长后短"工况最大，"前短后长"工况次之，"前后同长"工况最小。

综上所述，从降低工程造价的角度考虑，双排防渗墙采用"前短后长"的布置形式，能有效降低渗流量和抑制出逸坡降。

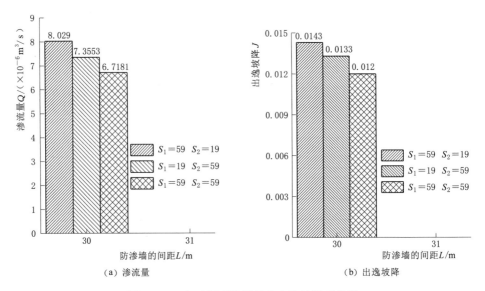

（a）渗流量　　　　　　　　　　　　　（b）出逸坡降

图 13 - 9　各工况下渗流量和出逸坡降对比图

13.4　讨论

13.4.1　弱透水层对渗流的影响

本章旨在探讨双排防渗墙的间距及布置形式对渗流的影响，并未着重考虑弱透水层的控渗特性，而弱透水层的渗透系数、厚度、埋藏深度、连续性对渗流场有较大的影响。因此，在后续研究中应结合防渗墙和弱透水层进行综合分析，探讨两者形成的联合防渗体系的控渗效果。

13.4.2　防渗墙布置形式分析

"前长后短"和"前短后长"两种布置形式在消减水头方面无显著差异，都是深度大的防渗墙消减的水头较大，与位置无关。但从降低工程成本的角度考虑，当前后两防渗墙的总深度一定时，"前短后长"在降低渗流量和抑制出逸坡降方面的效果更显著，应优先考虑。

13.4.3　防渗墙间距分析

由 2.11 节和 2.2 节分析得出，双排防渗墙采用"前长后短""前短后长""前后同长"的布置形式，总渗流量和出逸坡降皆随着防渗墙间距的增大而减小。但实际工程中，防渗墙往往设置在廊道内部，且部分坝型（如土石坝）并不能在坝体中设置廊道；因此，防渗墙的间距的设置应根据实际工程情况，在工程允许的条件下尽可能地增大间距。

13.4.4　坝体浸润线分析

渗流控制有两个目的，一方面是渗流量和渗透坡降；另一方面是坝体的浸润线。本试验重点分析防渗墙深度对坝基渗流的影响，对坝体浸润线的影响较小。坝体的浸润线主要受坝体控渗方案、坝体排水、坝体构造等因素的影响。在后续的研究中将做进一步分析。

13.5　结论

本章以多元结构深厚覆盖层坝基中的双排防渗墙为研究对象，通过砂槽试验，分析防渗墙的布置形式及间距对渗流的影响，得出以下几点结论。

（1）当双排防渗墙采用"前长后短""前短后长""前后同长"布置形式时，渗流量和出逸坡降都随着间距的增加而降低，其中"前短后长"方案对应的渗流量和出逸坡降降低趋势不显著。

（2）坝体渗流量变化趋势近似呈正态分布，先增大后降低；坝基渗流量的变化趋势与坝体渗流量刚好相反，先降低后增大。当双排防渗墙都嵌入弱透水层，形成封闭的隔水空间，水体不易通过坝基渗向下游，坝体成为渗流优先通道。

（3）当两防渗墙的深度一致时，靠近下游的防渗墙消减的水头更大；两防渗墙深度存在差异时，深度更大的防渗墙消减更多的水头，且与位置无关。

（4）当双排防渗墙的总深度一定时，采用"前短后长"的布置形式相比"前长后短"，更能有效降低渗流量和抑制出逸坡降。

第 14 章

土工膜—防渗墙—弱透水层联合
防渗的有效性分析

14.1　工程水文地质概况

多布水电站位于西藏自治区林芝县八一镇多布村尼洋河干流上，河流流域面积 7732km²，多年平均径流量 538m³/s。砂砾石坝坝顶高程 3079.00m，最大坝高 27.0m，坝顶长度 294.4m，坝轴线长度为 1301.08m，坝前和坝后水位分别为 3076.00m、3052.00m。该地区地震基本烈度为Ⅷ度，工程设计按 8 度设防（李常虎，2011）。水电站及周边区域岩层断裂分布，如图 14-1 所示。

图 14-1　研究区域地基断裂构造图

F1—雪卡-洞比断裂；F2—芦堆-边平巴断裂；F3—帮坝断裂；
F4—江达-麦村断裂；F5—夺松-比丁断裂；F6—白及弄巴断裂；
F7—加拉沙韧性剪切断裂；F8—尼洋河断裂

坝基为典型的强弱透水互层地基，整体呈左岸厚右岸薄特征，厚度为 20.55～359.3m，平均厚度为 300.5m。根据钻孔资料将河床覆盖层从上至下分为 14 层，各层岩体的沉积年代、岩性、分布范围和厚度见表 14－1。

表 14－1　　　　　　　　坝 基 岩 层 概 况

岩组	岩　　性	沉积年代	渗透与隔水性	厚度/m	厚度平均值/m
I	滑坡堆积块碎石土	Q_{del}^4	强透水	6～48.8	18.29
II	含漂石砂卵砾石层	$Q_{del}^4 - Sgr_2$	强透水	2.7～7.88	5.29
III	含块石砂卵砾石层	$Q_{del}^4 - Sgr_1$	强透水	4.47～11.39	8.91
IV	含砾砂层	$Q_3^{al} - V$	强透水	15～35	25
V	粉细砂层	$Q_3^{al} - IV_2$	强透水	1.14～13.9	7.57
VI	冲积含砾中细砂层	$Q_3^{al} - IV_1$	强透水	5.4～24.11	19.03
VII	冲积含块石砂卵砾石层	$Q_3^{al} - III$	强透水	6.35～15.13	11.06
VIII	冲积中细砂层	$Q_3^{al} - II$	弱透水	9.25～16.92	13.63
IX	冲积含块石砂卵砾石层	$Q_3^{al} - I$	强透水	6.23～9.63	8.04
X	冰水积含块石砂卵砾石层	$Q_2^{fgl} - V$	强透水	15.47～26.11	21.1
XI	冰水积含块石砾砂层	$Q_2^{fgl} - IV$	强透水	23～25.5	24.79
XII	冰水积含砾石中细砂层	$Q_2^{fgl} - III$	弱透水	23.39～38.93	35.8
XIII	冰水积含块石砂卵砾石层	$Q_2^{fgl} - II$	弱透水	24.88～27.76	26.38
XIV	冰水积含块石砾砂层	$Q_2^{fgl} - I$	弱透水	64.98	64.98

VIII岩组为黏粒含量较高的冲击中细砂层，厚度为 9.25～16.92m，黏粒含量为 2.48%，饱和容重为 20.1kN/m³，可视为相对弱透水层，其空间分布连续稳定，厚度较大，客观上构成了完整稳定的隔水层。XIV岩组下方为基岩，为完全不透水层。

14.2　坝基渗流数值模型

14.2.1　模型概况

典型剖面如图 14－2（a）所示，坝体和坝基分别采用土工膜和防渗墙防渗，在坝基埋深 29～31m 处存在一弱透水层，实际工程中防渗墙嵌入到弱透水层（深度为 33m），从而形成土工膜—防渗墙—弱透水层三位一体半封闭式联合防渗体系。为了更好地验证半封闭式联合防渗体系的渗流控制效果，在渗流控制方案上又假设了工况 2，防渗墙底端处于 V岩组和VII岩组分界面，深度为 12m，构成悬挂式联合防渗体系，如图 14－2（b）所示。如典型剖面所示，若做成全封闭式防渗墙，防渗墙深达 225 余米，其工程造价巨大，而采用半封闭式防渗墙仅需 33m；若还能进一步减小，需要对工况 2 进行分析验证。

14.2.2　计算参数

采用张力计法和垂直入渗剖面法（Choo L P et al.，2000；Stormont J C et al.，1999）

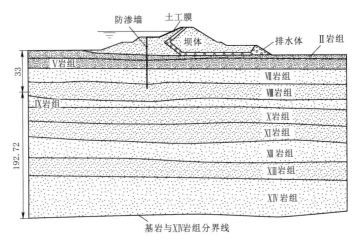

（a）实际方案（半封闭式防渗体系）

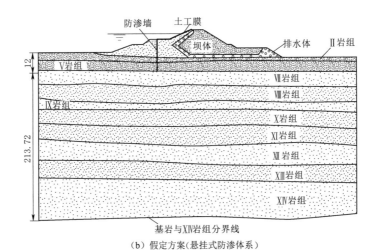

（b）假定方案（悬挂式防渗体系）

图 14-2　模型剖面图

测得土体的体积含水率和渗透系数与基质吸力的变化曲线如图 14-3 所示。

　　将坝体及坝基土体的杨氏模量、泊松比和密度列入表 14-2，防渗墙和土工膜的渗透系数分别为 7.83×10^{-9} m/s、5.35×10^{-9} m/s。

表 14-2　　　　　　　　　　　岩土体的基本物理指标

岩　　组	杨氏模量 $E/(N/m^2)$	泊松比 ν	密度 $\rho/(g/cm^3)$
坝体	1.28×10^8	0.3	2.01
防渗墙	2.85×10^{10}	0.29	2.4
排水体	1.5×10^7	0.21	2.3
土工膜	1.25×10^7	0.25	0.92
Ⅱ岩组	4.25×10^7	0.17	2.13
Ⅴ岩组	2.25×10^7	0.16	1.55

岩　　组	杨氏模量 $E/(N/m^2)$	泊松比 ν	密度 $\rho/(g/cm^3)$
Ⅶ岩组	5.25×10^7	0.17	2.13
Ⅷ岩组	2.25×10^7	0.14	1.6
Ⅸ岩组	5.75×10^7	0.17	2.13
Ⅹ岩组	5.75×10^7	0.17	2.13
Ⅺ岩组	6.25×10^7	0.17	2.13
Ⅻ岩组	2.75×10^7	0.15	1.76
ⅩⅢ岩组	6.75×10^7	0.17	2.15
ⅩⅣ岩组	4.25×10^7	0.17	2.17

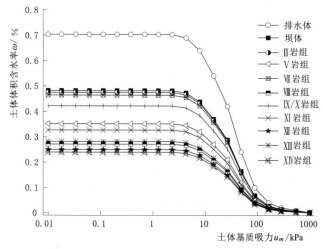

（a）土体体积含水率随基质吸力的变化

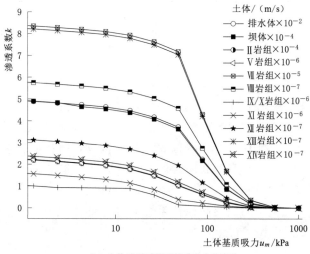

（b）土体渗透系数随基质吸力的变化

图 14-3　土体体积含水率和渗透系数随基质吸力的变化

将土体上述曲线和基本物理指标输入到有限元软件 ADINA 中，进行非饱和土渗流场与应力场耦合计算，获得关键渗流场和应力场参数，分析大坝目前采取的半封闭式联合防渗体系的有效性。

14.3　渗流场分析

如图 14-4 所示，当采用半封闭式防渗体系控渗时渗流等势线分布情况，渗流等势线主要集中在土工膜—防渗墙—弱透水层三维防渗体系内部，显然联合防渗体系对渗流场有显著的影响。但防渗墙底端所处岩土体存在差异，防渗墙形式会发生改变，渗流场差异较大。为此，根据数值模拟结果，针对两种防渗体系下的渗流场进行分析。

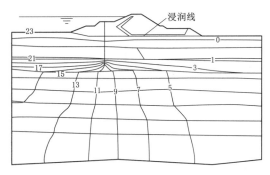

图 14-4　渗流等势线分布图

已有研究表明，坝踵处沉降较大，防渗墙底端和坝基出逸点渗透坡降较大，因此分析渗流场时将重点分析上述三个部位。

14.3.1　渗流速度及坡降分析

计算得出采用半封闭式和悬挂式防渗体系时坝踵、防渗墙底端和出逸点处的渗流速度和坡降，列入表 14-3。

表 14-3　　　　　　　　　　　　渗流速度及渗透坡降

防渗墙形式	渗流速度 v/(m/s)			渗透坡降 J		
	坝踵	防渗墙底端	出逸点	坝踵	防渗墙底端	出逸点
半封闭式	3.38×10^{-7}	3.43×10^{-7}	1×10^{-6}	1.18×10^{-3}	2.06	9.34×10^{-4}
悬挂式	1.92×10^{-6}	1.98×10^{-6}	3.24×10^{-6}	6.67×10^{-3}	0.25	3.04×10^{-3}

由表 14-3 可得，采用半封闭式防渗体系时对应的渗流速度小于工况 2。当防渗墙形式由悬挂式（深度为 12m）转换为半封闭式（深度为 33m）时，坝踵处渗流速度由 1.92×10^{-6} 减小至 3.38×10^{-7} m/s，降低 82.4%；同理，防渗墙底端和出逸点渗流速度分别降低 82.7%、69.1%。由悬挂式防渗墙转为半封闭式防渗墙时，坝踵处的渗透坡降由 6.67×10^{-3} 减小至 1.18×10^{-3}，降低 82.3%；出逸坡降由 3.04×10^{-3} 减小至 9.34×10^{-4}，降低 69.3%，可见半封闭式防渗体系能有效降低渗流速度、抑制渗透坡降；但防渗墙底端渗透坡降反而增大，高达 2.06。

14.3.2　渗流量分析

经计算半封闭式和悬挂式防渗体系对应的单宽渗流量分别为 8.54×10^{-5} m³/s 和

$4.57 \times 10^{-3} \mathrm{m}^3/\mathrm{s}$，前者小于后者两个数量级，前者能显著降低渗流量。大坝允许渗流量可参考《土的渗透破坏和控制研究》中的表达式为：$Q < (0.005 \sim 0.01)Q_{平}$（式中 Q 为大坝渗流量；$Q_{平}$ 为河道多年平均来水量；系数 0.005 和 0.01 分别适用于缺水地区和一般地区）。

尼洋河位于西南地区，$0.01Q_{平} = 5.38 \mathrm{m}^3/\mathrm{s}$；采用半封闭式和悬挂式防渗体系时渗流量约等于单宽渗流量 q 与坝轴线长的乘积，分别为 $0.11 \mathrm{m}^3/\mathrm{s}$、$5.95 \mathrm{m}^3/\mathrm{s}$，可见半封闭式防渗体系能满足渗流量控制要求，悬挂式不满足要求。

综上所述，当采用半封闭式防渗体系时，渗流速度、坝踵和出逸点渗透坡降、渗流量都满足渗流量要求。可见，半封闭式联合防渗体系在渗流控制方面是可行的。

14.4　应力场分析

14.4.1　位移分析

14.4.1.1　水平位移分析

当坝基采用半封闭式防渗体系、悬挂式防渗体系时，水平位移等值线如图 14-5 所示。

由图 14-5 可得，采用半封闭防渗体系时，最大位移出现在 Ⅱ 岩组和 Ⅴ 岩组的分界处，值为 0.0641m，最小位移位于 Ⅶ 岩组和 Ⅷ 岩组的分界线上，值为 -0.0068m。采用悬挂式防渗体系进行控渗时，最大位移（A_2）和最小位移（B_2）分别出现在 Ⅱ、Ⅴ 岩组分界处和 Ⅷ 岩组，分别为 0.05m 和 -0.007m。

两图相同之处在于：等值线分布规律类似于以点 A_1（A_2）为中心的环状平面图形，中心处位移最大，向四周扩散过程中位移逐渐减小，向上游和坝体扩散时减小趋势显著，向坝基和下游扩散时趋势相对较弱。但也存在区别，当防渗形式由悬挂式转换为半封闭式时，最大水平位移点向上游偏移，最小位移点向建基面偏移。两种防渗体系的水平位移均较小（$-0.0068 \sim 0.0641\mathrm{m}$、$-0.007 \sim 0.05\mathrm{m}$），不会对大坝安全稳定构成威胁。

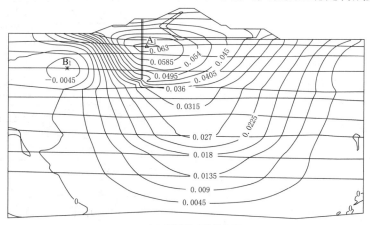

（a）半封闭式防渗体系

图 14-5（一）　水平位移等值线图

注：图中 ＊（点 A）代表最小值，△（点 B）代表最大值；"＋"代表向右，"－"代表向左。

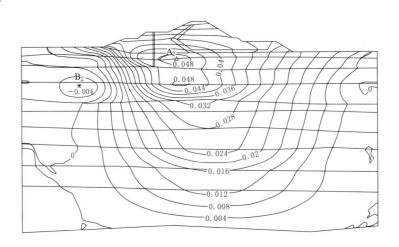

（b）悬挂式防渗体系

图 14-5（二） 水平位移等值线图

注：图中 * （点 A）代表最小值，△（点 B）代表最大值；"＋"代表向右，"－"代表向左。

14.4.1.2 沉降分析

岩土体随着流固耦合作用逐渐沉降，其变形规律关系着水电站的安全稳定，需进行深入分析。采用半封闭式防渗体系时，坝体及坝基的沉降随时间变化如图 14-6 所示，工况 2 对应的沉降规律与图 14-6 类似。

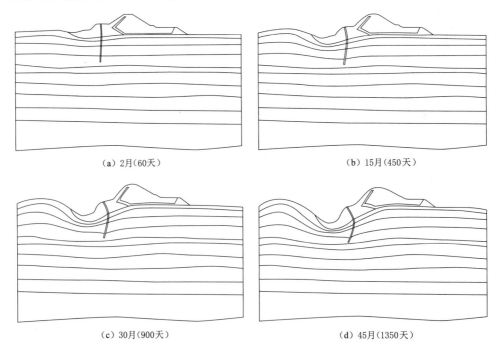

（a）2月（60天）　　　　　　　　　　（b）15月（450天）

（c）30月（900天）　　　　　　　　　（d）45月（1350天）

图 14-6 坝体及坝基变形图

注：为了显著表示上述大坝沉降规律，图中变形比实际放大 100 倍（软件自带功能）。

由图 14-6 可得，随着时间推移坝体及坝基的沉降逐渐增大。以坝轴线为分界线，上游坝体和坝基发生沉降，坝踵处沉降最大，下游坝体及坝基隆起，上部岩体（Ⅱ、Ⅴ和Ⅶ～Ⅸ岩组）沉降显著，下部岩体（Ⅹ～ⅩⅣ岩组）沉降相对较小。各岩组 45 个月后沉降等值线如图 14-7 所示。

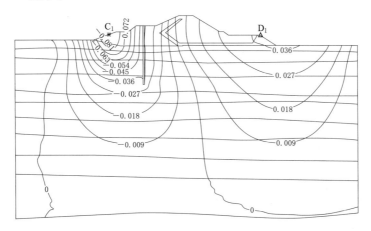

（a）半封闭式防渗体系

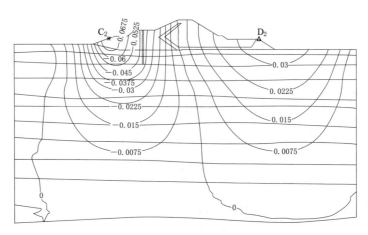

（b）悬挂式防渗体系

图 14-7　垂直位移等值线图

注：图中 * （点 C）代表最大沉降值，△（点 D）代最大隆起值；图（a）和图（b）中最大沉降值、最大隆起值
分别为 -0.0886m、0.0396m 和 -0.0722m、0.0353m；"-"代表沉降。

对比图 14-7（a）和图 14-7（b）可知，当采用半封闭式和悬挂式防渗体系时，沉降等值线分布规律具有相同的特点，以坝轴线为分界线，上游坝体和坝基发生沉降，下游出现隆起；沉降等值线和隆起等值线都近似呈左右对称分布规律；图中皆有 2 条沉降和隆起分界线。最大沉降点都位于靠近坝踵的上游坝坡，最大隆起点位于排水体顶部。但也存在些许区别，采用半封闭式防渗体系时，沉降量和隆起量都高于图 14-7（b），最大沉降量和隆起量相比工况 2 分别增大 22.88% 和 12.18%。

需要进一步说明的是：当坝基采用半封闭式、悬挂式防渗体系时，坝体的最大沉降量为−0.0886m、−0.0721m，土石坝坝高为27m，最大沉降量与坝高的比值为0.33％和0.27％；SL 274—2020《碾压式土石坝设计规范》对沉降量和坝高比值控制在1％以内，可见采用两种防渗体系皆满足沉降要求。

14.4.2　应力应变分析

已有研究表明，坝基中防渗墙受到的应力较大，以下将进行详细分析。两防渗体下防渗墙的应力等值线分布如图14-8所示。

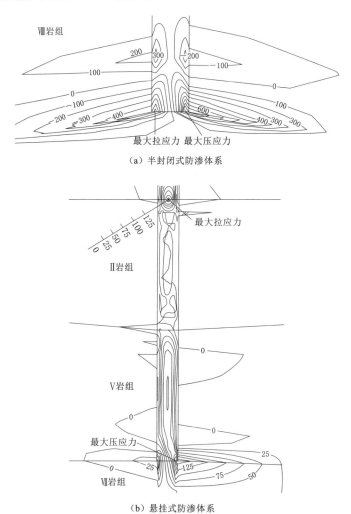

（a）半封闭式防渗体系

（b）悬挂式防渗体系

图14-8　防渗墙应力等值线图

注：图中＊代表最大拉应力点，△代表最大压应力点；图中应力单位为kPa；"−"代表向拉应力。

由图14-8可得，当采用半封闭式防渗体系时，最大拉应力和最大压应力分别为−653.5kPa、968.95kPa，都位于防渗墙底端。其以最大拉应力和最大压应力为中心向四周扩散，拉应力和压应力分别由最大值降低0kPa。当采用悬挂式防渗体系时，应力等值线分布与前者存在明显的差异；最大拉应力出现在建基面，为−148.85kPa，以最大拉应力为中心向四周扩散，压应力由 $-148.85\mathrm{kPa}$ 降低至 $0\mathrm{kPa}$。最大压应力出现在 Ⅴ 岩组和 Ⅻ 岩组的分界面，且位于防渗墙底端，为 $235\mathrm{kPa}$，向四周扩散呈现逐渐降低的趋势。由悬挂式转换为半封闭式防渗体系时，最大拉应力和压应力分别增大 339.03% 和 312.32%。

综上所述，采用半封闭式防渗体系时，渗流场、水平位移、沉降和应力都满足相关要求。

14.5 渗流依托层（Ⅷ岩组）特性分析

如上所述，通过计算多布水电站现有方案在渗流场和应力场耦合作用下能满足渗流控制要求，但Ⅷ岩组作为渗流依托层，其特性仍需重点剖析。如2.2节所述，Ⅷ岩组具有分布连续、厚度较大、渗透性小等特点，具备了作为渗流依托层的基本条件。但还需要对其液化性及承载能力进行研究。

14.5.1 液化分析

弱透水层为晚更新世（Q_3）冲积中细砂层，虽能形成完整稳定的隔水层，但也是地基中的软弱夹层，需进行液化分析。形成年代、土体性质、土体埋藏条件和地震动荷载等会影响砂土液化。基于 GB 50287—2016 水力发电工程地质勘测规范的规定对弱透水层进行液化判定。

①基于年代法进行初判，由于弱透水层为晚更新世冲积中细砂层，不存在液化的可能性；②粒径法规定当地震设防烈度为 8 度时，黏粒含量大于 18%，判定为不液化；弱透水层黏粒含量仅为 2.48% 小于 18%，可见弱透水层可能液化；③基于地下水位法进行判定，弱透水层处于地下水位以下，处于饱和状态，判断为可能液化。3 种初判的结论不一致，需进行复判，本章采用 seed 剪应力对比法。

seed 剪应力对比法是将现场抗液化剪应力 τ_1 和地震引起等效剪应力 τ_2 进行对比，当 $\tau_1 > \tau_2$ 时，判定为不液化；$\tau_1 < \tau_2$ 判定为液化。弱透水层干密度为 $1.6\mathrm{g/cm^3}$，饱和容重为 $20.1\mathrm{kN/m^3}$。通过三轴动强度试验得到三轴液化应力比为 0.269，修正系数取 0.6，应力折减系数取 0.43，地震烈度 $0.206g$，最终得出现场抗液化剪应力 $\tau_1 = 67.32$ 和地震引起等效剪应力 $\tau_2 = 39.41$。由此判定弱透水层不会发生液化。

14.5.2 承载能力分析

弱透水层既是隔水层又是软弱夹层，工程性质相对较差，坝体及上部坝基会对其施加荷载，因此探讨该层的承载力显得极为重要。流固耦合计算得出弱透水层的应力见表14-4。

表 14-4 弱透水层应力极大值

σ_{yy}/MPa	σ_{zz}/MPa	σ_{yz}/MPa	σ_1/MPa	σ_3/MPa
0.93	1.6	0.97	1.2	1.75

本章采用普朗德尔-瑞斯纳极限平衡理论（陈仲颐等，1994）计算地基极限承载力，其表达式为

$$\begin{cases} P_u = qN_q + cN_c \\ N_q = \tan^2\left(45° + \dfrac{\varphi}{2}\right)e^{\pi\tan\varphi} \\ N_c = (N_q - 1)\operatorname{ctan}\varphi \end{cases} \tag{14-1}$$

式中　　q——均布荷载（$q = \gamma D$，γ 为土的容重，D 为土的埋深）；

　　　　c——土体凝聚力；

N_q 和 N_c——承载力系数，都是土体的内摩擦角函数；

　　　　φ——土体的内摩擦角。

弱透水层的容重为 20.1kN/m^3，埋深取平均值 30m，凝聚力为 22kPa，内摩擦角为 20°；将参数代入式（14-2），计算得出极限承载力为 4.81MPa，大于应力极大值 0.93～1.75MPa，可见弱透水层满足承载力要求。

14.6　讨论

14.6.1　三种防渗体系分析

悬挂式防渗体在控制渗流量上不能满足要求。全封闭式防渗体控渗效果虽好，但存在施工难度大、工期长和造价高的弊端。半封闭式防渗体在渗流场和应力场方面都满足要求，弱透水层满足承载力要求，且不会发生液化，减小防渗墙深度近 193m。综合三种防渗体对比分析可得，多布水电站采用的半封闭式防渗体系为最佳方案。

14.6.2　防渗墙底端渗透坡降

采用半封闭式防渗体系时防渗墙底端渗透坡降高达 2.06。其原因在于，采用半封闭式联合防渗体系时，渗水通道极小，渗流速度大，较大的局部水头损失会叠加到防渗墙局部的水头差上，从而产生极大的渗透坡降。但Ⅷ岩组埋藏深度较大，不可能形成集中的渗流通道，不会发生渗透破坏。从应力应变角度分析，也不会对上部岩土体造成影响，可不做考虑。

14.6.3　防渗墙拉压应力分析

采用半封闭式和悬挂式防渗体系时，防渗墙最大拉应力分别为 −653.5kPa、−148.85kPa，最大压应力分别为 968.95kPa、235kPa，前者明显高于后者。其原因在于，当采用土工膜—防渗墙—弱透水层三位一体联合防渗体时，形成相对封闭的隔水空间，渗流水体不易渗向下游，压力不易消散，产生较大的孔隙水压力，导致防渗墙承受较大的拉压应力。因此，实际方案中应充分考虑防渗墙的强度指标，增大其强度或厚度。

14.7　结论

本章基于非饱和土渗流理论、比奥固结理论及流固耦合理论，分析西藏多布水电站半封闭式防渗体系的可行性，得出以下几点结论。

（1）土工膜—防渗墙—弱透水层三位一体联合防渗体能有效降低渗流量及渗透速度，抑制渗透坡降，渗流场各参量满足渗流要求。

（2）由悬挂式联合防渗体系转变为半封闭式联合防渗体系时，大坝及防渗墙的水平位移、沉降和应力会有一定的增大，应注意增大防渗墙的强度。

（3）半封闭式防渗体系的核心是弱透水层，其承载力和液化性是极为关键的，经分析承载力满足要求，且不会发生液化，可见该弱透水层能作为控渗依托层。

（4）对比分析三种防渗体系，多布水电站现采取的控渗方案是最佳方案，可减小防渗墙深度近 193m，能为类似工程的控渗设计提供重要的参考。

第15章

固结灌浆在强弱相间覆盖层坝基处理中的有效性分析

在我国有许多水利工程建在河谷的深厚覆盖层上，如我国西南地区双江口、金川以及沙坪水电站等。此区域地质构造具有显明强弱相间的层状结构，常造成坝基的渗透破坏和不均匀沉降等问题。在渗流控制方面有垂直防渗墙或帷幕灌浆等措施，但其不能有效提高坝基的承载力，在上部荷载作用下的坝基不均匀沉降反而会造成防渗体的破坏和失效。在当前深厚覆盖层坝基越来越多的情况下，亟待需要深入研究深厚覆盖层坝基的承载力和整体性的效果。

15.1 工程概况及有限元建模

15.1.1 工程概况

丹巴水电站位于四川省甘孜藏族自治州丹巴县境内，是大渡河干流水电规划"三库22级"的第8级电站，大坝全长351m，最大坝高为43m。其整体建在深厚覆盖层上，覆盖层最大厚度128m。水库正常蓄水位1997m，最大水头差30m。拦河建筑从右岸到左岸依次为右岸混凝土坝、泄洪闸、冲砂闸、左岸岸混凝土坝和土石坝组成，其模型如图15-1所示。

根据钻孔资料可将其坝基自上至下分为6层，在河道中部第4道闸墩处的覆盖层最深，为128m，此处横剖面图如图15-2所示。

由图可知，该坝基覆盖层具有鲜明的层状强弱交替结构。①层分布于河床表部，为砂卵砾石层，厚度约7m；②层为块（漂）碎（卵）砾石夹砂土层，厚度40～50m；③层为粉砂、粉土层，厚度约3m；④层为块（漂）碎（卵）砾石层，厚度30～35m；⑤层砂土层，厚度约5～7m；⑥层块（漂）碎（卵）石层，厚度20～25m。

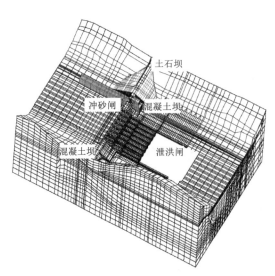

图15-1 丹巴水电站模型图

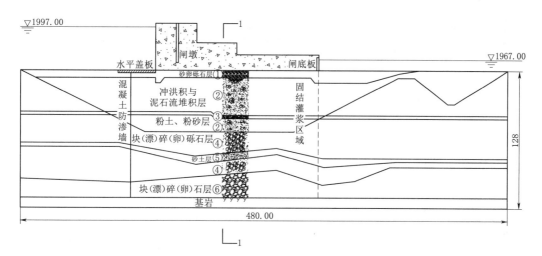

图 15-2 闸墩处覆盖层典型横断面图

对丹巴闸坝工程而言，深厚覆盖层总体为砂砾石组成，河床覆盖层第③层粉土质砂层埋深较浅，在地表以下，其上部第①层为混合土卵石层，工程特性较好，清除表面松散层并进行一定的工程处理后，可作为闸坝建基面，但第③层及以下层渗透系数较大，压缩性大，在上部荷载下会使坝与坝基产生较大的不均匀沉降，降低水利工程的整体稳定性，须采取相应工程处理措施。针对深厚覆盖层的工程特性和加固处理难度，以往适用的方法主要有固结灌浆、高压喷射注浆和振冲碎石桩，故灌浆方案为以下 3 种：

（1）固结灌浆：清除表层松散体，对①层下部覆盖层进行固结灌浆处理，灌浆孔间排距 2m。

（2）高压旋喷灌浆：对①层下部覆盖层进行深层高压旋喷处理，注浆桩径 1m，孔间距 2m。

（3）振冲碎石桩：对①层下部覆盖层进行振冲碎石桩处理桩径 1m，孔间距 1.5m。

灌浆范围为闸坝正下方覆盖层区域，即防渗墙至坝趾区间，但无论采用何种灌浆方式，其对覆盖层和上部结构的影响效果如何，需要探讨。因此，本章选用固结灌浆方式，分析了不同灌浆深度对闸坝坝基耦合的影响。

15.1.2 深厚覆盖层参数与工况设置

为了探寻不同灌浆深度条件下，强弱相间深厚覆盖层坝基耦合结果的区别；并且得到此类覆盖层的物理变化特征。文中根据覆盖层特点共设置如下 4 种工况：

工况 1：不固结灌浆。

工况 2：灌浆到上部弱透水层（③层）上方，深度 42.5m。

工况 3：灌浆深度达下部弱透水层（⑤层），深度为 68m。

工况 4：覆盖层完全固结灌浆。

根据工程地质勘探资料和灌浆情况，覆盖层在固结灌浆前后的物理力学参数见表 15-1。

表 15-1 覆盖层灌浆前后物理力学属性

覆盖层	密度/(t/m³)	弹性模量/MPa	渗透系数/(10⁻³cm/s)	泊松比	α_B	孔隙率
①天然	2.43	60	50.0	0.26	0.70	0.32
①固结	3.43	90	0.50	0.23	0.75	0.28
②天然	2.35	42	25.0	0.27	0.80	0.37
②固结	3.35	63	2.50	0.23	0.80	0.23
③天然	1.85	15	0.50	0.28	0.75	0.33
③固结	1.94	23	0.05	0.23	0.75	0.28
④天然	1.93	20	60.0	0.28	0.60	0.33
④固结	2.06	25	6.00	0.32	0.70	0.28
⑤天然	1.95	15	1.00	0.25	0.75	0.27
⑤固结	2.06	23	0.10	0.23	0.75	0.26
⑥天然	2.15	65	10.0	0.26	0.80	0.28
⑥固结	2.35	83	1.00	0.23	0.80	0.24
混凝土结构	2.41	32×10⁴	0.01	0.167	0.90	0.04
基岩	3.00	28×10⁴	1.00	0.20	0.87	0.23

注 高渗介质 Biot 系数为 0.90～1.00，中渗介质为 0.80～0.90，低渗介质为 0.60～0.75。

15.1.3 二维 COMSOLMultiphysics 建模及边界设置

借助 COMSOLMultiphysics 软件对各工况进行建模计算，通过其自动划分网格，共得到 12226 个域元，1545 个边界元，求解自由度为 55860，如图 15-3 所示。

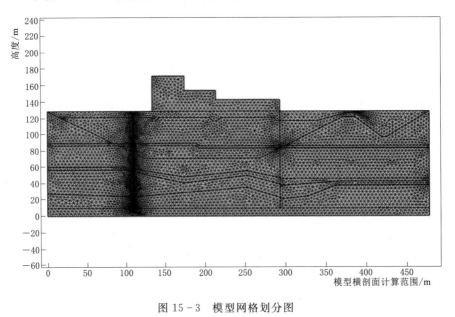

图 15-3 模型网格划分图

如图 15-3 所示，考虑模型边界条件有渗流边界条件、应力边界条件和位移边界条件三种。

渗流边界条件：在正常蓄水情况下，渗流边界条件又包括水头边界、流量边界和混合边界：

（1）水头边界为坝体上游面和下游面水位线以下部分；

（2）流量边界为坝底与坝基接触面设为透水边界，模型底部为不透水边界；

（3）混合边界为溢出边界和渗流自由面。

应力边界条件：重力坝自重荷载和上下游水体自重对坝基产生的均布荷载。

位移边界条件：坝基底面和两侧设为固定约束，其余为自由变形边界。

15.2 计算结果与分析

15.2.1 固结灌浆深度对坝基水头分布的影响

各工况下坝基和坝体水头随着固结灌浆深度的变化如图 15-4 所示。

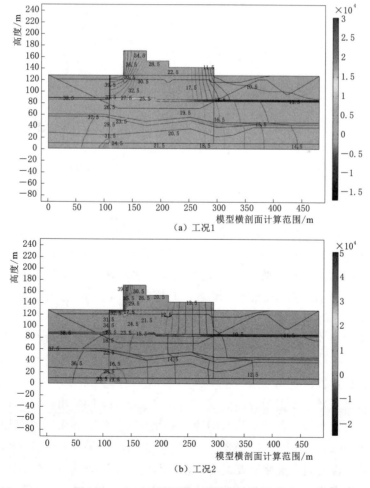

（a）工况1

（b）工况2

图 15-4（一） 流固耦合下各工况水头分布

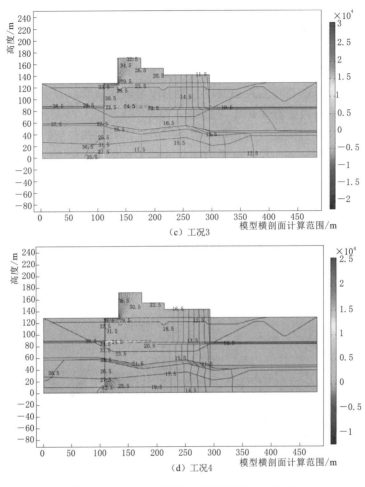

（c）工况3

（d）工况4

图 15-4（二） 流固耦合下各工况水头分布

由图 15-4 可知，随着固结灌浆深度的增大，各工况下坝基水头分布明显不同。总体而言，随着坝基刚度的增大，平均渗透系数逐渐减小，下游的坝基出逸坡降越来越小。工况 1 未灌浆时，坝基水力梯度变化主要集中在弱透水层，尤其是上部弱透水层（③层），平均水力坡降为 3.2；随着灌浆深度的增加（工况 2 和工况 3），上部灌浆部分协助防渗墙消杀更大的残余水头，此时③层的平均水力坡降为 2.1 和 1.8。此外，下部的未灌浆部分坝基承受的水力坡降均较小；工况 4，当坝基整体固结灌浆后，防渗墙后坝基的水力坡降趋于均匀化，③层平均水力坡降减小到 0.9，说明灌浆除了提高承载力以外，也较大地增加了坝基的整体抗渗性。

各工况在渗透系数较小的粉土粉砂层（第③和⑤层，下同）出现较大的水力坡降，说明坝基中弱透水层具有较大的消杀水头的能力；此外还发现，各工况的坝基单位土体中所受水流阻力呈递减趋势，分别为 $0.3 \times 10^4 \, \text{N/m}^3$、$0.1 \times 10^4 \, \text{N/m}^3$、$0.03 \times 10^4 \, \text{N/m}^3$ 和 $0.01 \times 10^4 \, \text{N/m}^3$，说明固结灌浆不仅提高了整体刚度，还增强了坝基抗渗性。此外，还需要注意的是各工况下水平盖板和坝踵连接处均出现较大的水力坡降，其随之固结灌浆的增加而增大，应提防渗透破坏的发生。应力集中均出现在两弱透水层之间与防渗墙接触区域；在防渗墙底部还出现最大的拉应力。各工况峰值应力与对应的埋深位置见表15-2。

表15-2　　　　　　　　　　　坝基峰值应力分布

工况	极大值/MPa	出现埋深/m	极小值/MPa	出现埋深/m
工况1	73.3	30	−93.0	118
工况2	95.8	118	−94.6	118
工况3	127.1	50	−224.0	118
工况4	128.3	52	−237.0	118

由表可知，工况2的应力极大值较工况1增加约30.7%；工况3较工况1增加约73%，较工况2增加32.6%，工况4较工况3应力虽有所增加，但整体分布基本一致。除此之外，应力极大值出现位置由②层上方下移至④层。应力极小值均出现在防渗墙底部，其中工况1和工况2基本相当，工况4较工况3增幅也不大，但工况3、工况4较工况1、工况2拉应力极值增加近1.5倍。

由此可见，③层（粉土、粉砂层）和⑤层（砂土层）虽然渗透性小，但是却属于软弱夹层，强度低，是坝基固结灌浆的重点关注区域，也影响着坝基内部整体应力的改变；随着固结灌浆深度的增大，坝基内部应力整体呈递增趋势，但增幅在逐渐减小；浅层的强透水层固结灌浆对坝基强度的影响不大；上部弱透水层固结灌浆完成后，坝基的强度会大幅度增加；当将弱透水层全部固结灌浆后，灌浆深度达到总坝基深度50%以上时，再增加固结灌浆的深度，坝基整体应力增加幅度较小，不能明显提高坝基强度。

15.2.2　固结灌浆深度对坝体与坝基位移分布的影响

模型耦合结果中丹巴水电站闸坝坝段承受的外部荷载主要有水荷载、淤沙荷载、坝体自重、渗透压力、温度荷载和地震荷载等。由于本章为二维力学静力模型，而渗透荷载目前只能采用等效模拟。因此，本章模拟主要考虑的荷载组合为自重＋水，原型岩体（土）和坝体自重由模型材料容重相似来实现，详见第2小节模型边界设置。上游水平荷载（包括坝体及坝基防渗墙）按照上游水荷载分布形式，计算断面受力示意图如图15-5所示。

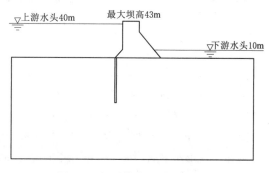

图15-5　计算断面受力示意图

15.2.2.1　竖向位移变化

为反映灌浆深度对坝基位移的影响，将模型各坐标点对应的位移值绘制成曲面图，坝基和坝体竖向位移如图15-6所示。

由图15-6可知，各工况竖向位移值为负，均呈沉降状态。其中，在大坝下游的砂砾石层交界处（②④层）附近出现最大沉降，各工况沉降情况见表15-3。

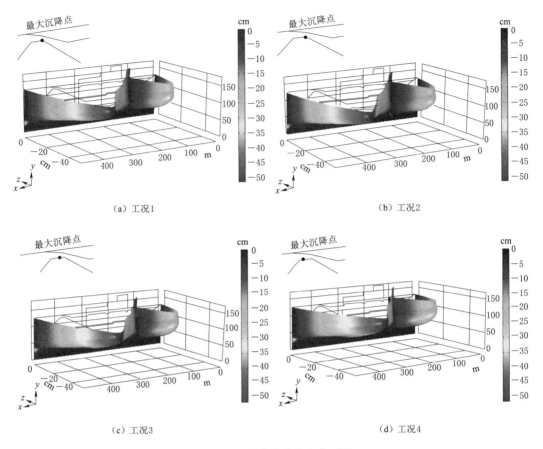

（a）工况1　　　　　　　　　　　　　　（b）工况2

（c）工况3　　　　　　　　　　　　　　（d）工况4

图 15-6　竖向位移分布曲面图

表 15-3　　　　　　　　　　　各工况下耦合模型竖向位移

工况	最大沉降出现点/m	最大沉降量/cm	工况	最大沉降出现点/m	最大沉降量/cm
工况 1	(363.7, 124.9)	51.71	工况 3	(367.4, 124.3)	51.60
工况 2	(364.0, 125.5)	51.70	工况 4	(371.7, 120.9)	51.34

由表可见，工况 2 的沉降值较工况 1 几乎不变；工况 3 较工况 1 减少 0.21%；工况 4 较工况 1 减少 0.72%，较工况 3 减少 0.5%。由此可见，坝基的最大沉降随着固结深度的增加而减少，减少幅度随着灌浆深度的增加而增大。除此之外最大沉降点逐渐远离坝趾，工况 1 和工况 2 变化不大，工况 3 较工况 1 向左下方移动了 3m，工况 4 较工况 1 移动了 9m。

其中，④层（砾石层）弹性模量较小，容易变形，是坝体竖向位移的主要产生区域。再联系图 15-1，大坝下游④层厚度较大且未受到灌浆处理，在耦合作用下的竖向位移远大于灌浆区域，对坝体产生了拉力，随着固结灌浆深度的增加，灌浆区域的刚度增加，使得下游坝基带来的拉力效果减弱，最大沉降点随之远离大坝。同时，灌浆深度未超过上部弱透水层时，沉降量及最大位移点基本不变；在比较工况 3 与工况 4，当将坝基全部固结灌浆后，坝基整体位移情况减幅明显，表明对于坝基沉降，选择完全固结灌浆效果最好。

15.2.2.2 水平位移变化

由图 15-7 可知，坝体和坝基水平位移方向基本相反。坝体及坝基表层（①层）附近的水平位移方与水流方向一致，位移值越靠近坝顶位越大，最大位移值均出现在坝顶后侧。工况 1 时最大水平位移为 10.98cm，工况 2 至工况 4 分别为 11.93、12.45cm 和 12.58cm，分别增加了 8.65%、13.39% 和 14.57%。可见坝体位移主要受到两透水层间的覆盖层的影响，当超过下部弱透水层时灌浆深度对坝体位移的影响不大。再联系前章节可知灌浆会使覆盖层下部区域更加稳定，同时使渗流路径集中在覆盖层上部，此时坝体及坝基表层在上游水体与渗流水的共同推力作用下更容易产生水平位移。

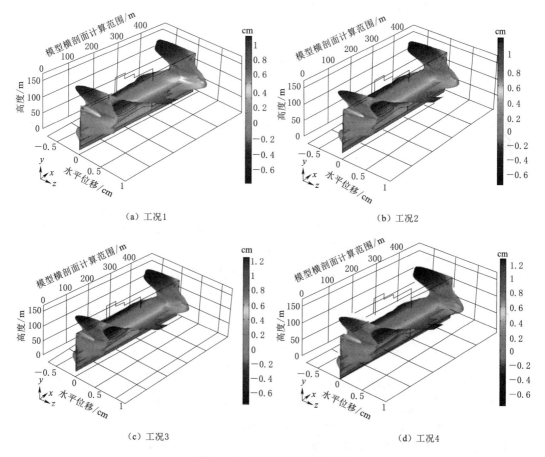

（a）工况1   （b）工况2

（c）工况3   （d）工况4

图 15-7　水平位移分布曲面图

对于坝基下部而言，各层水平位移方向与坝体有所不同，其位移随埋深的增加先大后小，最大位移值的出现情况各见表 15-4。

表 15-4　　　　　坝 基 水 平 位 移

工况	最大水平位移出现点/m	最大位移值/cm	工况	最大水平位移出现点/m	最大位移值/cm
工况 1	（394，128）	4.2	工况 3	（268，70.5）	4.1
工况 2	（268，70.5）	4.6	工况 4	（395，128）	4.0

由上表可得，坝基水平位移最大值仅出现在两处：工况 1 和工况 4 最大位移出现点在坝后①层内，灌浆后较未灌浆时位移减少 4.76%；工况 2 和工况 3 的最大位移值出现在②③层交界处，比较四种工况，发现灌浆深度仅为坝基表层（③层以上）时比天然坝基的位移反而增大了 9.52%，灌浆深度在达 50% 时，位移减少了 2.38%，再比较工况 3 和工况 4，灌浆加深 21m 时位移值仅减小了 2%。可见，灌浆深度达覆盖层中部区域对坝基水平位移的影响最大，再增加固结灌浆的深度，坝基水平位移减少幅度较小，水平稳定性无明显变化。

从上述两方向的位移可知，固结灌浆对坝基的位移稳定有利，灌浆深度超过上部弱透水层越多，坝基位移越少；但超过太多，对坝体的水平位移不利，且超过下部弱透水层后，固结灌浆对水平和竖直位移变化甚小。

15.3 讨论

15.3.1 固结灌浆深度对防渗墙压力的影响

防渗墙附近坝基的位移差别较大，会对防渗墙产生较大的压力，为了探寻在上述情况下，防渗墙的受压情况，作防渗墙受力分布图如图 15-8 所示。

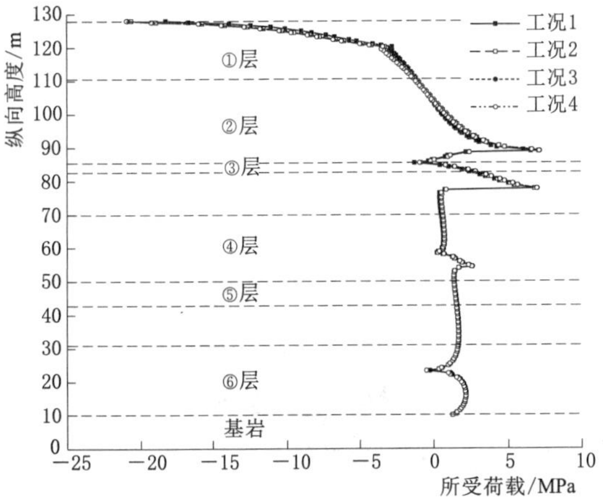

由图可知，防渗墙受力情况与前章节图 15-3、图 15-4 有较好的对应，其受力变化较大区域有两处，第一处为③层附近，此处受力曲线呈 M 形变化，在此区域防渗墙有成拱趋势，左侧可能存在开裂风险。第二处在①层内，在 120m 附近受力曲线开始急剧变化，其受到大坝和表层挤压土体而产生的较大压力，使得此段容易发生变形。

对于不同工况而言，④层中部以下区域的防渗墙压力受到灌浆深度的影响甚小，其中压力从小到大为工况 4 至工况 1，但区别不大。随后在②层内 88.3m 处各工况出现明显变化，其中工况 4 的变化最大：受力曲线先陡增 5.3MPa 后下降 7.1MPa，然后在③层上部开始又增加 7.6MPa。在坝基顶部的①层内，工况 1 受力曲线变化最大：压力从 -3.5MPa 降低至 -18.3MPa，工况 4 变化最小从 -4.3MPa 降低至 -20.9MPa，工况 2 和工况 3 顶部应力分别为 20.6MPa 和 20.9MPa。

图 15-8 防渗墙受力情况

综上可知，防渗墙的受力情况主要还是由于覆盖层各层自身的物理性质决定，仅在①②层中防渗墙受灌浆深度的影响比较明显。

15.3.2 固结灌浆下剖面应力位移分析

前文结果分析得出了在耦合下整个模型的各物理参数变化，由于覆盖层分层情况鲜明，各层之间在耦合作用下应力和位移变化也有较大差别，为了探寻灌浆深度对坝基的影响，选取代表性坝基覆盖层（如图 15-2 所示剖面 1—1）作为重点分析对象。1—1 剖面处具体情况是①层厚约 7.5m；②层上部约 35m，下部约 12.5m；③层厚约 3m；④层上部约 20m，下部约 12m；⑤层厚约 7m；⑥层厚约 21m；基岩厚 10m。

以下将从应力和位移分别分析其物理力学属性随灌浆深度的变化。

15.3.2.1 各工况下应力变化

由图 15-9 可知，基岩部分应力为拉应力，应力曲线随纵向高度的增加缓慢增长，在与⑥层交界面处应力有所减少，之后直至④层顶部应力与高度均呈正相关趋势。在②层内部，应力曲线在③层内有明显的增长，应力状态也开始改变，之后各工况的应力随高度缓慢增长至覆盖层顶部。此后在坝体坝基接触面附近（128~138m）有极大的应力变化，此后应力缓缓降低，最终在坝体顶部应力降至 0 附近。

其中工况 4 在基岩区域变化最大，从 -4.2MPa 增加至 -3.6MPa，其余工况各自增加约 0.6MPa。在④层上下两区域应力有较大区别：在⑤层以下，仅工况 4 的应力曲线在其余工况右侧；在③层内，各工况应力均增加了 -3MPa 左右；在⑤层以上，工况 3 的应力曲线更靠近工况 4。此后，在到达②层内应力状态开始改变，工况 3 和工况 4 在 103~105m 内应力由负转正，而工况 2 在 105~106m 内，工况 1 则是在 109~110m 内才转变应力状态。在坝基顶部①层内各工况应力变化未超过 1MPa，在覆盖层表面工况 1 的应力为

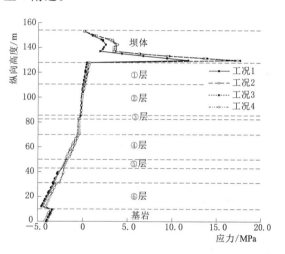

图 15-9 剖面应力变化图

0.41MPa，工况 2 为 0.67MPa，工况 3 和工况 4 均为 0.75MPa。随后在坝体与坝基接触的 2m 范围内应力发生了极大的增长，工况 1 增长至 11.7MPa，工况 2 增至 16.9MPa，工况 3 增至 16.6MPa，工况 4 增至 16.2MPa。在坝顶区域（138~156m）内又出现了较大的降幅，分别降至 1.78MPa、2.4MPa、3.0MPa 和 2.2MPa。

由此可知，灌浆深度是否超过⑤层对覆盖层底部及基岩的应力曲线有明显的影响，但超过⑤层后，灌浆深度对此区域的影响有限。当灌浆深度超过③层未超过⑤层时对应力曲线有较大影响，灌浆深度超过下⑤后应力曲线反右移，说明灌浆深度不宜超过⑤层太多。除此之外，曲线还反映了固结灌浆对能有效的减少坝基沉降对坝体带来的应力变化，且固结灌浆越深坝体应力变化越小，使得坝体的稳定性更高。

15.3.2.2 各工况下位移变化

位移变化和应力变化有较大差别，总体呈现分段上升的变化状态，如图 15-10 所示。基岩部分各工况未出现位移；在⑥层内区域应力位移呈正相关，在④层区域内各工况位移均出现极大增长，占总位移增长的 70%~73%。坝基上层区域（①②③层）位移变化较

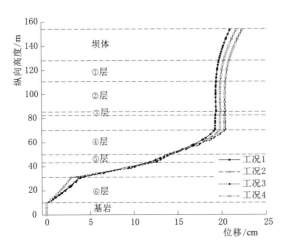

图 15-10　剖面位移变化图

小，仅在河床表层（①层）内位移缓慢增加约 12%。对于坝体区域，越靠近坝顶位移越大，且工况 3 和工况 4 的位移明显大于工况 1 和工况 2，同时工况 3 和工况 4 位移曲线基本一致。

对于各工况而言，⑥层内工况 4 位移增长最小为 2.6cm，其余工况增长约为 3.0cm，可见灌浆深度到达基岩时，能有效削弱覆盖层底部区域的位移。对于覆盖层中部区域，各工况在⑤层上方开始出现明显差别，在②④层交界处工况 1 的位移量最小为 19.3cm，工况 2～4 分别为 19.8cm、20.4cm 和 20.3cm，在②层内，尽管有弱透水层的存在，各工况的位移变化量仅为 2%，曲线近似直线，与图 7 有较好的印证。可见灌浆深度对④层的变形影响较大，当灌浆深度越深，坝基中部区域位移值越大，特别要注意的是当灌浆深度超过⑤层且未灌浆至基岩时，此区域的位移最大。对于覆盖层上部，在①层顶部各工况累计位移值分别为 19.7cm、20.3cm、20.9cm 和 20.8cm；可知灌浆深度对坝基表层区域的位移影响不大，各工况位移大小仍受到④层的影响排列。对于坝体，位移在坝顶处有所增长，工况 1～4 最终的累计位移分别为 20.9cm、21.6cm、22.2cm 和 22.3cm。

从以上可知，灌浆深度的增加会减少竖向位移而增加水平位移，但不能明确指出哪个在总位移总占主导地位。1—1 剖面的位移曲线说明了水平位移占在总位移中主导地位，灌浆深度越深会使整个剖面的位移总量增大，但灌浆深度超过⑤层后，对位移的影响仅为 0.5%。

15.4　本章小结

本章利用 Comsol Multiphysics 建立流固耦合模型，准确地揭示了强弱相间深厚覆盖层坝基在固结灌浆下的力学特性、渗流规律以及应力渗流耦合作用机制，得出以下结论：

（1）覆盖层中控制层为上部弱透水层和砾石层。上部弱透水层变形量较大，要注意灌浆的质量，主要影响着坝基内部整体应力和水平位移的分布情况，砾石层对坝基沉降起主导作用，此层位移占总位移的 70%～73%。

（2）当固结灌浆深度超过上部弱透水层时，坝踵处渗透坡降和坝基刚度随着固结灌浆深度增大而增大；坝基沉降，坝底渗流随着灌浆深度增大而减小；坝基水平位移随固结灌浆先增大后减小。

（3）当将弱透水层全部固结灌浆后，灌浆深度达到总坝基深度 50% 以上时，再增加固结灌浆的深度，坝基整体应力和位移变化幅度较小，不能明显提高坝基强度，建议在满足工程需要的情况下，可不进行固结灌浆，减少工程造价。

第 16 章

一种在覆盖层上建造拱坝地基处理新措施的研究

深厚覆盖层上坝型多为土石坝，若需建混凝土坝则常将其覆盖层挖除，将坝基坐落在基岩上。但由实际工程的限制，如土石坝的建筑空间或建筑材料不满足要求，覆盖层开挖难度较大且施工时长有限，就必须面临对深厚覆盖层坝基的特殊处理方式这一实际工程问题。

深厚覆盖层在垂直防渗墙和高压旋喷固结灌浆的措施下，覆盖层坝基内部的物理性质有了较大的改变，从而导致计算结果与实际工程状态存在较大差异，在坝址河谷允许的条件下，可以使用受建坝材料和空间的限制较小的拱坝。

因此，研究如何在深厚覆盖层上建拱坝、拱坝坝基防渗加固措施以及处理后渗流稳定及变形稳定，能给类似的强弱相间覆盖层坝基条件下的水利工程提供参考依据。

16.1　强弱相间深厚覆盖层新型坝基的设计及施工方案

16.1.1　工程概况

金盆水电站工程位于重庆市东北部巫溪县境内，为大宁河右岸一级支流后溪河干流开发的第二级引水式电站，如图 16-1 所示。

金盆水电站工程是一座以发电为主的工程，采用拱坝长隧洞引水开发方式，主要建筑物有拱坝、泄洪坝段、冲砂底孔坝段、岸坡式进水塔、引水隧洞、调压井、压力管道、发电厂房等。坝前正常蓄水位 430.0m，相应库容 404 万 m³，最大坝高 33m，水库总库容 518 万 m³，调节库容 166 万 m³，电站装机 2 台，总装机容量 25MW。

拦河大坝为拱坝，拦河大坝共布置 3 个表孔和 2 个中孔，其中表孔尺寸为 10.0m×7.5m，中孔尺寸为 4.0m× 4.0m；表孔为弧形闸门，中孔为平板闸门；采用挑流消能方式。

电站大坝正常水位 430.0m，设计洪水为 30 年一遇，设计洪水位 430.24m，

图 16-1　金盆水电站

相应下泄流量 1385m³/s；校核洪水为 200 年一遇，校核洪水位 432.55m，相应下泄流量 1980m³/s。总库容 528 万 m³，正常水位以下库容 404 万 m³。

16.1.2 坝基工程地质条件及处理

16.1.2.1 地形地貌

大坝位于后溪河上，距支流雁鸭溪汇合口约 320m 的上游。后溪河自西向东流经坝址，河谷呈 V 形，河床宽 10.0～30.0m，平水期坝址河水高程 400.0m，水面宽 5.0～20.0m，现状河道已被开挖石碴堆高至 403.0m 左右，且河水改道由左岸导流洞通过至下游。坝址区原始地形较陡，左岸高程 440.0m 以下边坡约 60°，以上边坡约 30°；右岸边坡约 50°。两岸基岩大多裸露，现状右岸弃渣堆放形成多级平台。

16.1.2.2 地层岩性

坝址区地层主要由人工开挖堆积物、第四系全新统冲洪积、三叠系下统嘉陵江组组成。大坝位于尖山—巫溪复式向斜北翼、八台山—大宁厂向斜的南翼，两个次级构造渔沙—建楼冲断复背斜、红花—龙洞冲断背斜东延段分别通过坝址北侧和南侧，坝址区位于一个总体走向近东西，核部为三叠系下统嘉陵江组，两翼为大冶组的向斜构造。坝址附近岩层为向斜的北翼，表现为走向 268°～280°，倾向 SE～SW，倾角 71°～76°，岩层为倾向右岸偏下游的单斜构造。其底层剖面图如图 16 - 2 所示。

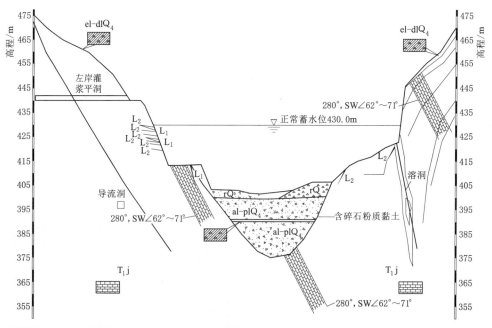

图 16 - 2 坝址横剖图

压水试验表明，坝基岩体多属微弱透水层，岩体透水率 < 10Lu。局部由于风化卸荷、

裂隙溶蚀，坝基岩体属中等透水层，岩体透水率 $q > 10Lu$。坝基岩体透水性总体有随深度增加而减弱的趋势，地质勘察揭示河床岩体透水率 $>5Lu$ 的底界线高程为 375m。坝址区河床砂卵石层属于强透水性，坝基覆盖层具有明显的强弱相间互层情况。

坝基开挖阶段做了坝基岩体饱和单轴抗压强度实验，结合坝基的工程地质编录情况及初步设计阶段地勘报告，坝基岩体力学指标经验值如下。

河床冲洪积砂砾漂石：

内摩擦角 $\varphi = 26° \sim 31°$，变形模量 $E_0 = 20.0 \sim 30.0MPa$，承载力标准值 $f_k = 0.3 \sim 0.4MPa$，渗透系数 $K = 10^{-2} \sim 10^{-3}cm/s$，允许水力坡降 $J_允 = 0.1$，不冲流速 $v' = 2.0m/s$。

含碎石粉质黏土：

内摩擦角 $\varphi = 20° \sim 25°$，凝聚力 $c = 10.0 \sim 15.0kPa$，承载力标准值 $f_k = 0.15 \sim 0.20MPa$，渗透系数 $K = 10^{-3} \sim 10^{-4}cm/s$，允许水力坡降 $J_允 = 0.2 \sim 0.25$。

微风化基岩：

抗剪（断）强度：混凝土/基岩 $f' = 1.1$，$c' = 0.9MPa$，基岩/基岩 $f' = 1.0$，$c' = 0.9MPa$，$f = 0.70$，变形模量 $E_0 = 7.0GPa$。

弱风化基岩：

饱和抗压强度 $R_b = 32MPa$，天然抗压强度 $R_c = 33.3MPa$，抗剪（断）强度：混凝土/基岩 $f' = 0.9$，$c' = 0.7MPa$，基岩/基岩 $f' = 0.7$，$c' = 0.4MPa$，$f = 0.55$，变形模量 $E_0 = 5.0GPa$，承载力标准值 $f_k = 2.0 \sim 3.0MPa$。

强风化基岩：

抗剪（断）强度：混凝土/基岩 $f' = 0.6$，$c' = 0.4MPa$，变形模量 $E_0 = 3.0GPa$，承载力标准值 $f_k = 1.5 \sim 2.0MPa$。

结构面抗剪断强度：

层面节理 Lc1：$f' = 0.35$，$c' = 0.05MPa$；断层 f5：$f' = 0.45 \sim 0.55$，$c' = 0.08 \sim 0.10MPa$；裂隙 L：$f' = 0.20 \sim 0.25$，$c' = 0.10 \sim 0.20MPa$。层面：$f' = 0.65$，$c' = 0.2MPa$，$f = 0.5$。

16.1.3 坝基处理

16.1.3.1 地下连续防渗墙

本工程根据现场实际地质情况，对河床段砂砾漂石地基采取地下连续墙（兼做防渗墙）加高压灌浆的措施进行处理，如图 16-3 所示。

在拱坝扩大基础范围内，顺河流方向布置三道地下连续墙，地下连续墙厚度 1.2m，墙底嵌入基岩 1.5m 以上。坝基河床砂砾漂石组成物质粒径较大，为强透水地层，通过防渗墙（地下连续墙）和高压旋喷灌浆进行了加强、减沉及防渗。防渗墙导向槽顶高程 401.0m，采用冲击钻造孔施工，泥浆护壁，成槽后放置钢筋笼并水下浇筑混凝土。

16.1.3.2 高压旋喷灌浆设置及成效

本工程对河床段砂砾漂石采取地下连续墙（兼做防渗墙）加高压旋喷灌浆后的复合地基作为大坝地基，灌浆孔间距 1m，排距 1.5m，梅花形布置，如图 16-4 所示。

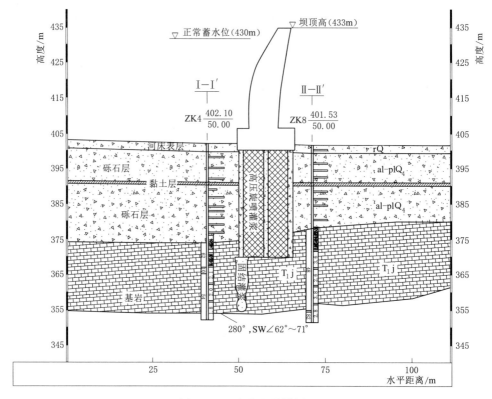

图 16-3 金盆电站横剖图

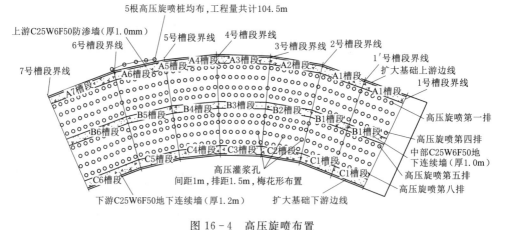

图 16-4 高压旋喷布置

高压旋喷灌浆采用三管法施工,分二序进行,通过生产试验确定最终施工参数:注浆流量 60L/min,水压力 37MPa,气压力 0.7MPa,水泥浆压力 0.7MPa,密度 1.6g/cm³,钻杆提升速度 8～10cm/min。之后再 LD1～LD3 共计 3 个剖面进行物探确认其效果,物探结果图如图 16-5 所示。

由图 16-5 可看出,整个测线范围内,表层部分区域视电阻率值较低(图中白色部

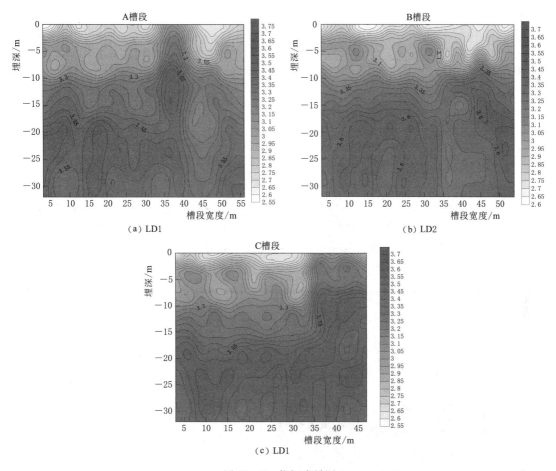

图 16-5 物探成果图

分），根据现场情况，推测该低阻是由防渗墙顶部覆盖的淤泥引起的，其余部分（红色区域），视电阻率值较高且均匀性较好在剖面上未出现低阻异常区域，因此推测测线范围内防渗墙较完整。

16.2 金盆水电站流固耦合数值模型

为了探寻根据上文的实验物理指标，结合经验参数，具体的力学参数见表 16-1。

表 16-1 数值模型物理力学参数

覆盖层	密度 t/m^3	弹性模量 /MPa	剪切模量 /MPa	Biot 系数	孔隙率	渗透系数 /(m/s)
拱坝	2.4	$25.5×10^3$	$10×10^3$	0.75	0.04	$2.0×10^{-9}$
防渗墙	2.45	$28×10^3$	$11.2×10^3$	0.75	0.04	$2.1×10^{-9}$
高压旋喷	2.5	430	170	0.85	0.13	$2.94×10^{-8}$
河床表层	1.4	20	8	0.75	0.33	$2.34×10^{-3}$

续表

覆盖层	密度 t/m^3	弹性模量 /MPa	剪切模量 /MPa	Biot 系数	孔隙率	渗透系数 /(m/s)
砾石层	2.15	300	127	0.8	0.17	1.45×10^{-4}
黏土层	1.2	150	60	0.75	0.265	5.42×10^{-7}
基岩层	3.0	5×10^3	2×10^3	0.75	.013	2.1×10^{-9}

16.2.1　渗流-位移二维模型

借助 COMSOL Multiphysics 软件进行建模计算，通过其自动划分网格，共得到 12226 个域元，1545 个边界元，求解自由度为 55860，其受力简图及具体网格划分图如图 16-6 所示。考虑模型边界条件有渗流边界条件、应力边界条件和位移边界条件三种。

（1）水头边界为坝体上游面和下游面水位线以下部分。

（2）流量边界为坝底与坝基接触面设为不透水边界，模型底部为不透水边界。

（3）混合边界为溢出边界和渗流自由面。

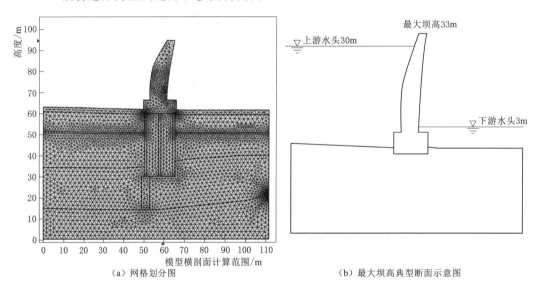

（a）网格划分图　　　　　　　　　（b）最大坝高典型断面示意图

图 16-6　二维模型及网格划分图

应力边界：拱坝自重荷载和上下游水体自重对坝基产生的均布荷载。

位移边界：坝基底面和两侧设为固定约束，其余为自由变形边界。

16.2.2　应力-位移三维模型

坝体模型按实际拱坝三维体形建模。基岩截取范围：顺河方向，向上游延伸 250m，沿下游延伸 250m；左右岸方向，向两边各延伸 100m；铅锤方向，上边界截取至坝顶高程止，下边界自坝底向下延伸 150m。

网格单元模型统一采用 SOLID98 四面体单元（10 节点二次单元），坝体网格在表孔溢洪道部位及冲砂孔周边部位加密，共有 114751 个单元，16997 个节点。金盆拱坝整体网格图如图 16-7 所示，坝体网格划分如图 16-8 所示。

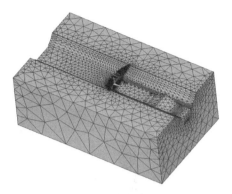

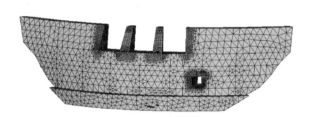

图 16-7　金盆拱坝模型的整体网格图　　　　图 16-8　金盆拱坝坝体网格划分图

　　由于大坝自重应力在横缝封拱灌浆之前就已形成，而其他荷载是在大坝形成整体之后施加的，因此大坝的重力荷载和其他荷载对坝体应力的影响需分开进行计算。为了方便重力荷载的计算，坝段由原始的 7 个坝段增加至 8 个，分奇偶坝段（单元生死）对重力荷载下的自重应力进行计算，其结果作为自重作用效应，供荷载组合时进行叠加。

16.3　Comsol 耦合结果与分析

16.3.1　二维模拟结果分析

　　对于大坝的立面图将从水头、位移两个方面进行分析。

16.3.1.1　水头模拟结果分析

　　图 16-9 是大坝水头分布图，由图中可以看出，当上游水位达到正常蓄水位 430m（水深 30m）时，最大水头位置在上游防渗墙左边，下游防渗墙后及承台的总水头基本为零，上下游最大水头差为 30m。同时，由于防渗系统的强烈阻挡作用，地下水水头经过 3 道防渗墙后发生了明显下降，并在两岸山体内部排水孔幕周围形成了较显著的降落漏斗；等水头线在帷幕处靠近上游侧分布较为密集，对地下水发挥了一定的壅高作用。综合以上渗流场分布特征表明工程采用的渗控系统效果明显。

　　同时也可以看出，第一道防渗墙对水头的减少作用有限，水头从 30m 降至 24m 仅为 6m，降幅为 20%。之后以第二道防渗墙为界，最大水头至此位置时，从 24m 降低至 13m，降幅达到

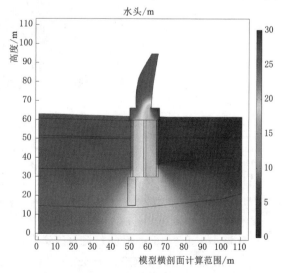

图 16-9　模型水头分布云图

40%。而从第二道防渗墙后开始至第 3 道防渗墙之前,此时水头差为 8m,降幅 27%m。而第 3 道防渗墙前后水头差为 3m,降幅 10%。因此,可以看出第二道防渗墙对水头减少的作用最大。

16.3.1.2 位移模拟结果及分析

模型稳态下的水平位移和竖向位移结果云图如图 16 - 10 所示。

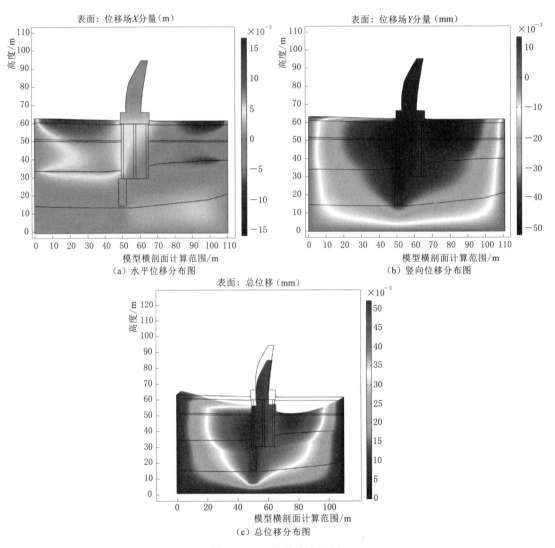

图 16 - 10 位移分布云图

结构不考虑原始地基由重力发生的固结沉降。由图 16 - 10(a)水平位移分布图可知,拱坝坝顶区最大横向位移逆河道方向为 3mm,坝底承台顺河道位移为 4mm,坝体中段位移几乎没有位移。由此可知,在防渗墙联合高压旋喷的作用下,拱坝建筑在上游水头作用下的水平位移极小。由图 16 - 10(b)竖向位移分布可知,大坝及附近坝基均呈沉降状态,在坝顶及坝后 5m 处出现最大沉降,为 52mm,同时由图 16 - 10(c)可得,大坝在稳态下尽管有所沉降,但未呈现倾倒的趋势,最大位移出现在帷幕灌浆底部,为 53mm。

　　综上可知覆盖层两侧土体向中间聚集，主要是因为在此处有拱坝及高压旋喷等大体积结构，在重力作用下，发生的位移也大。高压旋喷桩与周围土体在上部结构荷载作用下相互作用，发生明显的竖向位移，连带周围土体集中向下移动，也是在横向位移分布图中土体集中朝中部移动的原因。但相比较与为处理的天然地基沉降量，防渗墙内部的整体竖向位移不到天然地基的一半，也证明了防渗墙联合高压旋喷基础作为支撑基础的优良效果。

16.3.2　三维模拟结果分析

　　对于三维大坝的分析将从大坝分为坝体和地下连续防渗墙两个部分进行分析。

16.3.2.1　三维大坝坝体耦合模拟结果分析

　　三维大坝坝体下游面所受应力分布图如图 16-11 所示。

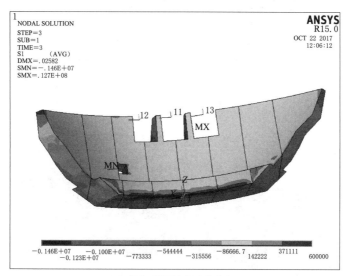

（a）坝体下游面主拉应力分布

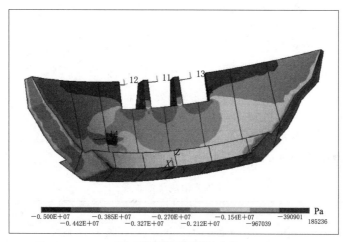

（b）坝体下游面主压应力分布

图 16-11　坝体下游面受力图

如图 16 - 11 所示，对于坝体下游面拉应力主要集中在拱坝底部，压应力主要集中在拱坝顶部的 3 个泄洪口附近，其出现位置与以上二维位移图 16 - 10 有较好的联系。

三维大坝坝体上游面所受应力分布图如图 16 - 12 所示。

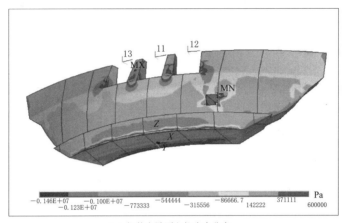

（a）坝体上游面主拉应力分布

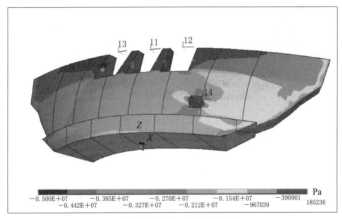

（b）坝体上游面主压应力分布

图 16 - 12　坝体上游面受力图

对于拱坝体上游面而言，在中间 2 座闸墩处出现了最大拉力，究其原因为在上游水面压力下，对闸墩产生了一定的倾覆趋势，但其模拟值仍在控制范围内，闸墩处于稳定状态。而上游面的压力分布正常，在直接于水面接触的部分有较大的压力产生，而其余部分压力正常。坝体整体应力极值情况见表 16 - 2。

表 16 - 2　　　　　　　　　　　坝体应力成果汇总表

应力分析	上游坝面应力/MPa				下游坝面应力/MPa			
	最大主拉应力		最大主压应力		最大主拉应力		最大主压应力	
	应力值	位置	应力值	位置	应力值	位置	应力值	位置
极值	−0.05	6R4C	1.56	4R−1C	−0.10	2R0C	1.79	7R3C

根据计算结果，封拱前独立坝段上游坝面最大主拉应力 0.02MPa，下游坝面最大主拉应力 0.14MPa；上游坝面最大主压应力 1.71MPa，下游坝面最大主压应力 1.01MPa；在坝体自重单独作用下，合力作用点落在坝体厚度中间 2/3 范围内，满足规范关于施工期坝体应力的要求。

坝体具体应力及位移变化图如图 16－13 所示。

16.3.2.2 三维大坝地下连续防渗墙耦合模拟结果分析

金盆拱坝防渗墙三维模型所受应力分布图如图 16－14 所示。

由图 16－14 可知，防渗墙由于在一定程度上起到了支撑作用，其受力状态和上文的位移情况有较好的对应关系。对于三道防渗墙的应力分布极值见表 16－3。

```
                 第1种荷载组合
   每个节点上的六个数分别表示:
   上游坝面第一主应力（主拉）      应力单位：（MPa）
           第二主应力（主压）      角度单位：（° ）
           主应力方向              受压（+）    受拉（-）
   下游坝面第一主应力（主拉）                   |(-)
           第二主应力（主压）      第一应力方向:|→ 0
           主应力方向                           |(+)
 -- 左岸 --                                        -- 右岸 --

高程/米
            .00   .00   .00   .00   .00   .00   .00   .00   .00   .00   .00   .00   .00   .00   .00   .00   .00   .00   .00
            .82   .58   .50   .45   .34   .34   .31   .00   .00   .00   .00   .00   .37   .45   .46   .64   .69   .67   .71
           90.0 -90.0 -90.0  90.0  90.0  90.0 -90.0    .0    .0    .0    .0    .0 -90.0 -90.0  90.0 -90.0 -90.0  90.0  90.0
433.0       .00   .00   .00   .00   .00   .00   .00   .00   .00   .00   .00   .00   .00   .00   .00   .00   .00   .00   .00
           1.45  1.20   .69   .56   .49   .36   .09   .00   .00   .00   .00   .00   .17   .38   .55   .74   .94  1.38  1.60
           90.0  90.0 -90.0 -90.0  90.0  90.0 -90.0    .0    .0    .0    .0    .0 -90.0 -90.0  90.0 -90.0 -90.0  90.0  90.0

                  .05   .09   .12   .12   .11   .16   .09   .14   .15   .14   .10   .19   .16   .19   .11   .22   .08
                  .88   .72   .73   .80   .97  1.09  1.26  1.32  1.32  1.29  1.23  1.07   .96   .80   .77   .72   .95
                -61.5 -66.7 -69.4 -83.1 -80.0 -86.9 -89.4  88.9  88.8  89.7 -89.7  88.0  80.9  81.4  66.0  65.8  55.3
423.0             .26   .31   .32   .22   .20   .27   .32  -.08  -.10  -.08   .29   .22   .17   .20   .21   .25   .17
                 1.42  1.23  1.17  1.05   .84   .64   .57   .63   .70   .74   .68   .68   .82  1.01  1.06  1.10  1.29
                -83.0  86.2 -89.8  82.4 -85.0  88.1 -85.2  88.7 -89.5 -89.2  79.9  89.7  88.0 -80.9  89.2 -81.5  79.1

                        .06   .16   .24   .24   .33   .21   .33   .34   .34   .21   .33   .25   .27   .14   .19
                        .93  1.00   .94  1.10  1.26  1.48  1.55  1.54  1.51  1.44  1.23  1.06   .89   .93   .88
                      -57.5 -58.6 -74.0 -73.5 -85.8 -89.7  88.6  88.5  89.6 -89.3  88.0  77.3  74.8  62.1  61.3
418.0                   .48   .44   .25   .22   .33   .41  -.03  -.07  -.04   .40   .30   .24   .28   .35   .45
                       1.67  1.47  1.24  1.00   .83   .75   .80   .87   .86   .81   .87   .99  1.18  1.26  1.36
                       80.2  85.8  79.3  88.4  81.1  80.6  86.8 -89.6 -88.1 -87.8 -85.4 -85.5 -76.7 -83.5 -76.6

                             -.04   .31   .37   .54   .35   .48   .49   .50   .33   .46   .31   .28   .03
                             1.10   .82  1.04  1.24  1.50  1.56  1.54  1.53  1.46  1.21  1.00   .76   .86
                            -39.4 -51.0 -63.8 -84.0 -89.9  88.6  88.4  89.2 -89.1  87.5  73.5  64.4  51.3
414.0                         .44   .22   .18   .31   .43  -.01  -.06  -.03   .45   .35   .29   .36   .51
                             1.30  1.17   .98   .88   .80   .83   .89   .86   .82   .92  1.03  1.16  1.15
                             82.4  70.9  79.9  74.6  72.3  84.7 -89.8 -86.5 -80.8 -79.9 -77.7 -66.7 -76.8

                                    .24   .44   .83   .59   .69   .69   .70   .48   .59   .25   .18
                                    .92   .99  1.08  1.33  1.36  1.32  1.35  1.30   .99   .80   .59
                                  -23.5 -40.8 -65.1 -89.8  89.2  87.8  87.4 -89.2  82.0  64.2  53.9
409.0                               .08   .03   .17   .35  -.02  -.04  -.02   .46   .38   .37   .40
                                   1.29  1.04   .87   .74   .70   .74   .68   .71   .88  1.09  1.31
                                   63.0  67.6  64.2  57.6  80.8 -89.8 -83.4 -56.4 -63.3 -59.4 -49.5

                                          .30   .85   .77   .77   .74   .77   .54   .56  -.05
                                          .96  1.17  1.24  1.19  1.14  1.18  1.20   .84   .56
                                        -26.2 -22.3 -88.5 -89.8  87.5  85.2  89.1  70.0  62.0
405.0                                    -.01   .01   .33   .08   .09   .09   .45   .38   .50
                                         1.21  1.02   .74   .60   .61   .56   .76  1.07  1.41
                                         61.4  58.6  52.6  76.3  89.8 -79.1 -31.6 -47.1 -42.0

                                                .85   .83   .52   .39   .47   .41   .19
                                               1.17   .98   .94   .93   .93   .95   .88
                                              -10.1 -77.9 -89.7  89.0  86.5  84.2  79.5
400.0                                          -.01   .54   .55   .67   .63   .84   .48
                                               1.35  1.04   .97   .93   .95  1.16  1.79
                                               53.1  67.8  75.4  87.9 -75.8 -35.3 -32.8
```

（a）坝体表面应力分布图

图 16－13（一） 坝体表面应力位移分布图

第1种荷载组合

每个节点上的6个数分别表示：

坝体中面径向位移 单位：1/1000米	
坝体中面切向位移 1/1000米	
坝体绕铅锤线转角位移 1/10000弧度	
坝体绕拱切向转角位移 1/10000弧度	
坝体中面竖向位移 1/1000米	
坝体绕径向转角位移 1/100000弧度	

— 左岸 —   — 右岸 —

高程/米

```
       .03   .35  1.34  1.72  2.27  3.00  4.02  5.33  5.98  6.10  5.76  5.10  3.96  2.97  1.94  1.28   .88   .22   .07
       -.90 -1.13 -1.37 -1.42 -1.45 -1.44 -1.32  -.92  -.53  -.04   .56   .93  1.37  1.49  1.47  1.39  1.28  1.05   .95
       -.3   -.7  -1.2  -1.3  -1.4  -1.3  -1.1   -.3   .1    .1    .9   1.1   1.3   1.2   1.2   1.1   1.1   .7    .5
433.0  .02  -.15  -.52  -.52  -.57  -.64  -.72  -.79  -.77  -.72  -.71  -.69  -.62  -.55  -.45  -.34  -.30  -.04   .00
       -.04  -.46  -.24  -.71  -.45  -.86  -.76 -1.10  -.92 -1.12  -.88  -.65  -.73  -.33  -.64  -.14  -.65  -.01
       -1.6  -1.6  -2.4  -3.1  -1.6  -2.6  -1.4   -.8   -.1   .2    .7   1.1   1.4   2.1   .7   2.2   -.1   1.7   1.7

       .08   .68   .97  1.46  2.14  3.12  4.38  5.07  5.25  4.96  4.26  3.12  2.18  1.26   .73   .46   .09
      -1.15 -1.28 -1.30 -1.33 -1.33 -1.25  -.96  -.54  -.06   .53  1.00  1.32  1.42  1.43  1.40  1.37  1.30
       -.4   -.8   -.9  -1.0  -1.1  -1.1   -.8   -.4   .0    .4    .7    .9    .9    .9    .7    .6
423.0  -.08  -.45  -.52  -.61  -.71  -.80  -.89  -.90  -.86  -.80  -.78  -.75  -.67  -.52  -.39  -.29  -.04
       -.34  -.15  -.65  -.40  -.85  -.83 -1.26 -1.12 -1.31 -1.04 -1.10  -.69  -.70  -.28  -.54  -.03  -.53
       -2.9  -2.9  -3.6  -2.2  -3.5  -2.2  -1.4   -.3   .4   1.0   1.6   2.8   1.3   2.6   .1    .1

       .37   .64  1.10  1.74  2.68  3.91  4.63  4.84  4.57  3.86  2.72  1.81   .95   .48   .25
      -1.24 -1.28 -1.31 -1.30 -1.23  -.97  -.56  -.07   .50   .95  1.23  1.33  1.37  1.36  1.34
       -.6   -.8   -.9  -1.0  -1.0   -.8   -.4   .0    .4    .7    .9    .9    .8    .6    .4
418.0  -.33  -.44  -.57  -.70  -.82  -.91  -.94  -.92  -.85  -.81  -.80  -.69  -.50  -.35  -.22
       .01   -.49  -.22  -.68  -.70 -1.17 -1.06 -1.25  -.97 -1.00  -.58  -.55  -.10  -.37   .11
       -3.4  -3.4  -2.1  -2.7  -1.6   -.4   .4   1.1   1.8   2.3   3.1   1.4   2.5   2.5

       .40   .82  1.41  2.32  3.54  4.26  4.48  4.25  3.53  2.38  1.50   .72   .31
      -1.33 -1.31 -1.28 -1.20  -.97  -.58  -.08   .46   .88  1.14  1.24  1.31  1.35
       -.6   -.8  -1.0  -1.0   -.7   -.4   .0    .4    .7    .9    .8    .7    .5
414.0  -.37  -.53  -.72  -.87  -.96 -1.03 -1.03  -.94  -.88  -.87  -.72  -.48  -.29
       -.33  -.04  -.50  -.56 -1.05  -.96 -1.16  -.87  -.89  -.45  -.40   .06  -.21
       -1.8  -1.8  -4.3  -3.0  -1.9   -.5   .4   1.2   1.9   2.6   3.2   1.4   1.4

       .46   .97  1.81  3.01  3.71  3.94  3.76  3.07  1.91  1.07   .42
      -1.22 -1.19 -1.14  -.95  -.59  -.09   .39   .77  1.00  1.08  1.14
       -.6   -.8   -.9   -.7   -.3   .0    .3    .7    .8    .7    .5
409.0  -.43  -.71  -.96 -1.09 -1.22 -1.25 -1.15 -1.03  -.98  -.73  -.38
       .18   -.25  -.35  -.87  -.82 -1.02  -.73  -.73  -.27  -.19   .25
       -4.4  -4.4  -3.4  -2.1   -.7   .4   1.3   2.0   2.8   3.4   3.4

       .60  1.34  2.51  3.16  3.38  3.25  2.62  1.45   .69
      -1.08 -1.04  -.92  -.59  -.10   .34   .68   .85   .93
       -.6   -.7   -.6   -.3   .0    .3    .6    .7    .5
405.0  -.59 -1.00 -1.21 -1.41 -1.47 -1.35 -1.16 -1.05  -.62
       -.05  -.17  -.71  -.67  -.89  -.59  -.59  -.13  -.03
       -3.7  -3.7  -2.3   -.8   .4   1.3   2.1   2.9   2.9

       .68  1.78  2.30  2.48  2.41  1.92   .76
       -.79  -.86  -.57  -.12   .27   .57   .61
       -.5   -.6   -.3   .0    .3    .6    .5
400.0  -.80 -1.19 -1.43 -1.50 -1.38 -1.16  -.86
       .07   -.46  -.45  -.66  -.33  -.38   .06
       -4.9  -2.4   -.9   .3   1.3   2.0   3.9
```

（b）坝体表面位移分布图

图 16 - 13（二）   坝体表面应力位移分布图

表 16 - 3   坝体和地下防渗墙的应力情况汇总表

工 况	坝体最大主拉应力 /MPa	坝体最大主压应力 /MPa	防渗墙最大主拉应力 /MPa	防渗墙最大主压应力 /MPa
工况 1	0.6	5.0	0.55	7.0

    综合坝体和地下联系防渗墙的数据，计算结果表明，在各个控制工况下，坝体和地下防渗墙的主拉、主压应力均处于合理范围内。坝体左岸拱端中部高程下游侧的主拉应力相对略大，为 1.8MPa 左右；其他工况最大主拉应力在 1.4MPa 以内；地下防渗墙的最大主拉应力在 0.8MPa 以内；坝体最大主压应力在 7.0MPa 以内；地下防渗墙的最大主压应力在 8.0MPa 以内，均在设计要求以内。

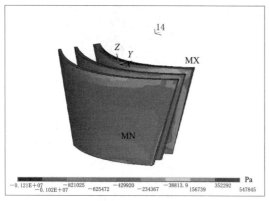

（a）防渗墙上游面主拉应力分布

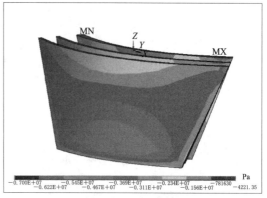

（b）防渗墙上游面主压应力分布

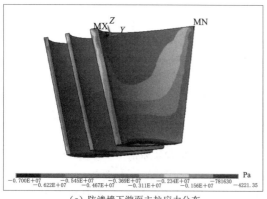

（c）防渗墙下游面主拉应力分布

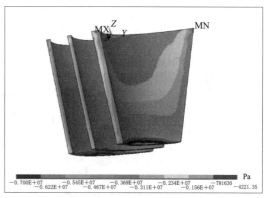

（d）防渗墙下游面主压应力分布

图 16-14　拱坝防渗墙受力分布图

　　由此可见，在各种控制工况下，坝体和地下防渗墙的主拉、主压应力基本处于合理范围内。坝体两拱端下游面中部高程，近基础部位的主拉应力局部范围超出规范允许值，这主要是由于坝体按弹性工作时，有限元计算成果在基础强约束区附近产生应力集中现象所引起。根据各工况下坝体应力云图来看，产生应力集中且拉应力值超过规范允许值的坝体范围较小，且在断面上延伸较短。

　　因此可以认为，基础强约束区由于应力集中而产生的局部拉应力超标，施工中扩大大坝基础以及布置基础锚筋的措施，能够基本消除拉应力超标对大坝安全运行的不利影响，大坝工作性态是安全的。

16.4　监测设定及资料分析

　　为了验证计算参数取值、计算方法、计算模型等是否正确，本节通过在大坝处的原型监测资料分析从而验证设计。

　　金盆水电站拱坝上设立了表面位移监测系统，如图 16-15 所示。

　　表面位移监测系统分为水平位移监测和垂直位移监测。水平位移采用边角前方交会法

（a）垂直位移观测室　　　　　　　　　　　（b）水平观测系统

图 16-15　拱坝观测系统

进行，在坝区设置二等平面位移监测控制网 1 个，控制网由 4 个三角网点组成。另在坝顶设置位移标点 6 个，分别位于拱冠、左右岸 1/3 拱圈、左右拱端等位置，利用坝区三角网对坝顶位移标点进行前方交会测量。三角网点及位移标点均设置为钢筋混凝土观测墩。根据相关规范对大坝外部变形监测的精度要求，按 GB 50026—2020《工程测量标准》中二等三角测量精度要求进行观测。

垂直位移观测采用精密水准法进行，结合金盆水电站现场实际情况，选取在大坝左岸布置二等水准测量路线，在距坝址约 1.5km 处设一组由三点组成的水准基点组，基点选用岩石标，在左右岸基岩上各设置 1 个水准工作基点，作为坝顶水准观测的起测工作点。水准路线自基点组至工作基点引至大坝。其具体分布表见表 16-4。

表 16-4　　　　　　　　　　大坝平面位移测点布置汇总表

序号	项目	名称	位　　置		高程 /m
			X/m	Y/m	
1	观测点	LD1	5004.654	481.293	433.0
2		LD2	4987.668	472.328	433.0
3		LD3	4966.624	467.455	433.0
4		LD4	4934.346	466.176	433.0
5		LD5	4916.190	471.528	433.0
6		LD6	4896.199	482.424	433.0
7	起测基点	BM1	5006.170	484.975	439.0
8		BM2	4899.210	459.660	435.0
9	工作基点	LS1	4996.138	502.608	433.0
10		LS2	4904.919	505.241	433.0
11	校核基点	LE1	5004.985	547.758	433.0
12		LE2	4904.693	547.646	433.0

16.4.1　水平位移观测及分析

水平位移过程线如图16－16所示。

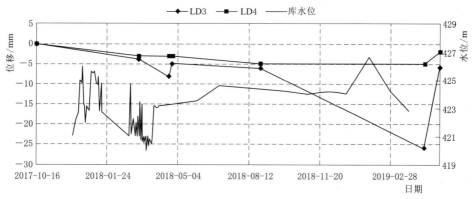

图16－16　金盆拱坝水平位移观测结果图

拱坝拱冠测点LD3、LD4顺河向水平位移主要表现为向上游位移：拱坝拱冠处测点高程为434m，时段内最大库水位为426.7m，正常蓄水位为430.0m，究其原因可能为水库长期处于低水位运行状态，导致坝顶向上游位移。各测点测时数据见表4.5。

表16－5　　　　　　　　　　金盆拱坝水平位移观测表

日　　期	累　计　水　平　位　移/mm											
	LD1		LD2		LD3		LD4		LD5		LD6	
	X	Y	X	Y	X	Y	X	Y	X	Y	X	Y
2017－07－26	0.00	0.00	0.00	0.00	0.00	0.00	0.00	0.00	0.00	0.00	0.00	0.00
2017－10－16	−0.50	0.00	−0.50	−0.50	0.00	0.00	0.00	−0.50	0.00	0.00	−0.50	0.00
2018－03－10	−4.50	−2.00	−1.50	−0.50	−4.00	−3.00	−3.00	−0.80	0.00	2.00	−0.50	4.00
2018－04－21	−5.50	−3.00	−3.50	0.50	−8.00	−6.00	−3.00	−1.50	−3.00	2.00	−1.50	5.00
2018－04－25	−5.50	1.00	−7.50	−3.50	−5.00	−3.00	−3.00	2.50	−5.00	4.00	−0.50	5.00
2018－08－27	0.50	−1.00	−5.50	−2.50	−6.00	6.00	−5.00	−2.50	−2.00	5.00	−0.50	5.00
2019－04－17	−9.50	−41.00	−37.50	−3.50	−26.00	−36.00	−5.00	−0.50	−10.00	1.00	−3.50	16.00
2019－05－08	−8.50	−15.00	−20.50	−2.50	−6.00	−4.00	−2.00	−0.50	−7.00	−3.00	−1.50	7.00
特征值统计 最大值	0.50	1.00	−0.50	0.50	0.00	6.00	0.00	2.50	0.00	5.00	−0.50	9.00
日期	2018－08－27	2018－04－25	2017－10－16	2018－04－21	2017－10－16	2018－08－27	2017－10－16	2018－04－25	2017－10－16	2018－08－27	2017－10－16	2019－04－17
最小值	−9.50	−41.00	−37.50	−3.50	−26.00	−36.00	−5.00	−2.50	−10.00	−3.00	−3.50	0.00
日期	2019－04－17	2019－04－17	2019－04－17	2018－04－25	2019－04－17	2019－04－17	2018－08－27	2018－08－27	2019－04－17	2019－05－08	2019－04－17	2017－10－16
平均值	−4.79	−8.71	−10.93	−1.79	−7.86	−6.14	−3.00	−0.54	−3.86	1.57	−1.21	4.29
2018年变幅	1.00	−1.00	−5.00	−2.00	−6.00	6.00	−5.00	−2.00	−2.00	5.00	0.00	0.00
2019年变幅	−9.00	−14.00	−15.00	0.00	0.00	−10.00	3.00	2.00	−5.00	−8.00	−1.00	7.00
总变幅	10.00	42.00	37.00	4.00	26.00	42.00	5.00	5.00	10.00	8.00	3.00	9.00
埋设位置/m	4994.791	476.516	4982.326	471.012	4966.332	467.405	4936.179	466.427	4913.892	473.037	4896.29	482.8
仪器埋设日期	2017－07－26		2017－07－26		2017－07－26		2017－07－26		2017－07－26		2017－07－26	

2019 年 4 月 17 左岸坝顶测点 LD3 顺河向水平位移测值异常,最大变幅为 26mm,
2019 年 5 月 8 日测值恢复正常。受坝址河谷形状影响,左岸坝顶测点 LD3 顺河向水平位
移变幅大于右岸坝顶测点 LD4。此外,拱坝拱冠测点 LD3 横河向水平位移与库水位相关
性较强,库水位降低,测点 LD3 表现为向右岸回弹,库水位上升,测点 LD3 表现为向左
岸缓慢位移,2019 年 4 月 17 左岸坝顶测点 LD3 横河向水平位移测值异常,最大变幅为
42mm,2019 年 5 月 8 日测值恢复正常。测点 LD4 向两岸变形呈周期性变化,变幅较小。
总体来讲,拱冠测点 LD3、LD4 水平位移变形符合拱坝变形的基本规律。

综上可见,顺河向水平位移与库水位具有较强的相关性,库水位降低,均表现为向上
游回弹,库水位上升,均表现为向下游位移。随着库水位缓慢上升,测点 LD3、LD4 表
现为向上游缓慢位移,其原因可能为:水库长期处于低水位运行状态,导致坝顶向上游
位移。

16.4.2 垂直位移观测及分析

观测时段为 2017 年 10 月 16 日—2019 年 4 月 17 日。垂直位移过程线如图 16-17
所示。

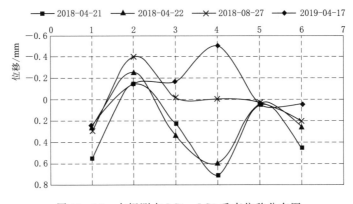

图 16-17 大坝测点 LS1～LS6 垂直位移分布图

如图 16-17 所示,坝体垂直位移整体呈沉降状态,观测初期位移变化较大,随之时
间的增长而逐渐减小。垂直位移图像基本呈对称,可见拱坝在此基础上沉降变形协调。由
表面垂直位移过程线图和分布图可见,分析时段内,测点 LS1～LS6 垂直位移变幅很小,
基本无变化。具体数据见表 16-6。

综上可见,大坝垂直位移与时间的相关性较好,同一时间段中的垂直位移均表现出波
动变化。不同时间段中,波动随之时间增长而减小。可以推出,随着拱坝运行时间缓慢上
升,测点 LD3、LD4 位移应趋于在 −40～40mm 内变化。究其原因可能为:水库在续放
水过程中,不断的使覆盖层基础在此固结,最终会使其达到一个稳定状态。

图 16-18 给出了 2017 年 5 月 4 日导流底孔全部下闸以来,拱坝剖面最大径位移与水
位的关系曲线。

从图中可以看出,拱坝经历了较大规模的 5 次蓄水和 3 次消落过程。除了首次蓄水至
426.7m 高程因历时较长,库盆变形影响较大外,后面的蓄水及消落过程曲线的切向斜率

表 16 - 6

金盆拱坝垂直位移观测表

日期 (年-月-日)	累计垂直位移/mm										
	S1	S2	S3	BM1	BM2	LS1	LS2	LS3	LS4	LS5	LS6
2017-07-27	0.00	0.00	0.00	0.00	0.00	0.00	0.00	0.00	0.00	0.00	0.00
2018-10-16	0.04	-0.02	0.10	-0.07	0.10	0.00	0.00	0.00	0.00	-0.01	0.00
2018-03-10	0.10	-0.05	0.08	-0.12	0.21	0.00	-0.08	0.12	-0.15	0.00	0.30
2018-04-21	—	—	—	—	—	0.55	-0.15	0.23	0.70	0.03	0.45
2018-04-22	—	—	—	—	—	0.25	-0.25	0.32	0.60	0.02	0.25
2018-08-27	—	0.00	—	—	—	0.30	-0.40	-0.02	-0.01	0.02	0.20
2019-04-17	0.00	0.00	0.00	0.00	0.00	0.24	-0.15	-0.18	-0.50	0.03	0.05
特征值统计　最大值	0.10	0.00	0.10	0.00	0.21	0.55	0.00	0.32	0.70	0.03	0.45
日期	2018-03-10	2017-10-16	2018-03-10	2018-03-10	2018-04-21	2018-04-21	2017-10-16	2018-04-21	2018-04-21	2018-04-21	2018-04-21
最小值	0.00	-0.05	0.00	-0.12	0.00	0.00	-0.40	-0.18	-0.50	-0.01	0.00
日期	2017-10-16	2018-04-21	2017-10-16	2018-04-21	2017-10-16	2017-10-16	2018-08-27	2019-04-17	2019-04-17	2017-10-16	2017-10-16
平均值	0.05	-0.02	0.06	-0.06	0.10	0.22	-0.17	0.08	0.11	0.02	0.21
2018年变幅	0.10	-0.05	0.08	-0.12	0.21	0.30	-0.40	-0.02	-0.01	0.03	0.20
2019年变幅	—	—	—	—	—	-0.06	0.25	-0.15	-0.49	0.01	-0.15
总变幅	0.10	0.05	0.10	0.12	0.21	0.55	0.40	0.50	1.20	0.04	0.45
埋设位置/m	411.33	411.56	414.85	433.97	433.33	433.00	433.01	433.00	433.97	433.00	432.99
仪器埋设日期	2017-07-28	2017-07-28	2017-07-28	2017-07-28	2017-07-28	2017-07-27	2017-07-27	2017-07-27	2017-07-27	2017-07-27	2017-07-27

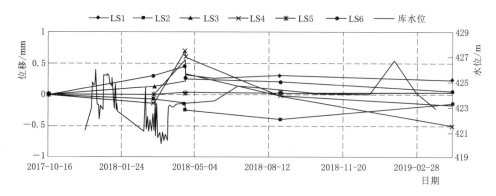

图 16-18　大坝坝顶垂直位移过程线

基本一致，显示出了良好的弹性特征，尤其是第③次蓄水及消落过程，水位从 424.70m 高程蓄水至 430.00m 高程，又再消落至 420.00m 高程，前后历时仅 1 个月，库盆来不及变形，因此大坝变形显示出了良好的弹性特征，水位消落后，大坝变形回到蓄水的起始位置。同样，图 16-18 显示当水库水位恒定在某一固定水位（如 424.00m 高程）大坝径向位移随时间出现持续减小的现象，高高程减小量大，低高程减小量小；水位下降期的变位回弹量大于水位抬升期的变位增加量，但分布规律正常。

两种现象均与后溪河的地质特征有着密切的联系。如以上所述，金盆拱坝的基础岩石由人工开挖堆积物、第四系全新统冲洪积、三叠系下统嘉陵江组组成，近乎水平状的层间层内错动带是其主要软弱结构面。在库水作用下，软弱结构面产生时效变形，影响到拱坝本身，进而产生这一现象。此外，大坝基础在库水作用下，形成稳定的渗流场和应力场均需要一定时间，也将影响到大坝变形的时效性。再次，拱坝混凝土后期水化热温升导致的内部缓慢温度回升，也会产生轻微的向上游变形增量，但其量值是微小的。

可以指出，这种水库水位恒定在某一固定水位大坝径向位移持续减小的现象，不能证明大坝处于弹塑性状态。因为反证法表明，假设大坝处于弹塑性状态，则在水压作用下，拱坝径向变位应缓慢增加而非缓慢减小。

16.5　本章小结

本章对金盆水电站拱坝的监测资料进行了系统分析，并根据监测资料对大坝及基础材料参数进行反演，给出了一套监测反馈分析的方法，并结合相关分析综合论述了金盆拱坝变形特点和安全状况，得到如下结论：

（1）金盆拱坝的各项监测数据表明，整个蓄水过程安全可控，大坝处于正常工作状态。本章各项变形反馈分析成果与监测数据具有良好的一致性，进一步佐证了拱坝安全可靠性。库盆变形是导致拱坝水位恒定时，大坝顺河向位移持续减小的重要原因。其机理在于大坝基础近乎水平状的软弱夹层在水荷载的作用下发生时效变形，逐步形成稳定的应力场、渗流场，进而带动拱坝建基面轻微旋转并使得拱坝产生往上游的位移。

（2）考虑库盆效应后，谷幅变形呈现上部收缩、下部扩张现象，呈扎紧的"口袋"状

分布，与监测数据基本一致。考虑大坝施工及封拱过程，坝踵基本处于受压状态，与实际监测数据基本一致。

（3）整个蓄水过程，大坝基础和大坝径向位移均正常连续变化，没有出现位移突变的迹象；蓄水至 424.00m 高程时，大坝顺河向位移最大值为 40～50mm，向下游；大坝上、下游应力分布正常，应力量值变化正常，未见应力恶化区域，应力分布规律整体符合大坝常规受力规律；两岸基础变形稳定，拉压应力量值均比较小。由此可以判断，大坝初期蓄水阶段是安全的。

（4）在综合考虑拱坝的各类因素前提下，在不开挖覆盖层的情况下，提出了地基处理采取"三道防渗墙联合高压旋喷桩"的措施，经计算各项指标满足要求，该技术在国内是首次应用于拱坝深基础处理之中的。对于中小型深厚覆盖层上建造拱坝，采用本文方案不仅可以节省工期、造价等，而且能满足现行规范要求的各项指标，为同类型、类似地质条件下的拱坝设计提供了参考。

第 17 章

小水库除险加固中垂直防渗墙合理深度研究

本章采用第 9 章中的非饱和土体渗流理论对工程算例进行计算分析，针对覆盖层上均质土坝除险加固中垂直防渗措施的深度进行研究，试图确定合理的防渗体尺寸和形式，为此类工程提供支撑。

17.1 工程概况与模型建立

17.1.1 工程概况

某均质土石坝坝顶高程 130.26m，建基面高程为 120.86m，最大坝高 9.4m，坝轴线长 367.2m。正常蓄水位 129.76m，上、下游坝坡坡比分别为 1：3 和 1：2.2，坝基覆盖层厚 10m，河道多年平均来水量为 8.13m³/s。除险加固中坝体采用充填灌浆进行处理，墙厚 2m，高 9m。坝基采用混凝土防渗墙控渗，防渗墙嵌入坝体 1m，墙厚 1m，模型断面如图 17-1 所示。

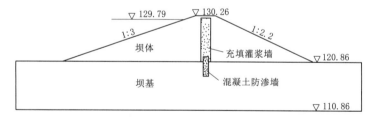

图 17-1 大坝断面图

为确定防渗墙的最优深度，模拟中防渗墙深度取 1~10m，每次增大 1m，共计 10 种。

17.1.2 计算参数

非饱和土渗流过程中，土体含水率 θ_w 和渗透系数 k 随基质吸力变化，θ_w、k 与质吸力 u_m 的关系曲线，如图 17-2、图 17-3 所示。

坝体、坝基、充填灌浆墙和混凝土防渗墙的计算参数，见表 17-1。

表 17-1 　　　　　　　　　　材料的基本物理指标

分　区	渗透系数 $k/(m/s)$	杨氏模量 E	泊松比 ν	密度 $\rho/(kg/m^3)$
坝体	—	1.1×10^7	0.16	1810

分　区	渗透系数 $k/(\text{m/s})$	杨氏模量 E	泊松比 ν	密度 $\rho/(\text{kg/m}^3)$
坝基	—	1.3×10^7	0.17	1830
充填灌浆墙	4.52×10^{-7}	1.8×10^8	0.18	2250
混凝土防渗墙	2.24×10^{-9}	2.9×10^{10}	0.2	2400

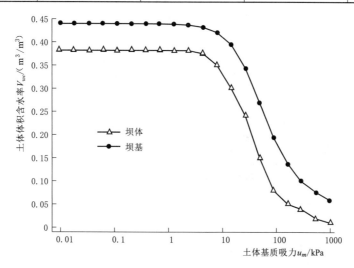

图 17-2　土体体积含水率随基质吸力的变化曲线

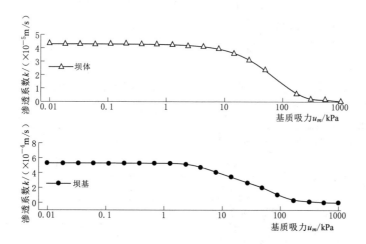

图 17-3　土体渗透系数随基质吸力的变化曲线

17.2　计算结果及分析

17.2.1　模拟结果

借助 ADINA 计算得出渗流量、渗透坡降。以防渗墙深度 $S=4\text{m}$ 为例，渗流等势线和渗流量分布矢量如图 17-4、图 17-5 所示。

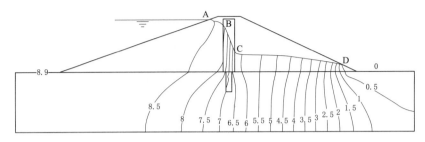

图 17-4 大坝等势线

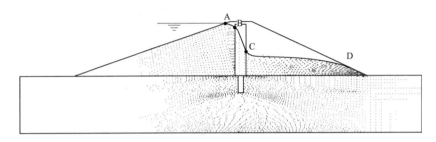

图 17-5 渗流量分布图

由图 17-5 可得，ABCD 为大坝渗流浸润线，BC 段下降的速度明显高于 AB 和 CD，可见黏土心墙能有效降低浸润线。穿过黏土心墙和防渗墙的渗流量较小，可得心墙和防渗墙有显著的隔水作用。防渗墙底部及坝趾附近区域（出逸口）的渗流量较大，在计算渗透坡降时，必须对防渗墙底部、出逸口给予足够重视，模拟得出逸坡降 J 和防渗墙底部渗透坡降 J_1。

将单宽渗流量、出逸坡降和防渗墙底部渗透坡降列入表 17-2。

表 17-2 单宽渗流量和渗透坡降

防渗墙深度 S/m	单宽渗流量 q/($\times 10^{-5} \mathrm{m}^3/\mathrm{s}$)	出逸破坡降 J	防渗墙底部渗透 J_1
1	4.61	0.72	0.57
2	4.58	0.62	0.46
3	4.56	0.55	0.45
4	4.53	0.49	0.45
5	4.51	0.43	0.45
6	4.49	0.36	0.45
7	4.46	0.31	0.44
8	4.44	0.25	0.43
9	4.41	0.2	0.55
10	1.23	0.05	1.53

17.2.2 单宽渗流量分析

防渗墙底部未嵌入基岩或穿过相对不透水层，为悬挂式防渗墙（$S=1\sim9\text{m}$），当防渗墙底部嵌入基岩时，为全封闭式防渗墙（$S=10\text{m}$）。土石坝单宽渗流量 q 随时间 t 变化曲线如图 17-6 所示。

由图 17-6 可得，当坝前水深一定时，单宽渗流量随着防渗墙深度的增加而降低。当 $S=1\sim9\text{m}$ 时，为悬挂式防渗墙，单宽渗流量降低的趋势不显著。当防渗墙即将接触基岩时，防渗墙由悬挂式防渗墙转为全封闭式防渗墙，单宽渗流量急速下降，由 $4.41\times10^{-5}\text{m}^3/(\text{s}\cdot\text{m})$ 降低至 $1.23\times10^{-5}\text{m}^3/(\text{s}\cdot\text{m})$，降低 72.11%。经拟

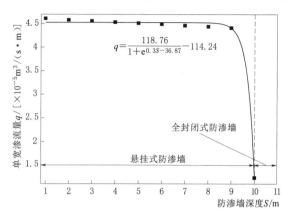

图 17-6 单宽渗流量随防渗墙深度的变化曲线

合，单宽渗流量随防渗墙深度变化的表达式为：$q=\dfrac{118.76}{1+\text{e}^{0.3S-36.87}}-114.24$，为指数递减函数。

由此可得，悬挂式防渗墙在降低渗流量方面的效果不显著，全封闭式防渗墙在降低渗流量方面的效果明显优于悬挂式。

17.2.3 渗透坡降分析

基于土体的极限平衡条件，得到土体允许渗透坡降的表达式为：

$$[J]=\frac{(G-1)\left(1-\dfrac{e_1}{1+e_1}\right)}{k_1} \tag{17-1}$$

式中　$[J]$——允许渗透坡降；

　　　　G——土料比重；

　　　　e_1——土体的孔隙比；

　　　　k_1——安全系数，对于黏性土 $k_1=1.5$，对于非黏性土 $k_1=2\sim2.5$。

坝基土和坝体的孔隙比分别为 0.824、0.768，土料比重分别为 1.7、2.1；坝体及坝基都为黏性土，k_1 取 1.5；将参数代入上式，计算得到坝基及坝体的允许渗透坡降分别为 0.52、0.41。

17.2.3.1 出逸坡降分析

渗流出口位于坝趾附近区域，如图 17-4、图 17-5 中的 D 点所示。渗透破坏始于渗流出口，是渗流控制的关键部位，也是最容易发生渗透破坏的部位，出逸坡降 J 是衡量渗透破坏的重要指标。作出逸坡降 J 随渗墙深度 S 的变化曲线如图 17-7 所示。

出逸坡降随防渗墙深度的增加而降低。当防渗墙深度由 1m 增大至 10m 时，出逸坡

降由 0.72 降低至 0.05，降低 93.06%。当防渗墙由悬挂式转为全封闭式时（S 由 9m 增大至 10m），出逸坡降降低 75%。可见，全封闭式防渗墙在控制出逸坡降方面的效果优于悬挂式。

17.2.3.2　防渗墙底部渗透坡降分析

由图 5 可知，由于心墙和防渗墙显著的隔水作用，绝大多数的渗水绕过心墙及防渗墙，从防渗墙底端渗向下游，可见防渗墙底端是渗流控制的关键部位，易发生渗透破坏，因此针对防渗墙底端渗透坡降进行分析，作防渗墙底端渗透坡降随防渗墙深度 S 的变化曲线，如图 17-8 所示。

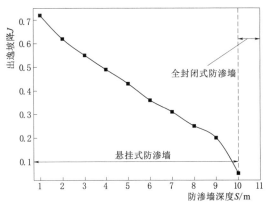

图 17-7　出逸坡降随防渗墙深度的变化曲线　　　　图 17-8　防渗墙底部坡降随防渗墙深度的变化曲线

由图 17-8 可得，防渗墙底部坡降随着防渗墙深度的增加逐渐降低；但当防渗墙底部将要接触基岩时（$S=8\sim9$m），随着防渗墙深度的增加，防渗墙底部坡降反而逐渐增大。当防渗墙底部即将嵌入基岩时，防渗墙底部渗透坡降急剧上升，出现极值 1.53。经非线性函数拟合，防渗墙底部坡降 J_1 随防渗墙深度 S 变化的表达式为：$J_1=3.49\times10^{-12}\times e^{\frac{0.39}{S}}$，呈指数函数变化。

水力学中的局部水头损失可以解释渗透坡降升高的现象；覆盖层的渗透性强，渗流速度较慢，正常情况下沿程阻力不大，水流能够顺利通过。当防渗墙深入到覆盖层一定深度时，渗流通道尺寸发生剧烈变化到足以改变水的流态。这时局部水头损失就比较大，这一部分水头损失就叠加到防渗墙底部的水头差上去，渗透坡降增大。防渗墙越深，墙下开口尺寸越小，小的流速大，局部损失就越大。

当防渗墙底部处于强透水层和基岩交界处，渗透坡降急剧上升的现象同样得以解释。当 $S=0$m 时，墙下开口尺寸极小，流速很大，局部水头损失就特别大；而这一局部水头损失就叠加到防渗墙底部的水头差上去，渗透坡降就特别大。

在工程中，应避免防渗墙底端刚接触基岩的情况，防渗墙底端应嵌入基岩 3~5m，从而保证坝基不发生渗透破坏。

17.3　防渗墙最优深度讨论

已有研究表明，渗透水流和防渗墙存在耦合作用，防渗墙的深度并非越深越好，合理地选择防渗墙深度有利于坝基渗透稳定。防渗墙底部渗透坡降应小于坝基允许渗透坡降 0.52，防渗墙深度 $S \geqslant 3m$；出逸坡降应小于坝体允许渗透坡降 0.42，可见防渗墙深度 $S \geqslant 6m$。综合分析可得，从渗透坡降角度考虑，防渗墙深度 $S \geqslant 6m$，能防止坝体及坝基发生渗透破坏。

$S = 6m$ 时单宽渗流量 $q = 4.49 \times 10^{-5} m^3/(s \cdot m)$，参考刘杰的《土的渗透破坏及控制研究》中渗流量的控制要求：

$$Q < (0.005 \sim 0.01) \overline{Q}$$

式中　Q——大坝渗流量；

$\overline{Q}$——河道多年平均来水量；$\overline{Q}$ 前的系数 0.005 适用于缺水地区，0.01 适用于一般地区。

该水库所处河道多年平均来水量为 $\overline{Q} = 8.13 m^3/s$，水库处中东地区，属于一般地区，$\overline{Q}$ 前系数取 0.01 即可，$0.01\overline{Q} = 8.13 \times 10^{-2} m^3/s$；水库渗流量 Q 等于单宽渗流量 q 与坝轴线长的乘积，$Q = qL = 1.65 \times 10^{-3} m^3/s$ 小于允许渗流量 $8.13 \times 10^{-2} m^3/s$，满足渗流量控制要求。

综上所述，当防渗墙深度为 6m 时，渗透坡降小于允许渗透坡降，渗流量小于允许渗流量。因此，从理论角度上分析，6m 为防渗墙的最优深度，此时防渗墙的贯入度为 0.6。

但针对不同的实际工程应具体分析。由表 2 可得，当防渗墙深度由 6m 增加至 10m时，防渗墙由悬挂式转化为全封闭式，单宽渗流量由 $4.49 \times 10^{-5} m^3/s$ 降低至 $1.23 \times 10^{-5} m^3/s$，降低 $3.26 \times 10^{-5} m^3/s$，渗流量降低显著。

由此可得，针对来水量不充沛的干旱半干旱地区的水库，应尽量减小其渗流量，建议做成全封闭式防渗墙。针对西南河谷地区的山区水库，上游来水量充足，在保证大坝渗流稳定的前提下，尽可能地允许大坝渗流，以供给下游河道生态系统的正常需水量。

17.4　竖向位移及边坡稳定分析

17.4.1　竖向位移分析

坝基随着流固耦合作用而逐渐变形，其竖向位移的大小关系到大坝的安危，需高度重视。位移等值线如图 17-9 所示。

由图 17-9 可知，最大竖向位移发生在上游坝基，在坝踵下 5m 附近区域，最大竖向位移为 13.5cm。由最大位移点至上游区域，竖向位移由 13.5cm 降低至 0cm，至下游区域，竖向位移由 13.5cm 降低至 0.9cm。

由此可见，竖向位移主要发生在上游区域，心墙和防渗墙能明显阻隔竖向位移向下游扩散。坝体的最大竖向位移为 9cm，坝高 9.4m，与坝高的比值为 0.96%，满足规范要求。坝基

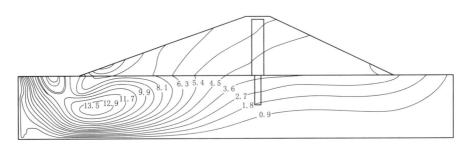

图 17-9　竖向位移等值线图

注：图中竖向位移的单位为 cm。

采用 6m 深的防渗墙控渗时，坝基竖向位移的范围为 0～13.5cm，大坝处于安全状态。

17.4.2　坝坡稳定性分析

结合水库的运行情况，坝坡稳定分析取以下两种工况。工况Ⅰ为正常工况，正常蓄水位时形成稳定渗流期下游坝坡稳定；工况Ⅱ为非常工况，库水位降落期的上游坝坡稳定。采用 Slope/w 模拟计算工况Ⅰ、工况Ⅱ下水库坝坡抗滑稳定安全系数。

在工况Ⅰ下，坝基有、无防渗墙控渗时下游坝坡潜在圆弧滑动面，如图 17-10 所示。在工况Ⅱ下，上游坝坡潜在圆弧滑动面，如图 17-11 所示。

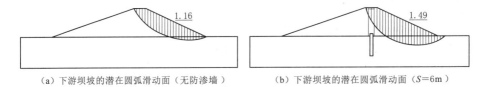

（a）下游坝坡的潜在圆弧滑动面（无防渗墙）　　（b）下游坝坡的潜在圆弧滑动面（$S=6$m）

图 17-10　下游坝坡的最不利圆弧滑动面

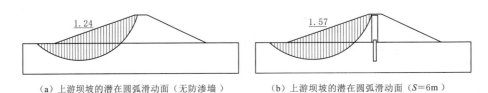

（a）上游坝坡的潜在圆弧滑动面（无防渗墙）　　（b）上游坝坡的潜在圆弧滑动面（$S=6$m）

图 17-11　上游坝坡的潜在圆弧滑动面

大坝等级为 5 等，根据 DL/T 5395—2007《碾压式土石坝设计规范》查得坝坡抗滑稳定最小安全系数，正常运行工况为 1.15，非常工况下为 1.05。将计算得到的抗滑安全系数、坝坡抗滑稳定最小安全系数列入表 17-3。

坝坡抗滑稳定安全系数应不小于最小安全系数，才能保证坝坡的安全稳定。由表 17-3可得：在工况Ⅰ下，不采用防渗墙、采用 6m 深的防渗墙上游坝坡的抗滑安全系数分别为1.24、1.57，均大于最小安全系数 1.05；上游坝坡处于安全稳定状态。防渗墙设置后会改变坝体浸润线位置，导致土体抗剪强度指标发生改变（内摩擦角度 c 和黏聚力 φ），且上游坝坡土体所受的浮托力增大，因而两种工况的抗滑安全系数存在较大的差异。

表 17 - 3 抗滑安全系数和最小安全系数

位　置	抗 滑 安 全 系 数		最小安全系数
	无防渗墙	6m 深的防渗墙	
上游坝坡	1.24	1.57	1.05
下游坝坡	1.16	1.49	1.15

在工况Ⅱ下，不采用防渗墙控渗时下游边坡的安全系数为 1.16 与最小安全系数 1.15 仅相差 0.01，可见水库下游坝坡在不采用防渗墙控渗时存在着滑坡的危险；但采用 6m 深的防渗墙加固后下游边坡的安全系数为 1.49＞1.15，与最小安全系数差值为 0.34，水库的下游边坡处于安全稳定状态。

综上所述：坝基采用 6m 深的防渗墙控渗后上、下游坝坡抗滑稳定安全系数有所提高（都提高了 0.33），大于坝坡最小安全系数；即坝基采用 6m 深的防渗墙控渗后，上、下游坝坡都处于安全稳定状态。

17.5　结论及建议

本章以比奥固结理论为基础，借助 ADINA 建立了渗流场与应力场全耦合模型，在计算渗流场时考虑土体渗透系数和体积含水率随基质吸力的变化，针对某水库的防渗墙深度进行研究，并验证采用该防渗墙控渗后的大坝沉降及坝坡抗滑稳定安全是否满足规范要求，得出以下几点结论：

（1）该水库防渗墙最优深度为 6m，贯入度为 0.6，在该防渗墙深度下渗流量、出逸坡降、防渗墙底部渗透坡降皆小于允许值。

（2）坝基采用 6m 深的防渗墙控渗时，大坝竖向最大位移与坝高的比值满足规范要求，大坝上下游坝坡处于稳定状态。

（3）当防渗墙底部即将接触基岩时，渗流通道极小，局部水头损失大，该水头损失叠加到防渗墙底部的水头差上，防渗墙底部渗透坡降出现极大值。在工程中，应避免防渗墙底端接触基岩的情况，防渗墙应嵌入基岩 3～5m，保证坝基不发生渗透破坏。

第 18 章

山区小河道典型覆盖层坝基渗流控制方案研究

近年来，已有大量堤坝由于内部侵蚀造成失稳破坏。其中，著名的 Tarbela 大坝正是当中的典型代表，Tarbela 修筑于最大深度为 230m 深厚覆盖层地基上，地基上游采用水平铺盖进行防渗，铺设长度为 2800m。大坝在建成蓄水后，坝基内部在渗流的作用下出现多条通道，地基发生不均匀沉降，上部水平铺盖出现多个塌坑，最大的塌坑直径为 12.2m，深度 4m，渗流量高达 9.4m³/s，水库被迫放空。我国某修筑于最大深度为 148.6m 深厚覆盖层上的大坝，在大坝筑成后，首次蓄水时，距大坝下游坡脚约 209m 的右岸就出现了涌水，涌水中含有灰黑色细颗粒，接着在涌水区附近出现地面开裂和河床塌陷，通过调查发现，是坝基内部侵蚀所致。

目前，国内外针对发生内部侵蚀破坏的坝基治理已有大量的研究成果，主要的治理措施是通过水平铺盖、垂直防渗墙等防渗技术对坝基进行渗流控制。因此，本章以坝基发生内部侵蚀破坏的某山区小型水电站为研究对象，借用有限元软件建立数值模型，分别计算出水平铺盖、垂直防渗、联合防渗的渗流量及出逸坡降等参数，探讨各种防渗方案的控渗效果，以期遴选出适合该水电站最佳的治理方案。

18.1 工程概况

该水电站位于重庆市某山区，坝基由砂卵砾石层与卵石层组成，覆盖层厚度达19.3m。坝址控制流域面积 36.2km²，主河道长 6.89km，平均比降 14.59%。该水电站的挡水坝型为混凝土重力坝，坝顶高程 733.5m，最大坝高 8.85m，溢流坝段全长 30m，底栏栅坝段长 10m，栏栅左、右侧溢流坝长分别为 15.7m、4.3m，大坝正常蓄水头为734m。坝基为典型的二元透水坝基，水电站现状图及覆盖层剖面图如图 18-1、图 18-2所示。

根据工程地质勘察报告，该水电站建坝时，未对坝基进行处理，坝基内部在渗流作用下发生侵蚀，在坝基下游处产生多处管涌口，渗流量达 0.47m³/s，坝基下部发生不均匀沉降致使大坝产生裂缝。

图 18-1 大坝现状图

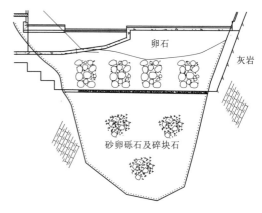

图 18-2 覆盖层剖面图

18.2 数值模型

18.2.1 稳定渗流场基本方程和定解条件

在稳定渗流场中，忽略土与水的压缩性，则属于二维非均质各向异性土体渗流，其控制方程及边界条件可表示为：

$$\frac{\partial}{\partial x}\left(k_x \frac{\partial h}{\partial x}\right) + \frac{\partial}{\partial z}\left(k_z \frac{\partial h}{\partial z}\right) = 0 \tag{18-1}$$

$$\left. \begin{array}{l} h(x,z)\big|_{\Gamma_1} = f_1(x,z);\ k_n \frac{\partial h}{\partial n}\Big|_{\Gamma_2+\Gamma_3} = f_2(x,z) \\[2mm] h(x,z)\big|_{\Gamma_3+\Gamma_4} = Z(x,z) \end{array} \right\} \tag{18-2}$$

式中　$h = h(x,z)$——需求的水头函数；

　　　k_x、k_z——主轴方向为轴的渗透系数；

　　　　f_1——给定的水头；

　　　　f_2——给定的流量；

　　　　Γ_1——给定的水头边界；

　　　　Γ_2——给定的流量边界；

　　　　Γ_3——自由面；

　　　　Γ_4——溢出段；

　　　　n——Γ_3 及 Γ_4 上的任一点法线方向矢量。

18.2.2 有限元原理及实施步骤

渗流分析的有限元法是把待求的整个渗流区域划分成限个相互连接的子区域，把整个区域内的待定水头函数用子区域内的连续分区近似水头函数来代替，然后将这些近似水头函数集合在一起形成线性代数方程组，最后求解代数方程组得到整个渗流区域的水头近似解。对式（18-1）进行变分处理后得到二维稳定渗流的有限元法计算式：

$$[K]\{h\}=\{F\} \tag{18-3}$$

式中　$[K]$——整体渗透矩阵；

　　　$\{F\}$——自由项列向量；

　　　$\{h\}$——节点水头列向量。

18.2.3　渗流量的计算

对于二维渗流流量地计算，通过某一单元断面的渗流量 q_i 表示为：

$$q_i=\int_{\Gamma}\left[k_x\frac{\partial h}{\partial x}\cos(n,x)+k_z\frac{\partial h}{\partial z}\cos(n,z)\right]\mathrm{d}l \tag{18-4}$$

通过渗流域某一界面的渗流量 Q 为：

$$Q=\sum_{i=1}^{n}q_i \tag{18-5}$$

通过上述理论，采用有限元建立渗流计算模型进行分析计算。

18.2.4　模型建立

为了研究与优化治理措施的形式和规模，在有限元计算时取最大坝宽处为模型计算剖面，将计算模型概化为如图 18-3 所示，并对几何模型进行网格剖分，模型网格剖分图如图 18-4 所示。

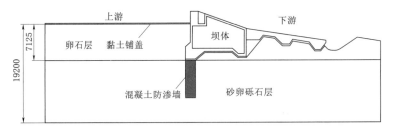

图 18-3　模型概化图（单位：mm）

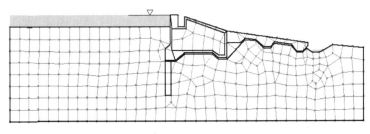

图 18-4　网格剖分图

18.2.5　计算参数

根据地勘资料，坝基砂卵砾石物理力学参数见表 18-1。

表 18-1 坝基物理力学参数表

土 层	岩土体容重 $\rho b/(kN/m^3)$	抗剪强度		地基承载力 F/MPa	摩擦系数 μ	渗透系数 k $/(m/s)$
		$\varphi/(°)$	c/kPa			
卵石	23.0	38.0	0.0	0.35~0.40	0.50	1.157×10^{-1}
中密砂卵砾石	20.1	32.0	0.0	0.35~0.45	0.45	4.9×10^{-2}

18.2.6 坝基治理方案设置

拟采用 3 种方案对水平铺盖、混凝土垂直防渗墙及联合防渗各工况进行计算，方案详情见表 18-2。

表 18-2 计 算 方 案

方案序号	方 案 内 容
1	水平铺盖（0m、10m、20m、30m、40m、50m、60m）
2	垂直防渗墙（0m、5m、6m、7m、8m、9m、10m、11.2m）
3	水平铺盖（0~60m）+垂直防渗墙（5~10m）

上述方案中，方案 1、方案 2 旨在探寻随水平铺盖长度和防渗墙深度变化，渗流场的变化规律。方案 3 为探寻水平铺盖和垂直防渗墙联合防渗对渗流场的影响。计算中坝体、混凝土防渗墙、黏土铺盖的渗透系数 k 分别设定为 $k_1=5\times10^{-7}m/s$，$k_2=2.24\times10^{-8}m/s$，$k_3=1\times10^{-5}m/s$。

18.2.7 计算结果与分析

根据上述方案的设定，分别计算各种工况下防渗方案对渗流的影响，如图 18-5 所示为垂直防渗式坝基的渗流情况，基于数值模型的计算结果，将各类方案计算结果进行对比和分析。

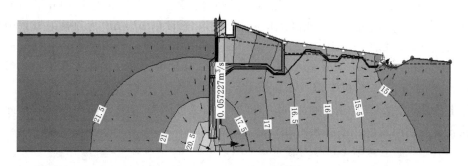

图 18-5 大坝流网图

18.2.7.1 水平铺盖与垂直防渗墙对渗流场影响

依据表设定的方案，计算水平铺盖和垂直防渗墙各类工况对渗流参数的影响，即当水平铺盖从 0m 依次增加 60m，防渗墙从 0~11.2m，计算出渗流量和渗透坡降，分析其变化规律。单宽渗流量计算结果如图 18-6 所示。

由图 18-6 可知，单宽渗流量 q 随着水平铺盖长度地增加而降低，从最初的 $0.092\mathrm{m}^3/\mathrm{s}$ 逐渐稳定降低至 $0.054\mathrm{m}^3/\mathrm{s}$，下降率为 41.6%。变化曲线基本呈线性变化，拟合函数为 $L=-6.65\times10^{-4}q+0.09$，拟合度因子 R^2 为 0.99，拟合状况良好。随着防渗墙深度的增加，单宽渗流量 q 由 $0.092\mathrm{m}^3/\mathrm{s}$ 开始逐渐降低，当防渗墙深度由 0m 增加至 10m 时，渗流量下降了 38%。当防渗墙深度由 10m 增加至 11.2m 时，渗流量由 $0.057\mathrm{m}^3/\mathrm{s}$ 骤降至 $0.036\mathrm{m}^3/\mathrm{s}$，此时防渗墙已经接近坝基底部。当水平铺盖长度为 41.67m，坝基渗流量与防渗墙深度为 9m 时相同，为 $0.06294\mathrm{m}^3/\mathrm{s}$，此时水平铺盖长度与防渗墙深度之比为 4.63:1，即 4.63m 水平铺盖与 1m 防渗墙防渗效果相同。

同理，大坝的出逸坡降，处理结果如图 18-7 所示。

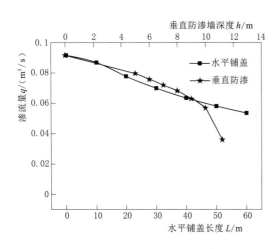

图 18-6　单宽渗流量 q 变化曲线

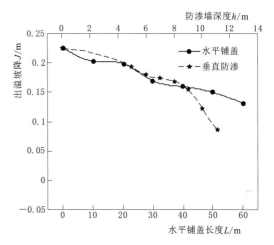

图 18-7　出逸坡降 J 随水平铺盖与垂直防渗的变化曲线

由图 18-7 可知，当水平铺盖从 0~60m 时，大坝出逸坡降 J 从 0.226m 降低至 0.132m，下降率为 41.59%，总体呈缓慢下降趋势。其中，水平铺盖由 10m 增加至 20m 及 30m 增加至 50m 的过程中，出逸坡降变化极小，假设以 $\Delta h/\Delta L$ 为效益系数，则两者的效益系数分别为 4.36×10^{-4} 及 9.99×10^{-4}。当防渗墙深度由 0m 增加至 11.2m 时，该点的出逸坡降由 0.2260m 降低至 0.0820m，下降率为 64%，变化曲线大致为抛物线，拟合函数为 $J=0.2178+0.00882L-0.00204L^2$。

综上所述，当水平铺盖长度为 36.14m 时，出逸坡降与 7.82m 防渗墙相同。此时水平铺盖长度与相同效果防渗墙深度之比为 4.62:1。

18.2.7.2　水平铺盖与联合防渗对渗流场影响

将表 18-2 中方案 3 的计算结果进行处理，联合防渗与水平铺盖对大坝渗流量的影响对比如图 18-8 所示。

由图 18-8 可见，当防渗墙深度相同时，随着水平铺盖长度增加渗流量呈线性下降。图中各条线的拟合斜率从上到下分别为 -6.64×10^{-4}、-5.42×10^{-4}、-5.0×10^{-4}、-4.618×10^{-4}、-4.20×10^{-4}、-3.70×10^{-4}、-3.128×10^{-4}，逐渐趋于平缓。

由上可知，随防渗墙深度增加，联合防渗中的水平铺盖长度对渗流量的影响逐渐降低。

同理，联合防渗与水平铺盖对大坝出逸坡降的影响对比如图 18-9 所示。

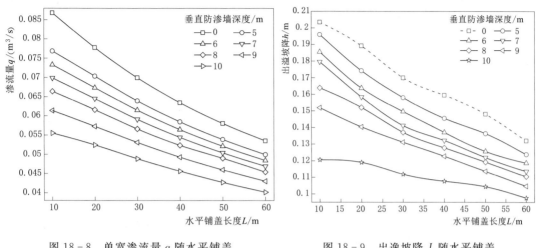

图 18-8 单宽渗流量 q 随水平铺盖
长度的变化曲线

图 18-9 出逸坡降 J 随水平铺盖
长度的变化曲线

且由图 18-9 明显可见，5m 垂直防渗墙与 20～30m 水平铺盖组成的联合防渗和 20～30m 水平铺盖出逸坡降变化率相同，当水平铺盖长度在 30～50m 区间内，水平铺盖与对应的联合防渗相比，出逸坡降相差越来越大。

由此可见，此时联合防渗中的防渗墙对出逸坡降影响更大。当水平铺盖长度超过50m 甚至达到 60m 时，此时水平铺盖与对应的联合防渗出逸坡降相差逐渐减小。结果表明，水平铺盖长度超过 50m 后，对出逸坡降影响较明显。

图 18-9 中 10m 垂直防渗+10～60m 水平铺盖形成的各种联合防渗方案中，出逸坡降变化相对较小，例如 10m 水平铺盖+10m 垂直防渗与 60m 水平铺盖+10m 垂直防渗相差仅 0.0247m，由此可见，当防渗墙到达一定深度时，联合防渗中，水平铺盖长度对出逸坡降的影响极小。

18.2.7.3 垂直防渗与联合防渗对渗流场影响

将表 18-2 中方案 3 的计算结果进行处理，防渗墙与联合防渗对大坝渗流量的影响如图 18-10 所示。

图 18-10 可得，当水平铺盖长度一定时，单宽渗流量 q 随着防渗墙深度增加逐渐减少。当水平防渗为 0m，防渗墙由 5m 增加到 10m，单宽渗流量 q 降低了 28.7%。同样水平铺盖长度为 10m、20m、30m、40m、50m、60m 时，防渗墙由 5m 增加至 10m，单宽渗流量 q 的下降率分别为：27.8%，25.5%，23.5%，0.05846m³/s 降低至 0.04562m³/s，0.05387m³/s 降低至 0.04271m³/s，0.04996m³/s 降低至 0.04015m³/s。其中，联合防渗方案中，6m 防渗墙+40m 水平铺盖、8m 防渗墙+30m 水平铺盖、9m 防渗墙+20m 水平铺盖与仅做 10m 防渗墙防渗时，单宽渗流量 q 相等。因此，可认为 10m 防渗墙的防渗效果等同于 6m 防渗墙+40m 水平铺盖、8m 防渗墙+30m 水平铺盖、9m 防渗墙+20m 联合防渗。

防渗墙与联合防渗对大坝出逸坡降影响对比如图 18-10 所示。

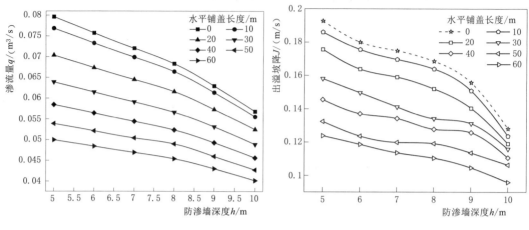

图 18-10　单宽渗流量 q 随防渗墙深度
的变化曲线

图 18-11　出逸坡降 J 随防渗墙深度的变化

由图 18-11 可得，当防渗墙深度变化在 5~8m 时，各条线均呈线性下降，当联合防渗中水平铺盖长度 0~20m，防渗墙深度 9~10m，出逸坡降骤降，下降率分别高达：21.6%、20.6%、20.8%。联合防渗中，50m 水平铺盖＋10m 防渗墙与 60m 水平铺盖＋10m 防渗墙出逸坡降值几乎相等。当联合防渗中水平铺盖长度 50~60m 时，出逸坡降变化呈均匀下降。

18.3　坝基治理方案优选与讨论

18.3.1　能满足兴利的治理方案

根据兴利要求和渗透稳定原则，该水电站原采用 30m 水平铺盖进行防渗是满足要求的，后因洪水冲毁，失去防渗功能。因此，以 30m 水平铺盖为基准，结合上述分析结果综合对比各方案。

遴选出治理后能满足工程渗流控制要求的方案见表 18-3。

表 18-3　　　　　　　　　　　　　　满 足 兴 利 方 案

方案序号	方 案 内 容
1	水平铺盖（30m、40m、50m、60m）
2	垂直防渗墙（8m、9m、10m、11.2m）
3	水平铺盖（m）＋垂直防渗墙（m）10＋（7~10）；20＋（6~10）；（30~60）＋（5~10）

由表 18-3 中的计算结果分析可知，30m 水平铺盖的防渗效果大致等同于由 10m 水平铺盖＋7m 垂直防渗墙组成的联合铺盖及 8m 垂直防渗墙。因此，考虑洪水易冲毁水平铺盖，同等防渗效果下，推荐采用 8m 垂直防渗墙或联合防渗（水平 10m＋垂直防渗墙

7m）。

18.3.2 治理方案的选择需要关注的问题

该水电站位于山区流域，坝基的治理需要着重考虑以下两个方面的影响：

（1）汛期洪水频率高、历时短、流速大，破坏力强，对坝体和坝基表面的防渗设施威胁较大。

（2）建坝规模较小，成本低，治理方案的选择需要经济适用。

根据上述原则，结合表 18-3 的方案，对于内部侵蚀破坏后大坝的治理有以下建议：

（1）水平铺盖需要防护措施。可将水平铺盖长度增加至 60m 甚至更长，针对在山区小流域水平铺盖容易被洪水冲毁的特点，应该在铺盖末端设置防护坎，在铺盖表面填埋并碾压糙率较大的粗粒径砂卵砾石，减小洪水冲刷破坏。这一方案施工简单，造价低。

（2）防渗墙需要较大贯入度。悬挂式防渗墙在控制渗流量方面效果不明显，但是可以有效降低渗透坡降。防渗墙不易因洪水冲刷损毁，在本例中可选择 8～10m 垂直防渗墙进行防渗，贯入度应在 0.5 以上，在经济允许的条件下可将防渗墙贯入度做到 0.7，以上保证水电站效益最大化。

（3）联合防渗。上述提到 10m 防渗墙的防渗效果等同于 6m 防渗墙＋40m 水平铺盖、8m 防渗墙＋30m 水平铺盖、9m 防渗墙＋20m 水平铺盖。采用联合防渗，造价比防渗墙更低，防洪效果比水平铺盖更好。其中，6m 防渗墙＋40m 水平铺盖造价最低，9m 防渗墙＋20m 水平铺盖可靠度最高。建议选择 6m 防渗墙＋40m 水平铺盖。

综上所述，在山区小河道坝基侵蚀破坏的治理中，需要满足兴利、经济、难度低等要求，综合对比，不宜选择全封闭式防渗；仅用水平铺盖进行渗流控制，需加长铺盖长度，且进行周期性监控，确保水平铺盖的防渗效果，即使在洪水作用下部分破坏，也应及时修复。当联合防渗方案有多种选择时，建议尽可能选择长水平铺盖与短垂直防渗墙的组合。

18.4 小结

以典型侵蚀破坏的坝基为例，研究了小流域上此类坝基的修复治理方案，得到如下结论：

（1）单位长度垂直防渗大于单位长度水平铺盖的渗流控制效果，4.63m 水平铺盖的防渗效果相当于 1m 防渗墙。

（2）采用联合防渗对坝基进行渗流控制时，随防渗墙深度增加，联合防渗中的水平铺盖长度对渗流量的影响逐渐降低。

（3）当联合防渗中水平铺盖长度超过 3 倍水头时，出逸坡降变化呈均匀下降。

（4）10m 防渗墙的防渗效果等同于 6m 防渗墙＋40m 水平铺盖、8m 防渗墙＋30m 水平铺盖、9m 防渗墙＋20m 联合防渗。

参 考 文 献

［1］ Jimenez‐Martinez J，Aravena R，Candela L. The role of leaky boreholes in the contamination of a regional confined aquifer，A case study：The campo de Cartagena region，Spain ［J］. Water，Air & Soil Pollution，2011，215 (1)：311‐327.

［2］ Liu J C，Lei G G，Mei G X. One‐dimensional consolidation of visco‐elastic aquitard due to withdrawal of deep‐groundwater ［J］. Journal of Central South University，2012，19 (1)：282‐286.

［3］ Ma F S，Wei A H，Han Z T，et al. The characteristics and causes of land subsidence in Tanggu based on the GPS survey system and numerical simulation ［J］. Acta Geol Sinica‐English Ed，2011，85 (6)：1495‐1507.

［4］ Wang G Y，You G，Shi B，et al. Long‐term land subsidence and strata compression in Changzhou，China ［J］. Engineering Geology，2009，104 (1)：109‐118.

［5］ Phien Wej N，Giao P H，Nutalaya P. Land subsidence in Bangkok Thailand ［J］. Engineering Geology，2006，82 (4)：87‐201.

［6］ Zhang H J，Jeng D S，Barry D A，et al. Solute transport in nearly saturated porous media under landfill clay liners：A finite deformation approach ［J］. Journal of Hydrology，2013，479 (4)：189‐199.

［7］ 吴梦喜，杨连枝，王锋. 强弱透水相间深厚覆盖层坝基的渗流分析 ［J］. 水利学报，2013，44 (12)：1439‐1447.

［8］ 崔莉红，成建梅，路万里，等. 弱透水层低速非达西流咸水下移过程的模拟研究 ［J］. 水利学报，2014，45 (7)：875‐882.

［9］ 李锡夔，范益群. 非饱和土变形及渗流过程的有限元分析 ［J］. 岩土工程学报，1998，20 (4)：23‐27.

［10］ 平扬，白世伟，徐燕萍. 深基坑工程渗流-应力耦合分析数值模拟研究 ［J］. 岩土力学，2001，22 (1)：37‐41.

［11］ 陈晓平，茜平一，梁志松，等. 非均质土坝稳定性的渗流场和应力场耦合分析 ［J］. 岩土力学，2004，25 (6)：861‐864.

［12］ 杨林德，杨志锡. 对"各向异性饱和土体的渗流耦合分析和数值模拟"一文讨论的回复 ［J］. 岩石力学与工程学报，2004，23 (20)：3563‐3564.

［13］ 柳厚祥，李宁，廖雪，等. 考虑应力场与渗流场耦合的尾矿坝非稳定渗流分析 ［J］. 岩石力学与工程学报，2004，23 (17)：2870‐2875.

［14］ 党发宁，胡再强，谢定义. 深厚覆盖层上高土石坝的动力稳定分析 ［J］. 岩石力学与工程学报，2005，24 (12)：2041‐2047.

［15］ 骆祖江，刘金宝，李朗. 第四纪松散沉积层地下水疏降与地面沉降三维全耦合数值模拟 ［J］. 岩土工程学报，2008，30 (2)：193‐198.

第 5 篇

层状覆盖层渗流特性的试验研究

实验研究是水利工程和岩土工程界中应用广泛的一种方法。同其他方法相比，实验研究不必假定参数，一切参数都来源于试验样品的实际参数；可以通过多次相同试验后得出的多组数据，再根据其试验成果总结出一定的规律；数据成果来源于实际，更有益于运用到工程实际中，并解决当前的工程问题；由于尺寸缩小，试件制作容易，省财省力省时；可以根据试验目的，突出主要因素、针对性强。

因此，为了进一步厘清层状覆盖层坝基渗流特性，探明坝（堤）基渗流控制机理，本研究开展了部分室内试验。

（1）对照第 2 篇内容，探索弱透水层对覆盖层坝基渗流控制的影响。

（2）覆盖层坝基渗透破坏（管涌）的试验研究。

（3）层状土渗流特性和渗透破坏试验研究。

需要说明的是，受条件所限，本部分设置的部分试验设备和观测仪器相对粗糙，尤其是渗透破坏研究方面，部分结果分析只描述了现象和过程，没有揭示出内在原因和机理。但为了能起到抛砖引玉的作用，也将其展示出来。

第 19 章

弱透水层特性对渗流控制影响的试验研究

深厚覆盖层中防渗墙深度从 20 世纪 60 年代的 20m 已经发展到目前的 150m 以上。深厚覆盖层坝基中往往同时存在弱透水层和强透水层，两种土层交替分布，弱透水层的埋藏深度会对坝基控渗产生较大影响，根据弱透水层的埋藏深度选择不同的控渗方案。当弱透水层位于覆盖层上部时，以二元结构为突出代表，该类结构坝基的研究已经较为成熟。如透水层在 50m 以上的坝基，上部弱透水层与下部土层渗透系数之比大于 100 的双层结构，若采用悬挂式防渗墙在消减坝脚以后的剩余水头效果较差。

当弱透水层处于坝基中间位置时，坝基呈多元结构，防渗墙可以设置为悬挂式防渗墙、半封闭式防渗墙和封闭式防渗墙三种不同形式，区别在于：悬挂式防渗墙一直处于强透水层中，并没有穿过或嵌入弱透水层；半封闭式防渗墙是指防渗墙穿过或嵌入弱透水层，防渗墙底端并未嵌入基岩，且仍有强透水层存在于弱透水层之下；全封闭式防渗墙底面嵌入弱透水层或基岩，其下部不存在强透水层。各防渗墙渗流控制效果相差较大，渗流变化规律不同，但关于此方面的研究成果还不够深入。随着西部地区出现越来越多类似坝基（如云南上江坝水库、西藏达嘎水库等深厚覆盖层坝基中间位置都存在较为连续的弱透水层），此问题亟待探明。若能利用深厚覆盖层中弱透水层，将其作为渗流依托层（即防渗墙穿过弱透水层即可，为半封闭式防渗墙），从而减小防渗墙的深度，使防渗墙工程造价降低，具有重要的工程意义。

本章以深厚覆盖层中弱透水层为研究对象，借助砂槽试验研究弱透水层对坝基渗流的影响，试图探明弱透水层能否其作为渗流依托层，从而降低防渗墙深度。

19.1 材料与方法

19.1.1 材料特性

实验中砂土作为强透水材料，黏土作为弱透水层材料，土工布作为垂直防渗墙材料。土体均取自长江堤防重庆万州段左岸，经室内筛分试验，作砂土和黏土的颗粒级配曲线，如图 19-1 所示。

由图 19-1 可得，砂土的 $d_{10}=0.015$、$d_{30}=0.015$、$d_{60}=0.015$，不均匀系数 $C_u = d_{60}/d_{10}=2.67$，曲率系数 $C_c=d_{30}^2/d_{10}d_{30}=1.67$。黏土的 C_u 和 C_c 参照同样方法求得。

借助 SYS 数显液塑限测定仪测定土样的液塑限，通过烘干法测得土体的含水率、干密度，将砂土和黏土的基本参数列入表 19-1。

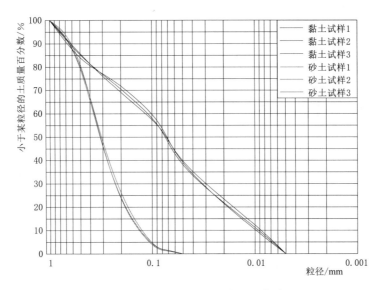

图 19-1 试验用土的颗粒级配曲线

表 19-1 砂土和黏土的基本参数

土类	含水率 /%	孔隙率 /%	干密度 ρ_d /(g/cm³)	有效粒径 d_{10}	中值粒径 d_{30}	限制粒径 d_{60}	不均匀系数 C_u	曲率系数 C_c	液限 I_L /%	塑限 I_P /%	渗透系数 k/(cm/s)
砂土	8.94	33	2.42	0.14	0.23	0.36	2.57	1.05	—	—	3.28×10^{-5}
黏土	9.42	42	1.98	0.007	0.125	0.245	35	9.11	35.8	24.2	2.57×10^{-5}

由表 19-1 可知，砂土层的渗透系数为黏土的 127.63 倍，黏土为相对弱透水层，以下简称弱透水层。书中采用砂土（$k = 3.28 \times 10^{-3}$ cm/s）来模拟强透水层，黏土模拟弱透水层（$k = 2.57 \times 10^{-5}$ cm/s）。试验材料在渗透性方面能较好模拟实际强弱透水层的渗流特性，具有代表性。

19.1.2 试验方法

19.1.2.1 试验装置

试验砂槽为立方体，尺寸为：$265\text{cm} \times 100\text{cm} \times 130\text{cm}$。砂土和黏土填筑坝基，自上而下分别为：砂土、黏土、砂土，黏土层厚 5cm。填筑过程中按照 SL 274—2020 进行分层压实。大坝高 30cm，坝顶宽 5cm，上下游坝坡均取 $1:2$，坝轴线距上游砂槽端部 165cm，距下游砂槽端部 100cm。

砂槽中布置 87 个多孔进水型铝管测压计，并与测压管相连接，得出各监测点的孔隙水压力值（周红星等，2005）。测压监测点的编号分别为 $A_1 - A_{10}$、$B_1 - B_{10}$、$C_1 - C_{10}$、$D_1 - D_{10}$、$E_1 - E_9$、$F_1 - F_{10}$、$G_1 - G_{10}$、$H_1 - H_9$、$I_1 - I_9$。

上游水头 h 分别为 10、15、20、25cm。防渗墙的深度 S_1 分别取：0cm、17cm、30cm、50cm、70cm、100cm。弱透水层深度 S_2 分别取：0cm、10cm、20cm、30cm、40cm、50cm、60cm、70cm、80cm、90cm。试验主要研究弱透水层对坝基渗流的影响，

不考虑坝体的渗流。

砂槽模型试验布置如图 19-2 所示。

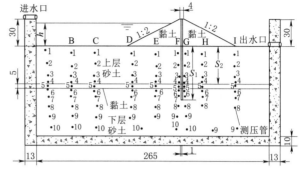

(a)　　　　　　　　　　　　　　　　(b)

图 19-2　砂槽模型试验布置图

水位调节管和进水管共同调控上游水位。测压管中滴入红色试剂，便于精确读数。用纱布包裹多孔进水型铝管测压计的进水孔，防止进水孔被堵塞。如图 19-2 (a) 所示，砂槽下游末端开有 3 个出水孔，3 孔的高程一致。

19.1.2.2　试验步骤

(1) 布置垂直防渗体。垂直防渗体采用土工膜，采用木条和钢钉将土工膜两侧固定在砂槽侧壁，并用橡皮泥堵塞缝隙，防止接缝处渗漏及侧渗。

(2) 坝基、坝体填筑及测压计的安装。坝体及坝基填筑通过干密度、土料含水率控制，分层压实；填筑过程中，在 87 个测压监测点安装多孔进水型铝管测压计。

(3) 蓄水及测压管排气。打开进水阀，开始蓄水，水位调节管与进水管共同调控坝前水位。读数前应将测压管中的气泡排净，使读数更精确。

(4) 读数。通过烧杯量测排水管的流量，即得到渗流量。为减小孔隙水压力读数误差，进行多次读数，求取均值。

(5) 改变坝前水位 h、防渗墙深度 S_1、弱透水层深度 S_2，重复步骤 (1)～步骤 (4)。

(6) 弱透水层不存在，即坝基为砂土均质坝基，重复步骤 (1)～步骤 (4)。

19.2　弱透水层位置对坝基渗流影响

为了更清楚地揭示渗流量 Q 和出逸坡降 J 随弱透水层深度 S_2 的变化规律，根据试验结果作渗流量 Q 和出逸坡降 J 的变化曲线，如图 19-3～图 19-4 所示。

由图 19-3、图 19-4 可得以下 3 点：

(1) 坝基中未设防渗墙时 (如曲线 a_Q、a_J 所示)，仅能依靠弱透水层进行坝基控渗，渗流量 Q 和出逸坡降 J 随着弱透水层深度 S_2 的增大而增加。

渗流量曲线 a_Q 和出逸坡降曲线 a_J 的斜率分别由 7.315、0.317 趋近 0。坝基中弱透水层埋藏深度越小，降低渗流量 Q 和抑制出逸坡降 J 的效果越显著；反之，弱透水层埋

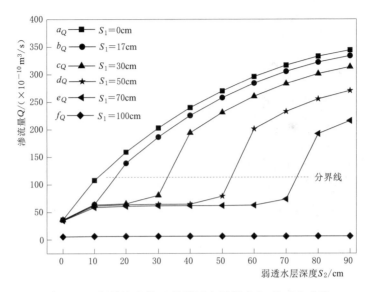

图 19-3 坝基渗流量 Q 随弱透水层深度 S_2 的变化曲线

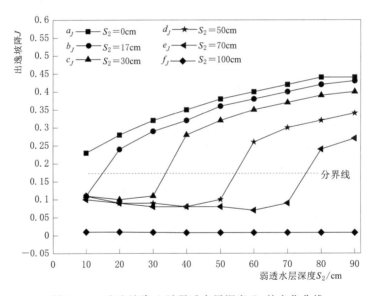

图 19-4 出逸坡降 J 随弱透水层深度 S_2 的变化曲线

藏深度越大对大坝渗流稳定越不利。

（2）坝基设置悬挂式及半封闭式防渗墙时（如曲线 $b_Q - e_Q$、$b_J - e_J$ 所示），Q、J 随着弱透水层深度 S_2 增大而增大。当 S_2 增大，防渗墙由悬挂式（分界线以上）转变为半封闭式（分界线以下），$b_Q - e_Q$ 对应渗流量分别降低 53.88%、58.49%、60.75%、61.76%；$b_J - e_J$ 对应出逸坡降分别降低 54.17%、60.71%、61.54%、62.5%。可见，防渗墙与弱透水层形成的半封闭式联合防渗体系在降低渗流量 Q 和抑制出逸坡降 J 方面的效果较好。坝基中弱透水层埋藏深度越大，与防渗墙形成的半封闭式防渗体系在降低渗流量 Q 和抑制出逸坡降 J 方面的效果越显著；弱透水层所处位置越浅，效果则与之相反。

（3）当设置全封闭式防渗墙时（如曲线 f_Q、f_J 所示），随着弱透水层深度 S_2 增大，渗流量 Q 由 $5.33\times10^{-6}\,\mathrm{m^3/s}$ 增大至 $6.16\times10^{-6}\,\mathrm{m^3/s}$，仅降低 $0.83\times10^{-6}\,\mathrm{m^3/s}$；出逸坡降由 0.01 降低至 0.008，降低 0.02。由此可见当坝基采用全封闭式防渗墙时，弱透水层的位置对坝基渗流的影响较小。

需要说明的是弱透水层在坝基表层，整个坝基往往视为二元结构，此类坝基在堤坝工程中最为常见，其渗流试验研究成果丰硕，不在此赘述。当弱透水层处于坝基中间位置时，垂直防渗墙深度变化时，坝基渗流规律尚不明朗，需要进行试验研究。

19.3 中间弱透水层对渗流的影响

试验中坝基上层砂土、中间黏土、下层砂土，以厚度分别为 50cm、5cm、45cm 作为代表进行试验。此外，为了显示上述弱透水层（中间黏土层）在坝基中作用，设置坝基不存在弱透水层情况进行对比试验研究。

当防渗墙深度 $S_1=100\mathrm{cm}$ 时为全封闭式防渗墙；当 $S_1=70\mathrm{cm}$、50cm 时为半封闭式防渗墙；$S_1=30\mathrm{cm}$、17cm 时为悬挂式防渗墙；$S_1=0\mathrm{cm}$ 时，坝基未采取任何防渗措施。

19.3.1 坝基渗流量分析

试验测得不同防渗墙深度 S_1 下坝基渗流量 Q，将计算结果列入表 19-2。

表 19-2　　　　　　　　　　不同防渗墙深度下坝基渗流量

防渗墙深度 S_1 /cm	坝基渗流量 $Q/(10^{-10}\,\mathrm{m^3/s})$							
	有 弱 透 水 层				无 弱 透 水 层			
	10	15	20	25	10	15	20	25
0	97.96	147.26	196.77	246.32	140.62	211.25	282.08	352.94
17	92.39	138.85	185.46	232.12	136.59	205.17	273.89	342.65
30	80.5	120.92	161.46	202.04	128.99	193.71	258.53	323.39
50	25.56	38.34	51.15	63.98	112.54	168.94	225.45	281.98
70	24.71	37.06	49.43	61.84	92.81	139.31	185.85	232.43
100	2.45	3.68	4.91	6.17	2.49	3.74	4.99	6.27

根据表 19-2 作出有弱透水层和无弱透水层时坝基渗流量 Q 随防渗墙深度 S_1 的变化曲线，如图 19-5 所示。

由图 19-5 可知：

（1）当弱透水层不存在时，Q 随着防渗墙深度 S_1 的增大而降低。当防渗墙底端未嵌入底部时，渗流量降低较为缓慢，水头 $h=10\sim25\mathrm{cm}$ 时曲线斜率平均值分别为：0.68、1.03、1.37、1.72。当防渗墙由贯入度为 0.7 转为封闭式时，渗流量都降低 97.32%。

（2）当弱透水层存在时，当防渗墙深度小于 50cm 时，为悬挂式防渗墙，此时渗流量降低的速度较为缓慢。当防渗墙由悬挂式转为半封闭式时，渗流量迅速降低，分别降低

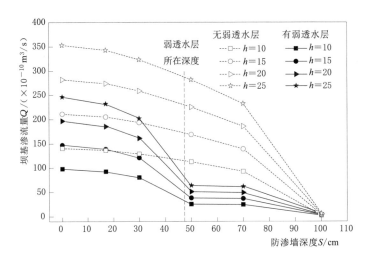

图 19-5 坝基渗流量 Q 随防渗墙深度 S_1 的变化曲线

68.25%、68.29%、68.32%、68.33%。当防渗墙穿过弱透水层后，继续增大防渗墙深度 S_1，渗流量分别仅降低 3.33%、3.34%、3.36%、3.34%。当防渗墙到达砂槽底部时，此时渗流量将至最低。

（3）对比发现，当防渗墙深度 $S_1=50$cm，水头 $h=10$cm、15cm、20cm、25cm 时，由防渗墙和弱透水层组成的半封闭式防渗体系为无弱透水层时对应坝基渗流量的 22.71%、22.69%、22.69%、22.69%。

综上所述，处于坝基中间位置的弱透水层和防渗墙形成半封闭式防渗体系，能有效阻隔水体渗向下游，从而减小坝基渗流量。

19.3.2 坝基出逸坡降分析

根据各测压管的压力值，计算出坝基出逸坡降，列入表 19-3。

表 19-3 不同防渗墙深度下出逸坡降

防渗墙深度 S_1 /cm	出逸坡降 J							
	有 弱 透 水 层				无 弱 透 水 层			
	10	15	20	25	10	15	20	25
0	0.11	0.16	0.22	0.27	0.15	0.22	0.29	0.36
17	0.1	0.15	0.21	0.26	0.14	0.21	0.28	0.35
30	0.09	0.13	0.19	0.22	0.13	0.2	0.26	0.33
50	0.03	0.04	0.05	0.06	0.11	0.17	0.22	0.28
70	0.03	0.04	0.05	0.06	0.09	0.14	0.28	0.23
100	0.002	0.004	0.007	0.008	0.004	0.007	0.009	0.01

根据表 19-3，作有弱透水层和无弱透水层时坝基出逸坡降 J 随防渗墙深度 S_1 的变化曲线，如图 19-6 所示。

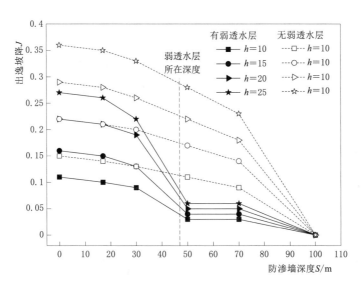

图 19 - 6　出逸坡降随防渗墙深度的变化曲线

由图 19 - 6 可得，出逸坡降 J 随防渗墙深度 S_1 的变化规律与图 19 - 5 类似。坝基出逸坡降 J 都是随着防渗墙深度 S_1 的增大逐渐降低，且有弱透水层时的降低速度明显高于无弱透水层时的降低速度；当防渗墙未到达砂槽底部时，有弱透水层时的坝基出逸坡降明显低于无弱透水层时；但当防渗墙到达砂槽底部时，有弱透水层所对应的坝基出逸坡降反而高于无弱透水层时。

对比坝基中有、无弱透水层可得，当防渗墙深度 $S_1=50cm$、坝前水头 $h=25cm$ 时，有、无弱透水层对应的坝基出逸坡降分别为：0.06、0.28，无弱透水层的出逸坡降为有弱透水层时的 4.67 倍；当 $h=20cm$ 时，无弱透水层时的出逸坡降为有弱透水层的 4.4 倍；当 $h=15cm$ 时，无弱透水层时的出逸坡降为有弱透水层的 4.25 倍；当 $h=10cm$ 时，无弱透水层的出逸坡降为有弱透水层时的 3.67 倍。由此可见，弱透水层的存在能明显降低出逸坡降。

综上所述，弱透水层和防渗墙形成联合防渗体系，能有效抑制坝基出逸坡降。但当防渗墙到达砂槽底部时，弱透水层不能体现其抑制坡降作用，相对弱透水层不存在的情况，出逸坡降反而有一小幅度的升高。弱透水层隔水作用明显，有弱透水层存在时的上层坝基中的水压力要高于无弱透水层存在时，通过土工布渗向下游的流量相对较大，渗径减小，从而使得出逸坡降有一较小幅度的提升。

19.3.3　孔隙水压力

根据测压管的孔隙压力值，借助绘图软件 Sufer 绘制有、无弱透水层时坝基等势线分布图。以水深 $h=25cm$、防渗墙深度 $S_1=0cm$、30cm、50cm 时为代表进行分析。

19.3.3.1　有弱透水层

坝基渗流等势线分布图如图 19 - 7 所示。其他坝前水头 h 及防渗墙深度 S_1 所对应的渗流等势线图与之类似，不再一一赘述。

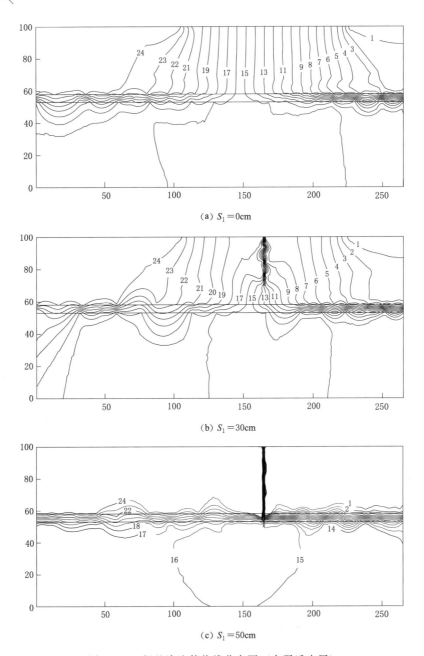

图 19-7　坝基渗流等势线分布图（有弱透水层）

由图 19-7 可得，防渗墙深度 $S_1 = 30$cm 时，等势线 3-23 集中在弱透水层和防渗墙中。当防渗墙深度 $S_1 = 50$cm 时，坝基渗流等势线 2-24 集中在弱透水层和防渗墙中，绝大多数的水头被弱透水层和防渗墙形成的联合防渗体系消减，残余水头较小。

19.3.3.2　无弱透水层

同上绘制水深 $h = 25$cm、$S_1 = 0$cm、30cm、50cm 时坝基渗流等势线分布图，如图 19-8 所示。

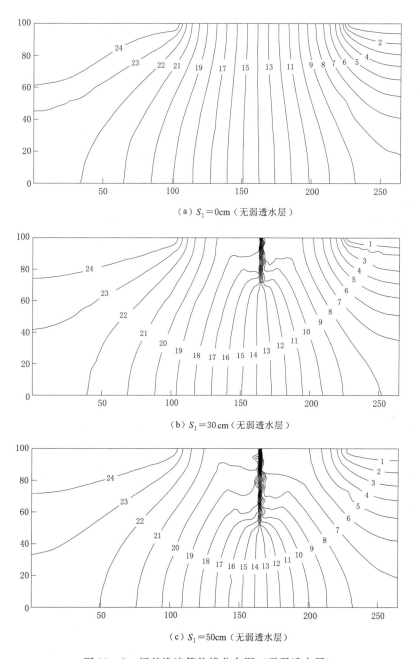

（a）$S_1=0$cm（无弱透水层）

（b）$S_1=30$cm（无弱透水层）

（c）$S_1=50$cm（无弱透水层）

图 19-8　坝基渗流等势线分布图（无弱透水层）

由图 19-8 可知，当防渗墙深度 $S_1=30$cm 时，坝基的等势线存在明显的集中现象，等势线 9-18 集中分布在防渗墙附近。当防渗墙深度 $S_1=50$cm 时，等势线 7-20 同样集中分布在防渗墙附近，但其消减水头的效果较差，残余水头较大。

对比图 19-7～图 19-8 可得，绝大多数水头被弱透水层和防渗墙形成的联合防渗体系消减，残余水头较小，与 3.2 节中联合防渗体能有效降低渗透坡降的结论相验证。

19.4　结论及建议

（1）深厚覆盖层中间位置处若存在弱透水层，弱透水层与防渗墙联合使用能形成半封闭式防渗体系，在削减坝基渗流量及渗透坡降方面的效果显著。在满足渗流控制要求的前提下，若采用该防渗体系，可大大减小防渗墙深度。

（2）埋藏深度越大的弱透水层与防渗墙形成半封闭式防渗体系，在降低渗流量和出逸坡降方面的效果越显著；弱透水层所处位置越浅，效果则与之相反。

需要说明的是，本章仅针对弱透水层的位置对坝基控渗影响的初步探索，对实际工程具有一定的指导意义，但弱透水层的厚度、连续性和渗透性等对坝基控渗都有较大的影响，仍需开展大量研究工作，进一步深入研究。

第 20 章

含浅层强透水层堤基的上覆砂层管涌试验研究

管涌是指地基土体在渗流作用下，填充在土体骨架中的细颗粒被渗流水带走并形成集中渗流通道的地质现象。大量洪灾资料表明，在大堤洪灾中，管涌险情数量最多，分布范围广，且易诱发重大险情，甚至导致大堤溃口，是江河大堤在汛期危害最大的险情之一。1998 年，长江干流和洞庭湖区堤防分别出现险情 698 和 626 处，其中管涌分别为 366 和 343 处，分别占 52.44%、54.79%。因此，研究堤基上覆土层管涌破坏的发生发展及破坏机理，优化管涌的预防及治理措施具有重大意义。由于江河上的堤坝工程多坐落于双层堤基上，学者们意识到有必要针对双层堤基管涌破坏进行研究。通过有限元、离散元等数值模拟软件或砂槽模拟试验研究管涌破坏过程及机理，如罗玉龙等、陈建生等、李广信等、梁越等借助砂槽模拟试验分别观察了管涌的破坏过程，通过分析试验中的参量研究管涌的破坏机理。胡亚元等、陈生水等、周晓杰等、周健等、刘昌军等分别采用 Galerkin、FEG、PFC^{3D}、GWSS 等数值模拟软件建立双层堤（坝）基管涌动态破坏过程，得出管涌破坏与堤身长度、各层堤基的厚度、堤坝两侧水头差的关系。此外，美国、日本、德国、荷兰等国学者也针对双层堤基的管涌机理进行试验研究，并取得部分成果。但上述国内外学者主要研究对象为单、双和多层堤基，目前针对局部区域存在埋藏较浅的强透水层的堤基管涌破坏过程及机理的研究还较鲜见。经大量调查资料显示，堤基中局部区域含有浅层强透水层的情况亦较为普遍，如长江中下游堤防、珠江的北江大堤、江西省九江市城防堤、湖南省安造垸堤防、湖北省孟溪垸堤防、湖北省簰洲湾堤防、湖北洪山武金堤和安徽鲁港大堤，亟待深入研究。

本章以局部存在浅层强透水层的砂土堤基为研究对象，借助室内砂槽模型试验，观察堤基管涌破坏的过程，并通过筛分试验和静力触探试验探讨研究管涌破坏的机理，从而提出防治方案及治理措施。

20.1 材料与方法

20.1.1 材料特性

室内管涌试验共计三种材料：砂卵砾石、砂土、聚乙烯透明塑料纸，其中砂卵砾石和砂土构成局部区域含有浅层强透水层的堤基结构，垂直防渗体和堤身采用聚乙烯透明塑料纸代替。土体均取自长江堤防重庆万州段左岸，经室内筛分试验，作砂卵砾石和砂土的颗粒级配曲线，如图 20-1 所示。

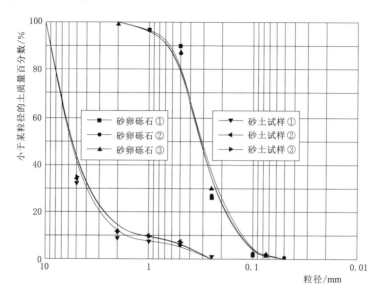

图 20-1 砂卵砾石和砂土的颗粒级配曲线

由图 20-1 可得，砂土的有效粒径 $d_{10}=0.15$、中值粒径 $d_{30}=0.24$、限制粒径 $d_{60}=0.37$，不均匀系数 $C_u=d_{60}/d_{10}=2.47$，曲率系数 $C_c=d_{30}^2/d_{10}d_{60}=1.04$。砂卵砾石的不均匀系数 C_u、曲率细数 C_c 参照同样方法求得。

通过烘干法测得土体的含水率、干密度，将土样的基本物理性质指标列入表 20-1。

表 20-1 试验用土的基本物理性质指标

土类	含水率 /%	孔隙率 /%	干密度 ρ_d /(g/cm³)	有效粒径 d_{10}/mm	中值粒径 d_{30}/mm	限制粒径 d_{60}/mm	不均匀系数 C_u	曲率系数 C_c	渗透系数 k/(m/s)
砂土	8.94	33	2.42	0.15	0.24	0.37	2.47	1.04	5.07×10^{-5}
砂卵砾石	9.42	42	1.98	1	3.8	7.4	7.4	1.95	5.18×10^{-3}

由表 20-1 可知，砂土和砂卵砾石的渗透系数分别为 5.07×10^{-5} m/s、5.18×10^{-3} m/s，砂卵砾石的渗透系数为砂土的 102.17 倍，砂土为相对弱透水层，砂卵砾石为相对强透水层（以下简称强透水层）。

20.1.2 试验方法

20.1.2.1 试验装置

本试验装置用于模拟局部含有浅层强透水层的堤基渗流过程，观察管涌破坏过程和研究该特定堤基的管涌破坏机理。砂槽模型试验布置如图 20-2 所示。

由图 20-2 可得，试验装置由砂槽、测压板、高位水塔组成。砂槽由透明的有机玻璃板和角钢构成，试验砂槽呈"鞋形"，左端为水箱，高于右端。砂槽为长 100cm，宽 30cm，左端高 90cm，右端高 50cm，将砂槽底部高程记为 ±0cm。砂土和砂卵砾石分层填筑，构成含有局部浅层强透水层的地基，砂卵砾石厚度为 15cm，砂卵砾石底部高程为

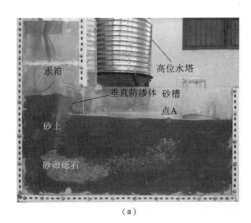

（a）　　　　　　　　　　　　　（b）

图 20-2　砂槽模型试验布置图

5cm，距离砂槽右壁 25cm。砂卵砾石上覆砂土层厚度为 8～20cm。聚乙烯透明塑料纸深入堤基中，底端高程为 20cm，顶端与水箱侧壁相连接。

　　高位水塔蓄水量为 0.85m³，借助进水管向左端水箱引水，模拟河堤靠近河道一侧的河流水位。水箱的侧壁上设置了水位调节管，高程为 40cm。砂槽右端设置有排水管，高程为 40cm，为避免在排水过程中将表层细砂带走，排水管用纱布包裹。砂槽中布置 22 个多孔进水型铝管测压计，并与测压管相连接，得出各监测点的孔隙水压力值。测压监测点的编号分别为 $A_1 - A_4$、$B_1 - B_4$、$C_1 - C_4$、$D_1 - D_4$、$E_2 - E_3$、$F_1 - F_4$。

　　水箱水位 h 分别为 42～60cm，每隔 2cm 设置一水头，共计 10 个。本试验主要观察含有局部浅层强透水层堤基的管涌破坏过程，研究堤基管涌破坏机理，不考虑堤身的渗流，堤身用聚乙烯透明塑料纸和有机玻璃板代替。水位调节管和进水管共同调控水箱的水位。测压管中滴入红色试剂，便于精确读数。

20.1.2.2　试验步骤

　　（1）布置垂直防渗体。采用透明胶水将聚乙烯透明塑料纸两侧固定在水箱侧壁，并用透明胶带加固，防止接缝处渗漏。

　　（2）堤基填筑及多孔铝管测压计的安装。堤基填筑通过干密度、土料含水率控制，按照如图 20-2（a）所示进行分层压实；填筑过程中，在 22 个测压监测点安装多孔进水型铝管测压计。

　　（3）蓄水及测压管排气。打开进水阀，开始蓄水，将水箱调控至预设水位。读数前应将测压管（透明橡胶管、硬塑料管）中的气泡排净，精确读数。

　　（4）读数。通过烧杯量测排水管的流量（即渗流量）。为减小孔隙水压力读数误差，进行多次读数，求取均值。同理，读取 3 次测压监测点的水头，求取平均值。

　　（5）观察渗透管涌破坏过程。观察上覆砂层渗透破坏的发生及发展，借助高清照相机拍摄强透水层上覆砂土在各水头下的渗流情况。

　　（6）试验对比分析。取 A 点区域的砂土进行静力触探试验和颗粒筛分试验，测出锥头阻力和各粒径砂土所占的百分比。

　　（7）多次测量点 A 的高程，求取平均值。

（8）改变水箱水位 h，重复步骤（1）～步骤（7）。

20.2　理论计算及试验结果

20.2.1　理论计算

本章采用 Koenders 模型为理论基础，基于工程实用和物理模型试验理解的考虑，发展了 Sellmeijer 的模型，推导得出临界水力梯度公式：

$$i_c = \frac{H_{crit}}{L} = c\left(\frac{\gamma_p}{\gamma_w} - 1\right)\tan\theta(1 - 0.65c^{0.42}) \tag{20-1}$$

$$c = \frac{1}{4}\pi\eta^3\sqrt{\frac{d^2}{k}\frac{d}{\frac{1}{2}L}} \tag{20-2}$$

式中　H_{crit}——临界水头；

L——渗流长度；

γ_p——土粒容重；

γ_w——水的容重；

θ——休止角；

d——土颗粒平均粒径；

k——渗透系数；

η——阻力系数。

将式（12-2）代入式（12-1）可得：

$$i_c = \frac{1}{4}\pi\eta^3\sqrt{\frac{d^2}{k}\frac{d}{\frac{1}{2}L}}\left(\frac{\gamma_p}{\gamma_w} - 1\right)\tan\theta\left[1 - 0.65\left(\frac{1}{4}\pi\eta^3\sqrt{\frac{d^2}{k}\frac{d}{\frac{1}{2}L}}\right)^{0.42}\right] \tag{20-3}$$

本次试验中，L 取 75cm，γ_p 取 28.7kN/m³，γ_w 取 9.8kN/m³，θ 取 35°，d 取 0.42mm，k 取 5.07×10^{-5}m/s，将参数代入式（12-3），计算得到砂土的临界水力梯度 $i_c = 0.152$。

20.2.2　试验结果

试验中采用逐级升高水箱水位的方式来驱动渗流及渗透破坏的发生过程，从 42cm 一直增大至 60cm，观察渗流现象。当该级水头下渗流稳定后，再抬高至下一级水头进行试验，每次抬升 2cm。根据渗流量和各测压管读数是否发生变化，判定堤基渗流是否达到稳定状态。当各级水头达到稳定状态下，记录各级水位值、测压管读数和堤基渗流量，将结果列入表 20-2。J 为平均渗透比降 $J = h/L$，式中 L 为最短渗径，即为管涌口到进水面的最短距离，本试验中 L 取 75cm。

表 20 – 2   渗流量及渗透坡降

渗流量 Q 及渗透坡降 J		
水箱水位 h/cm	渗流量 $Q/(\times 10^{-4}\,\mathrm{m}^3/\mathrm{s})$	J
42	0.578	0.034
44	1.146	0.067
46	1.714	0.100
48	2.282	0.133
50	2.85	0.166
52	3.418	0.199
54	3.986	0.232
56	4.554	0.265
58	5.122	0.298
60	5.69	0.331

20.3　试验现象分析

借助高清照相机对管涌发生前、管涌发展过程进行拍照，利用图像观察细砂颗粒在砂土颗粒间的移动现象，各水位下拍摄得到的典型图像如图 20 – 3 所示。

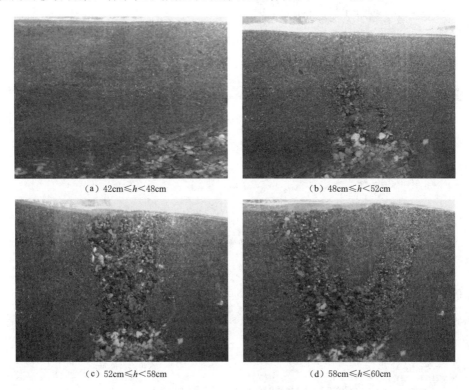

（a）42cm≤h<48cm　　　　　（b）48cm≤h<52cm

（c）52cm≤h<58cm　　　　　（d）58cm≤h≤60cm

图 20 – 3　表层砂土管涌图

由图 20 - 3 可得，砂土层渗流过程可以分为以下几个阶段：

（1）稳定渗流阶段（42cm≤h＜48cm），如图 20 - 3 （a）所示。在该阶段 A 点的渗透坡降从 0.034 逐渐升高至 0.133，小于砂土的临界水力梯度 i_c＝0.152。渗流初期砂土表层有浑水冒出，在砂土颗粒骨架间有气泡在移动，一些细小的粉土颗粒随着渗流水移出土体骨架颗粒，15min 后渗水逐渐清澈。将水箱水位升高至 48cm 时，A 处砂土骨架颗粒间有细小砂粒开始出现轻微的翻滚，但由于渗透坡降较小，细颗粒并未随渗流水流走。

（2）细颗粒流失阶段（48cm≤h＜52cm），如图 20 - 3 （b）所示。A 点的渗透坡降由 0.166 升高至 0.199，J_A 大于临界水力梯度 i_c＝0.152，砂层发生管涌破坏，管涌范围相对较小，靠近强透水层的砂土中的细颗粒在渗透力的作用下翻滚"沸腾"，细颗粒随渗水从管涌口逐渐流失。从图中不难看出，靠近砂卵砾石表层的砂土仅剩下粗颗粒，能清晰地反映出砂土层的骨架颗粒。

（3）较细颗粒流失阶段（52cm≤h＜58cm），如图 20 - 3 （c）所示。A 点的渗透坡降在上一阶段的基础上进一步增大至 0.289，从图中清晰可见，管涌通道呈 V 形，较细颗粒随着渗水进一步流失，砂土骨架颗粒与砂卵砾石层联通成一优先渗流通道。

（4）管涌破坏扩大阶段（58cm≤h≤60cm），如图 12 - 3 （d）所示。渗透坡降升高到 0.331，为临界水力梯度的 2.18 倍。对比图 20 - 3 （c）和图 20 - 3 （d）可得，在该水利梯度下管涌破坏范围进一步扩大，管涌破坏仍呈现 V 形。

20.4　堤基渗流场与颗粒级配分析

20.4.1　堤基渗流场分析

通过烧杯量测排水管的流量，即得到堤基渗流量，作渗流量随水箱水位的变化曲线如图 20 - 4 所示。

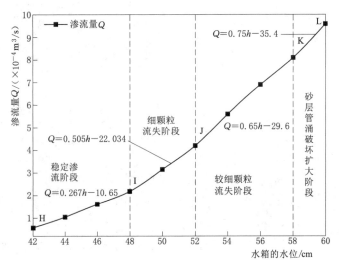

图 20 - 4　堤基渗流量随水箱水位的变化曲线

　　当处于稳定渗流阶段（H-I）时，渗流量很小，流速缓慢，随上游水头的上升呈线性增长，经拟合 Q 随 h 变化的函数表达式为：$Q=0.267h-10.65$，可见在稳定渗流阶段其渗透系数未发生改变。随着水箱水位进一步升高，砂土层发生管涌破坏，渗流进入细颗粒流失阶段（I-J），渗流量突然增大，偏离 H-I 阶段的线性函数，砂土的渗透系数明显增大。

　　最后进入较细颗粒流失阶段（J-K）和砂层管涌破坏扩大阶段（K-L）。在后三个阶段中，渗透系数相比稳定渗流阶段都有较为明显的增大趋势，Q 随 h 变化的函数表达式分别为：$Q=0.505h-22.034$、$Q=0.65h-29.6$、$Q=0.75h-35.4$。

　　根据测压管水头（多次读数求取平均值）计算得出图 20-2（a）中点 A 的渗透坡降 J_A，作渗透坡降 J_A 随水箱水位 h 的变化曲线如图 20-5 所示。

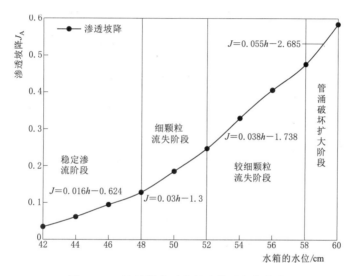

图 20-5　渗透坡降随水箱水位的变化曲线

　　由图 20-5 可以得出，渗透坡降 J_A 随水箱水位 h 的变化规律同图 20-4 一致，同样分为渗流稳定阶段、细颗粒流失阶段、较细颗粒流失阶段、砂层管涌扩大阶段，各阶段近似呈线性变化，其表达式分别为：$J_A=0.016h-0.624$、$J_A=0.03h-1.3$、$J_A=0.0386h-1.738$、$J_A=0.055h-2.685$；每一阶段的变化规律在此不再赘述。

20.4.2　管涌处砂土颗粒级配分析

　　第 3 节已经针对试验过程的现象进行了详细描述，4.1 小节中针对渗流量 Q 和砂土表层 A 点处的渗透坡降 J_A 进行分析，分析得到在渗流稳定阶段未发生渗透破坏，随着水箱水位的升高，表层砂土逐渐发生管涌破坏。分析中可以看出，渗透系数的增大导致渗流量增加，砂土骨架颗粒间的间隙决定了渗透系数的大小。在不同水箱水头下，取 A 点附近区域的砂土层进行筛分试验，将结果列入表 20-3。

　　基于表 20-3 中各粒径砂土所占百分比，做 A 点处砂土在试验前后的颗粒级配曲线，如图 20-6 所示。

表 20-3 砂土各粒径所占百分比

砂 土 层	42cm≤h<48cm	48cm≤h<52cm	52cm≤h<58cm	58cm≤h≤60cm
≤2mm	100	100	100	100
≤1mm	97.5	97.46	97.44	96.6
≤0.5mm	87.41	87.18	87.11	82.85
≤0.25mm	26.61	25.23	24.89	0
≤0.1mm	2.29	0.45	0	0
≤0.075mm	1.85	0	0	0
≤0.05mm	0	0	0	0

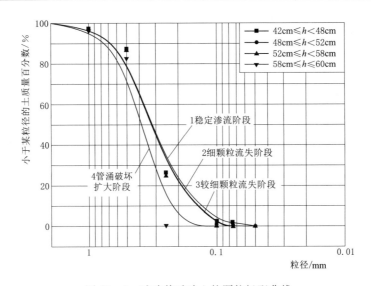

图 20-6 试验前后砂土的颗粒级配曲线

结合表 20-3 和图 20-6 可得，当堤基处于稳定渗流阶段（42cm≤h<48cm）时，$0.034 \leqslant J < 0.128$，$J < i_c = 0.152$，由于该阶段渗透坡降小于允许值，不发生管涌破坏。对比图 20-6 曲线 1 和图 1 砂土试样曲线可得，在试验前和稳定渗流阶段，砂土试样的颗粒级配未发生改变。

当堤基处于细颗粒流失阶段（48cm≤h<52cm）时，$0.128 \leqslant J < 0.247$，超过允许值，在该阶段随着水箱水位的升高，逐渐发生管涌破坏，由表 20-2 和图 20-6 可得 $0.05 < d \leqslant 0.075$ 粒级砂土颗粒所占比例由 1.85% 降低至 0，可见在管涌破坏过程中，$0.05 < d \leqslant 0.075$ 粒级的砂土颗粒通过管涌通道并被带出砂土层。

同理，当堤基处于较细颗粒流失阶段（52cm≤h<58cm），$0.247 \leqslant J < 0.476$，对比曲线 2 和曲线 3 可得，$0.075 < d \leqslant 0.1$ 粒级的砂土颗粒流失。堤基处于管涌破坏扩大阶段（58cm≤h≤60cm），$0.476 \leqslant J < 0.585$，对比分析曲线 3 和曲线 4 可得，$0.1 < d \leqslant 0.25$ 粒级的砂土颗粒进一步流失，砂土渗流骨架颗粒发生改变，管涌通道进一步扩大。

20.5　堤基应力场分析

20.5.1　锥头阻力分析

锥头阻力在静力触探试验中扮演重要角色，通过锥头阻力能获得岩土体力学参数，能表征土体的级配状况。采用静力触探试验获取试验前后砂土层的锥头阻力值，作砂土层锥头阻力随深度的变化如图 20-7 所示。

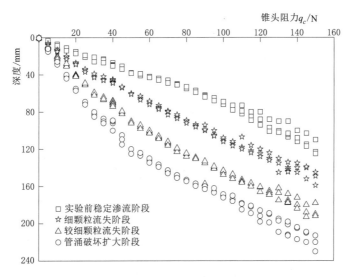

图 20-7　管涌前后砂土的锥头阻力

砂土属粗颗粒土，没有凝聚力，其抗剪强度的大小主要取决于内摩擦角，锥头阻力的表达式为：

$$q_c = \sigma_{v0} N_q \tag{20-4}$$

式中　σ_{v0}——土层上覆压力，kPa；和土层的深度有关，$\sigma_{v0} = \gamma h$，N_q 为对砂土的无量纲锥头阻力系数。

由图 20-7 可得，各阶段下砂层的锥头阻力都随着贯入深度的增加而增大，同式（20-4）的规律相符。对比各阶段的锥头阻力的变化规律可得，随着管涌破坏的发展，砂土骨架颗粒间的细颗粒逐渐流失，锥头阻力逐渐变小。由此可见，由于管涌破坏，砂土层中的细颗粒被带走，土体颗粒间的相互作用力发生改变，锥头阻力下降。

20.5.2　管涌处砂土沉降分析

随着水箱水位的升高，A 点区域砂土的渗透坡降随之增大，砂土层逐渐发生管涌破坏，改变砂土骨架颗粒的应力状态，A 点高程逐渐减小，做点 A 的高程随水箱水位的变化曲线，如图 20-8 所示。

由图 20-8 可得，在各阶段 A 点高程随水箱水位变化的规律一致，都是随着水箱水位的升高而降低，总沉降为 8.67cm。但也存在不同，其沉降速度存在明显的区别，1～4

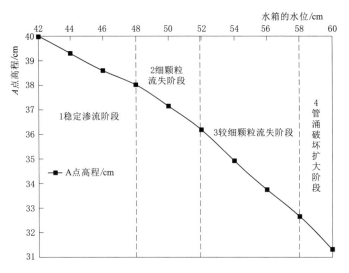

图 20 - 8　点 A 的高程随水箱水位的变化曲线

阶段的沉降量分别为：1.97cm、1.82cm、3.53cm、1.35cm，分别占总沉降的 22.72%、20.99%、40.72%、15.57%。由此可见，管涌出口处砂层的主要沉降发生在较细颗粒流失阶段。

20.6　结论与建议

（1）局部浅层强透水层易形成优先渗流通道，其上覆较薄砂土层易被"击穿"，即发生管涌破坏。管涌破坏分为稳定渗流阶段、细颗粒流失阶段、较细颗粒流失阶段、管涌破坏扩大阶段；其中稳定渗流阶段无砂颗粒流失，后三个阶段分别流失 $0.05 < d \leqslant 0.075$、$0.075 < d \leqslant 0.1$、$0.1 < d \leqslant 0.25$ 粒级砂土。

（2）随着管涌破坏的发展，砂土中的细颗粒流失，砂土渗透系数上升，渗流量和渗透坡降快速增大，且在各阶段近似呈线性变化；锥头阻力逐渐变小，砂土层发生沉降，且最大沉降发生在较细颗粒流失阶段。

堤基中若存在强透水层时，应给予足够的重视，采取增大防渗墙深度截断强透水层或设置反虑等措施，防止发生管涌破坏。

第 21 章

层状粗粒土内部侵蚀试验研究

21.1 试验目的

层状土的内部侵蚀是指弱透水层中细颗粒在渗流作用下弥散到强透水层，并逐渐沿粗颗粒之间的孔隙移动流失的现象。这种现象可能会在水力作用下，逐渐扩散形成渗漏通道，例如：巴基斯坦 Tarbela 大坝以及美国华盛顿州 Elwha 河大坝就是由内部侵蚀导致大坝整体沉降失事；亦可能由于细颗粒弥散的作用填补粗颗粒孔隙，形成新的稳定。层状土的内部侵蚀往往是细颗粒启动、运移开始的。本试验以层状粗粒土为研究对象，借助自制透明竖向渗透仪，观察层状土在不同几何条件下粗粒土中细颗粒运移规律以及整体结构的变化，探明渗透侵蚀过程。

21.2 试验仪器及方法

本试验采用自制竖向渗透仪，渗透仪直径为 150mm，高为 650mm（除去底座）。渗透仪包括仪器筒、底座，水流由下向上，土样顶面为自由面。

供水设备包括蠕动泵、调压阀、水箱。由调压阀调节水压保持常水头水循环状态。量测设备包括测压管、量杯、秒表、温度计、流量计。为准确测量土样中的水力梯度，在仪器筒的左侧安装了上、下共 8 根测压管。下测压管距仪器底面 5cm，上下测压管间距为 5cm。出口处安装流量计，便于测量出口处流速。流量计下方设有颗粒收集器，将试验中通过出口流出的细颗粒进行收集。试验模型装置图如图 21-1 所示：

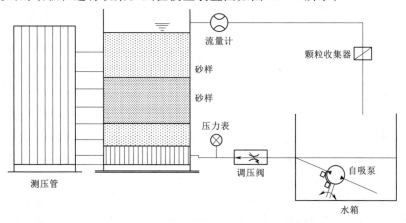

图 21-1　内部侵蚀模型装置示意图

　　土样装样时在仪器底部铺设厚度为 5.8cm（底部不计）、粒径大于 20mm 的卵砾石，作为水流缓冲区，保证水流均匀向上，避免产生集中力。

　　土样分层装入仪器中，按照试验设计的干密度用捣实棒捣实至预定高度，然后采用水头饱和法，使土样饱和。根据经验粗略估计土样渗透破坏的临界坡降，选择初始渗透坡降及渗透坡降递增值。每次升高水头 30～60min 后，记录测压管水头，间隔时间为 20～30min。仔细观察水的浑浊程度、测压管水头的变化以及是否出现细颗粒的跳动、移动或被水流带出、土体悬浮等现象，并观察记录细颗粒在土样内部的移动路径。当测压管水头稳定后停止，即升高至下一级水头，重复上述步骤。

21.3　试验与材料

　　为了分析几何条件对试验结果的影响，本试验模拟四种工况，并选用 5 种材料：卵石、砾石^1、砾石^2、细砂^1（白色）、细砂^2（黑色）。其中，细砂^1 为试验所用标准砂，细砂^2、砾石^1、砾石^2、卵石均取自为长江沿岸，土样中各材料物理性质指标见表 21-1。

表 21-1　　　　　　　　　　土体物理性质指标

土体	粒径 d/mm	含水率 w/%	孔隙率 n/%	干密度 p_d/(g/cm^3)	渗透系数 k/(cm/s)
细砂^1	0.075～0.1	0.27	4.40	2.59	2.24×10^{-2}
细砂^2	0.075～0.1	0.67	3.18	2.63	2.65×10^{-2}
砾石^1	5～10	1.70	9.23	2.40	8.27×10^{-2}
砾石^2	2～10	1.65	9.8	2.40	4.5×10^{-2}
卵石	20～30	1.50	30	2.50	1.157×10^{-1}

21.4　试验现象及分析

21.4.1　颗粒启动条件

　　采用 Happel 毛细管模型，由管壁细颗粒推导出颗粒启动的最小渗流速度，则侵蚀发生的临界条件为：

$$v=\frac{B^2}{2\mu r(2B-r)}\left[\frac{1}{4}(\gamma_s-\gamma_w)r^2+\frac{c}{3\pi r}\right] \tag{21-1}$$

式中　B——圆管半径，mm；

　　　r——颗粒半径，mm；

　　　γ_s——细颗粒重度，kN/m^3；

　　　γ_w——水的重度，kN/m^3；

　　　μ——表观黏滞系数；

　　　c——土壤黏聚力，kN。

　　以细砂^1 为例，试验中，$B=75$mm；$r=0.09$mm；$\gamma_s=25.88$kN/m^3，$\gamma_w=9.8$kN/

m³；$\mu=1.0087$；$c=0$kN；将参数代入上式得，细砂[1]的启动速度为 6.65×10^{-6}m/s。

根据达西定律：

$$i=\frac{v}{k} \tag{21-2}$$

式中　i——水力坡降；

　　　k——渗透系数，m/s。

将 $k=2.247\times10^{-5}$m/s 代入式（21-2）得 $i_c=0.296$。同理，细砂[2]的临界启动速度为 6.83×10^{-7}m/s，临界启动坡降 $i_c=0.258$；混合砾石层平均临界启动速度为 4.67×10^{-4}m/s，临界启动坡降 $i_c=10.38$。

21.4.2　双层土侵蚀试验

本组试验采用的材料为 20～30mm 的卵石（a）与 0.075～0.1mm 细砂[1]（b）组成双层土（简称工况 1），如图 21-2 所示。两层土渗透系数之比为 $k_{卵}:k_{砂}=7.3:1$，卵石层与细砂层厚度分别为 18cm、12cm。拟采用 3 级水头探明两层土的侵蚀情况，水头高度分布变化曲线详如图 21-3 所示。

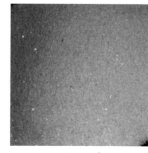

（a）卵石　　　　　　　　（b）细砂[1]　　　　　　　　（c）材料装样

图 21-2　双层土侵蚀试验用料与装样

由图 21-3 可得，在第 1 级水头下，h_1 为 27cm，$h_2\sim h_6$ 约为 26cm，h_1 与 $h_2\sim h_6$ 相差 3.7%，拟合函数为：$h=58-0.15d+0.0018d^2$。此时，水流平稳上升，缓慢浸润两层土，细砂层整体稳定，如图 21-4（a）所示；随着水头逐渐增加，测压管水头高度 h 随距离 d 变化的函数表达式为：$h=44.5-0.23d+0.0027d^2$；增加至第 2 级水头时，h_1 与 $h_2\sim h_6$ 分别为 43cm、40cm，比第 1 级水头下的测压管水头相比 h_1 与 $h_2\sim h_6$ 分别上升了 59%、54%，两层土接触面间的细颗粒开始跳动，少量细颗粒发生运移，此时，计算得 $i=0.33$，$i>i_c$。10min 后细颗粒停止跳动，两层土恢复稳定。第 3 级水头，h_1

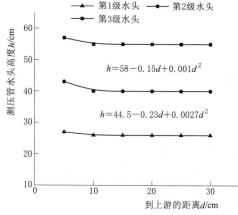

图 21-3　工况 1 水头高度 h 的分布及变化曲线

与 $h_2 \sim h_6$ 分别上升至 57cm、55cm，相比上一级水头，分别上升了 33%、38%，通过观察发现，层间细颗剧烈跳动，由于粒径相差过大，细砂层的细颗粒顺着卵石层之间的孔隙向上移动，并在卵石层上方形成砂沸。随着细颗粒向上移动量逐渐增加，10～20min 后，细颗粒填满卵石层间的空隙，土体整体沉降 15cm，发展过程如图 21-4（b）～图 21-4（d）所示。

  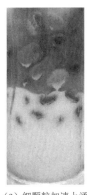 

(a) 浸润土样　　(b) 细颗粒开始跳动　　(c) 细颗粒加速上涌　　(d) 砂沸及整体沉降

图 21-4　细颗粒运移发展过程

综上所述，当层状土的组成为粒径相差较大的双层土时，侵蚀的水力条件达到后，土体层间极易发生侵蚀，并随水头增加由侵蚀转化为砂沸，最终造成土体整体沉降；此外，通过计算发现，卵石层对水头的平均消耗仅有 5%。

21.4.3　含混合砾石层的三层土侵蚀试验

本组试验与上组试验采用同一装置，材料与装样方面与上组试验相比，在细砂[1] 层与卵石层间添加 2～10mm 的砾石层（$d_{60}=5\text{mm}$）形成三层土（简称工况 2），如图 21-5 所示。其中土的渗透系数之比为 $k_{卵}:k_{砾2}:k_{砂}=5.2:2:1$，厚度之比为 $h_{卵}:h_{砾2}:h_{砂}=1:1:1$，放置深度均为 10cm；由于土样组成不同，即试验几何条件不同，拟采用 6 级水头探明三层土的侵蚀情况，水头高度分布变化曲线详见图 21-6。

(a) 细砂[1]　　　　(b) 砾石[2]　　　　(c) 卵石　　　　(d) 材料装样

图 21-5　工况 2 的试验材料及装样

由图 21-6 可知，当 $d = 10 \sim 30$ 时，h 呈曲线变化，其中5、6级水头的水头变化曲线拟合函数分别为：$h = 245 - 17.5d + 0.35d^2$、$h = 675 - 46.75d + 0.925d^2$。在第1～2级水头下，测压管1最高数值为27cm和43cm，其他测压管数值均为23cm左右，此时三层土样均无明显变化。在第3级水头下，测压管1最高数值为57cm，相比于第1级水头，测压管1的水头上升了110%，其他测压管的数值无明显变化，平均上升幅度仅为4%。当测压管的水头高度达到57cm时，细砂层开始跳动，部分达到启动条件的细砂进入砾石层并填充砾石层间的空隙。

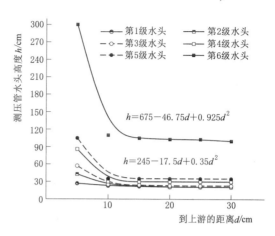

图 21-6 工况2的水头高度 h 的分布及变化曲线

20min后，细砂层停止跳动，增加至第4级水头，测压管1的数值上升至87cm，比第1级水头上升了220%，其他测压管的数值比第1级水头上升幅度为30%，三层土均无明显变化。同上，第5级水头，测压管1上升357%，其他测压管上升50%，测压管1与其他测压管上升幅度之比为7:1，三层土相对稳定，无明显启动、跳动现象。由于4～5级水头下，三层土并无明显变化，增大至第6级水头时，测压管1为第1级水头的130倍，为第3级水头的52倍，其余测压管分别为第1级和第3级水头的3.6、3.4倍。通过摄像机观察到，细砂层没有明显跳动现象，砾石层与卵石层接触面上，少量砾石达到临界启动条件，开始跳动，砾石层 $i = 12 > i_c = 10.38$。

综上所述，本组试验混合砾石层对水头强度的消杀作用明显，平均水头消杀率达到52%。水力条件与几何条件满足颗粒启动条件时，弱透水层的颗粒会首先开始跳动并开始发生运移；细颗粒在侵蚀过程中，会逐渐填补强透水层颗粒之间的空隙，当空隙被填满，几何条件不满足时，层间侵蚀即刻停止。本组试验第3级水头与第6级水头作用下产生的层间侵蚀情况如图 21-7（a）、图 21-7（b）所示。

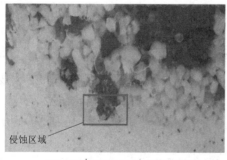

（a）细砂[1]层与混合砾石层接触面侵蚀

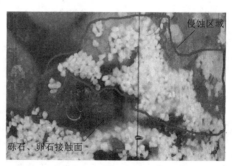

（b）砾石层颗粒启动

图 21-7 渗流作用下土样的层间侵蚀情况

21.4.4 替换中间层粒径的三层土侵蚀试验

为进一步探明几何条件对层状土侵蚀的影响，本组试验将上组试验中的混合砾石层替换为由粒径 5~10mm 的砾石组成的中间层（简称工况 3），如图 21-8 所示。三层土的渗透系数之比为 $k_{卵}$: $k_{砾石1}$: $k_{细砂1}$ ＝5.2：3.7：1。材料装样后，细砂层厚度为 6cm，砾石层厚度为 12cm，卵石层厚度为 12cm。

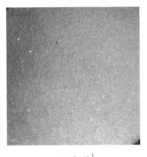

（a）细砂[1]　　　（b）砾石[1]　　　（c）卵石　　　（d）材料装样

图 21-8　试验用料及装样

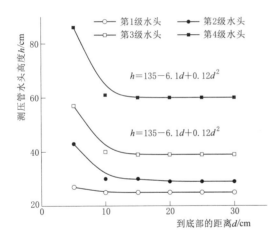

图 21-9　水头高度 h 的分布变化曲线

拟采用 4 级水头探明当第二层土颗粒组成发生变化后，三层土的侵蚀情况，具体水头高度变化曲线，如图 21-9 所示。

由图 21-9 可得，各级水头下，h 随 d 的变化规律大致相同。同上，当 $d=10~30$ 时，h 呈曲线变化，其中第 3、4 级水头高度曲线拟合函数分别为：$h=90-4.1d+0.08d^2$、$h=135-6.1d+0.12d^2$。第 1~2 级水头下，测压管 1 的水头与工况 2 相同分别为 27cm 与 43cm，其他测压管数值分别为 25cm 和 29cm，此时三层土样充分浸润，各层无跳动的现象。在第 3 级水头下，测压管 1 水头高度为 57cm，

相比于第 1 级水头，测压管 1 的水头上升了 110%，其他测压管的上升幅度为 56%。当测压管 1 的水头达到 57cm 时，细砂[1] 层的颗粒达到启动条件，部分细颗粒通过接触面进入到砾石层并沿着砾石间的空隙移动，如图 21-10（a）所示。随着砾石层间的空隙被逐渐填满，20min 后，接触面处的细颗粒跳动减弱，30min 后跳动停止，土层恢复稳定。增加第 4 级水头，细砂[1] 层与砾石层土接触面的细颗粒，开始剧烈跳动；2min 后，卵石层开始出现少量细砂颗粒，如图 21-10（b）所示；5min 后，大量细砂穿过卵石层涌出土层顶部，砾石层间出现多条侵蚀通道；10min 后，随着细砂颗粒大量涌出，土层顶部出现砂沸现象，同时，底部逐渐被掏空，内部出现掏空层，土体整体沉降 5cm，如图 21-10（c）所示。此时，测压管 1 的水头相比上一级水头上升 51%，其余测压管的水头相比上一级

水头上升 54%，上升幅度之比为 1∶1.06。

综上所述，本组试验砾石层对水头的平均消杀率为 24%，与工况 2 相比，祛除 2～5mm 的砾石后，第二层土的水头消杀率下降了 54%。当几何条件满足侵蚀条件时，水力条件增大会打破原有的平衡，内部侵蚀继续发展。局部侵蚀发展过程如图 21-10 所示。

（a）细砂填充砾石层空隙 （b）细砂穿过砾石层 （c）土样顶部砂沸底部出现掏空层

图 21-10 局部侵蚀发展过程

21.4.5 细颗粒特性对侵蚀的影响

工况 2 与工况 3 旨在探明侵蚀的发展与水力条件、几何条件之间的关系。本组试验（简称工况 4）旨在探明层状土的侵蚀与材料本身之间的关系，将工况 2 中的细砂[1] 替换成细砂[2]，则三层土渗透系数之比为 $k_卵∶k_{砾石2}∶k_{细砂2}=4.4∶1.7∶1$，材料装样后，细砂层厚度为 6cm，砾石层厚度为 12cm，卵石层厚度为 12cm。各层土样组成如图 21-11 所示。

（a）细砂[2] （b）砾石[2] （c）卵石 （d）材料装样

图 21-11 试验用料及装样

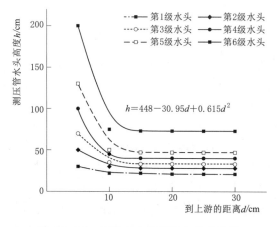

图 21-12 工况 4 水头高度 h 分布曲线

工况 4 与工况 2 前期现象几乎相同，h 随着 d 的变化规律也大致相同，第 6 级水头下，$d=10～30cm$ 时，h 呈曲线变化，拟合函数为 $h=448-30.95d+0.615d^2$。由图 21-12 可得，第 1～2 级水头下，测压管 1 水头高度分别为 30cm 与 50cm，其他测压管数值平均为 22cm 和 29cm，此时三层土样均无跳动的现象。在第 3 级水头下，测压管 1 水头高度为 70cm，相比于第 1 级水头，测压管 1 的水头高度上升了 133%，其他测压管的上升幅度为 57%。在此级水头下，砂层开始启动，部分细颗粒进入到砾石层。随着砾石层间的空隙被逐渐填满，20min 后，细颗粒跳动停止，如图 21-13（a）所示。增加至第 4 级水头，三层土的状态与水头增加前相比无明显变化。继续增加水头至第 5 级水头，测压管 1 的水头高度相比第 1 级水头高度上升了 333%，其他测压管的水头高度上升 113%，测压管 1 与其他测压管水头高度上升幅度之比为 3∶1。此时，部分细颗粒进入到砾石层与卵石层的接触面，20min 后，接触面处的细颗粒跳动减弱，60min 后细颗粒跳动基本停止，接触面的细颗粒数量不再继续增加，如图 21-13（b）所示。增加至第 6 级水头，测压管 1 上升至 200cm，砾石层与卵石层接触面间的细颗粒骤然增加，开始剧烈跳动；10min 后，随着细颗粒大量涌出，第一层与第二层接触面的细砂[2] 厚度不断增加，同时，底部逐渐被掏空，内部出现掏空层，土体整体沉降 5cm，如图 21-13（c）、图 21-13（d）所示。

（a）砂层与砾石层层间侵蚀　　（b）底部颗粒穿越第二层　　（c）底部掏空　　（d）整体沉降

图 21-13　土体侵蚀过程

与工况 2 相比，本组试验在第 6 级水头下，测压管 1 的水头高度并未达到 300cm 土样就发生了破坏。

21.5　结论

（1）工况 1 的细砂[1] 层在测压管 1 的水头高度达到 43cm 时开始跳动，而工况 2 与工况 3 的细砂 1 层在测压管 1 的水头高度达到 57cm 时，方才启动，水头高度相差 33%。对比发现，当弱透水层上覆强透水层时，层间侵蚀与强透水层的空隙率有关。强透水层的空隙率越高，启动时所需临界水力梯度越小，反之则越大。

（2）由工况 2 与工况 3 对比可知，层间侵蚀的发生与层间几何组成有很大的关系。当层间组成改变，几何条件不再满足侵蚀条件时，层间侵蚀即刻停止，形成自愈合；当几何条件能够满足侵蚀发生条件，即使在一段时间内侵蚀暂时停止，也能在新的水力条件下打破这种平衡，继续形成侵蚀并最终演变为局部掏空等现象，土体整体沉降，失稳破坏。

（3）由工况 2 与工况 4 对比可知，当水力条件与几何条件相同时，层状土内部侵蚀的发生、发展与土层自身性质有关。细砂[1] 层与细砂[2] 层的启动条件均为第 3 级水头，对应的测压管 1 的水头高度分别为 57cm 与 70cm，之后随着水头增加，工况 2 的细砂[1] 层与砾石层间并无进一步的侵蚀现象；工况 4 的细砂^{2}层在第 5 级水头作用下重新启动，并在第 6 级水头时土样整体破坏。对比细砂^{1}与细砂^{2}的物理性质，可以发现，当两种材料粒径相差较小时，细砂^{2}更易发生液化，通过上部渗透性更强的覆盖层溢出土层顶部，随着细颗粒不断流失，细砂^{2}层逐渐被掏空形成掏空层，土体发生整体沉降破坏。

第 22 章

强、弱透水层的层间侵蚀规律研究

22.1 试验设置

本章通过室内试验设置强弱相间的粗粒土，从多角度、多层面分析内部侵蚀对强弱透水层的作用。明确各层相互作用、相互制约的关系，局部与整体的响应联系，理清渗透和变形演化的主控因素，以探索强弱相间土层的渗透和变形破坏机制。

试验模拟 3 种工况，分别为粗粒土之间的层间侵蚀（工况 1、工况 2）及含泥层之间的层间侵蚀（工况 3）。试验共有 6 种材料，分别为：卵石（$d=20\sim30$mm）、细砂[1]（白 $d=0.09\sim$ mm）、细砂[2]（黑 $d=0.09\sim1$mm）、砾石[2]（$d=2\sim10$mm，$d_{30}=5$mm）、砾石[3]（白 $d=2\sim8$mm）、黏性土，如图 22-1 所示。

(a) 砾石[3]   (b) 砾石[2]   (c) 细砂[1]

(d) 细砂[2]   (e) 卵石   (f) 黏土

图 22-1 试验用料

22.2 试验结果分析

工况 1 与工况 2 的土样设置为 4 层强弱相间的粗粒土，各层透水性自下而上为：弱—强—弱—强。其中工况 5 采用的材料自下而上为细砂[1]（$d=0.09\sim0.1$mm）、砾石[2]（$d=$

2～10mm）、细砂[1]（$d=0.09～0.1$mm）、砾石[2]（$d=2～$ 10mm），厚度均为10cm，如图22-2（a）所示；工况 6采用的材料自下而上为细砂[1]（$d=0.09～0.1$mm）、 砾石[1]（$d=2～10$mm）、细砂[2]（$d=0.09～0.1$mm）、 砾石[3]（$d=2～8$mm），厚度均为10cm，具体装样如图 22-2（b）所示。为便于下文描述，将两种工况的底 部砂层称为土样的第1层，顶部砾石层称为土样的 第4层。

拟采用6级水头探明粗粒土的层间侵蚀情况，两种 工况水头高度分布情况分别如图22-3（a）、图22-3（b）所示。出口流速变化如图22-4所示。

（a）工况1材料装样　（b）工况2材料装样

图 22-2　土样装样图

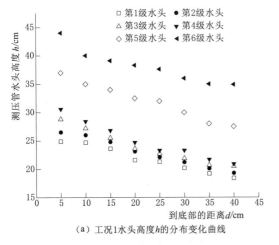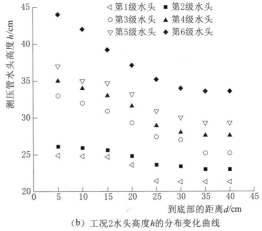

（a）工况1水头高度h的分布变化曲线　　　　（b）工况2水头高度h的分布变化曲线

图 22-3　水头高度分布曲线

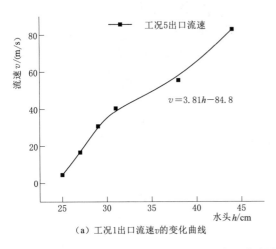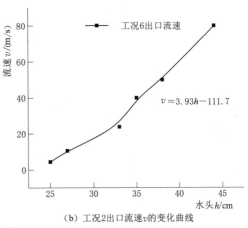

（a）工况1出口流速v的变化曲线　　　　（b）工况2出口流速v的变化曲线

图 22-4　出口流速随水头等级变化曲线

由图 22-3 可得，测压管水头高度 h 随 d 的增加基本呈线性变化。由图 22-4 可得，出口流速 v 随水头高度 h 的增加呈线性变化，拟合函数分别为 $v=3.8h-84.8$、$v=3.93h-111.7$。

(a) 工况1层间侵蚀　　(b) 工况2层间侵蚀情况

图 22-5　第3级水头下层间侵蚀情况

在第 1~2 级水头下，各层土相对稳定，无明显移动，出口流速随水头增加而上升。在升高至第 3 级水头过程中，工况 1 第 3 层的细颗粒启动，填充至第 4 层的粗颗粒缝隙中，侵蚀情况如图 22-5（a）所示；工况 2 第 1 层细颗粒启动，部分细颗粒进入第 2 层粗粒土间空隙，第 1、第 2 层中细颗粒并未发生明显变化，层间未发生侵蚀，具体情况如图 22-5（b）所示；30min 后两种工况细颗粒停止跳动，各层无明显下移的现象，整体表现稳定。

进一步提高水头至第 4 级，工况 1 土体的第 1、第 2 层颗粒无明显变化，第 3 层颗粒通过接触面大量涌入第 4 层，并随着土体第 3、第 4 层接触面细颗粒的持续流失，接触面上部的粗颗粒在重力作用下坠入第 3 层，30min 后接触面处出现深度达 2cm 掏空层，如图 22-6（a）所示；工况 2 在水头增大的过程中土体第 1、第 3 层的细颗粒并未进入第 2、第 4 层，反而在第 3 层中部出现 1mm 厚的断裂层，如图 22-6（b）所示。

(a) 工况1层间掏空层　　　　　　(b) 工况2第3层间出现裂缝

图 22-6　第4级水头下土层中的现象

管壁细颗粒最先达到临界启动条件发生侵蚀；根据《论土骨架与渗透力》[39]：土颗粒所受渗透力为渗透水流施加的推动力和拖曳力，即：

$$J=(a+b)\Delta h\gamma_w \tag{22-1}$$

式中　　a——颗粒间的间隙宽短；

　　　　b——颗粒粒径；

　　　　Δh——颗粒所受两侧水头之差；

　　　　γ_w——水的重度。

设单层土中有 n 个细颗粒，则土层所受的渗透力为：

$$J_1 = \sum_1^n n(a+b)\Delta h \gamma_w \qquad (22-2)$$

设某层细颗粒的重度为 G_1，其上层颗粒总重度为 G_2，当土体中侵蚀的几何条件不满足时，继续增大水头强度，随着渗透力增加，当土层所受渗透力大于自身及上层总重度之和，即：

$$J_1 > G_1 + G_2 \qquad (22-3)$$

该层土的某处将首先出现断裂带，并整体上移。

在第 5 级水头下，工况 1 土层中的掏空层深度扩大至 4cm，宽度继续扩大形成通道，细颗粒顺着通道流入第 4 层顶部，如图 22 - 7（a）所示；工况 2 土层中的断裂带由原始位置向下移动 1cm，如图 22 - 7（b）所示，持续 15min 后，砂土在水的持续冲刷下发生液化，上部粗颗粒发生沉降，密实度发生改变，细颗粒通过粗颗粒空隙进入到土体顶部，如图 22 - 7（c）、图 22 - 7（d）所示。

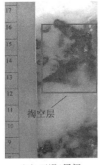   

（a）工况1层间　　　　（b）工况2裂缝扩张　　　（c）工况2边壁　　　　（d）工况2第3层
　　出现掏空层　　　　　　　　　　　　　　　　形成集中通道　　　　细颗粒穿过第4层

图 22 - 7　第 5 级水头下层间发展情况

继续增加水头至第 6 级，两种工况的土样顶部立即出现砂沸现象，通道继续扩大，细颗粒通过通道持续上涌，粗颗粒下沉，直到两者的第 3 层细颗粒全部上移至土样顶部，即土样原本的第 3 层土与第 4 层土互换位置，侵蚀停止，工况 1 土体的初始状态与侵蚀后土体现状对比如图 22 - 8（a）、图 22 - 8（b）所示。同上，工况 2 对比如图 22 - 8（c）、图 22 - 8（d）所示。

（a）工况1的初始　　　（b）工况1的第3、第4层土的　　（c）工况2的初始状态　　（d）工况2的第3、第4层土的
　　侵蚀情况　　　　　　　　位置互换　　　　　　　　　　　　　　　　　　　　　　　位置互换

图 22 - 8　第 6 级水头下的土层变化与初始侵蚀情况对比

22.3 含黏土的多层土渗透破坏过程

层状坝基内部往往存在黏性土等弱透水层，为探明此类层状土层间渗透破坏过程，本试验（简称工况3）按照工程实际情况设置四层土对此类坝基进行模拟，所用的材料自下而上分别为混合细砂、黏土、砾石[3]、卵石等，具体材料特性及规格见表22-1，材料装样如图22-9所示；拟采用5级水头探明层间的侵蚀情况，水头变化曲线与出口流速变化曲线如图22-10所示。

由图22-10可得，在1级水头下，除测压管1水头高度持续升高，其余测压管并无读数，且此时出口流速为0，通过观察发现水流并未穿过黏土层进入砾石层。继续增加水头至第2级即水头高度上升至32cm，在此过程中砂层与黏土层的接触面处出现缝隙，水流依然未进入砾石层如图22-11（a）所示；水头达到第3级的过程中，接触面多处出现裂缝，其厚度随时间的推移逐渐扩大，黏土边壁处逐渐发生破坏，水流通过黏土层边壁进入上层，出口流速由0ml/s上升至16.7ml/s，如图22-11（b）所示；在第4级水头下，接触面

图22-9 材料装样图

表22-1 材料规格及特性

材 料	粒径 d/mm	倒入装置后的深度 h/cm	各层渗透系数 k/(cm/s)
混合细砂	0.09～0.1	12	2.55×10^{-2}
黏土	—	7	2.4×10^{-6}
砾石[3']	4～8	3	8.07×10^{-2}
卵石	20～30	8	1.157×10^{-1}

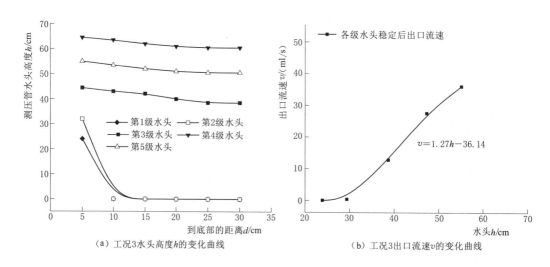

（a）工况3水头高度h的变化曲线

（b）工况3出口流速v的变化曲线

$v = 1.27h - 36.14$

图22-10 水头变化与出口流速曲线

空隙持续增大，形成通道，黏土层边壁破坏加剧出现细小通路并与接触面通道相连接，下部砂层在渗流作用下从边壁通道处上移至砾石层，填充砾石层之间的空隙，如图 22 - 11（c）所示；当侵蚀停止，各层恢复稳定后，增加水头至第 5 级，此时，通道持续扩张，边壁处的黏土层被冲走，底部砂层在水流的作用下液化并随着水流持续上涌至卵石层，卵石层上部及黏土层下部形成砂沸，60min 后，土样整体下沉 5cm，如图 22 - 11（d）所示。

（a）接触面出现裂隙　　　（b）接触面多处裂隙　　　（c）边壁形成通道　　　（d）整体沉降

图 22 - 11　接触面侵蚀情况

22.4　本章小结

（1）强弱透水层相间的层状土，土体内部颗粒发生运移主要始于土样上部弱透水层边壁。当侵蚀的水力条件和几何条件满足时，上部弱透水层的细颗粒通过强透水层进间的空隙进入土样顶部，最终土样上部强弱透水层之间原本的位置互换；几何条件不满足时，随着水头增大即土层所受渗透力增大，当渗透力大于重力时，土样整体上移出现裂隙，此裂隙逐渐扩大形成通道与强透水层间的空隙相连，细颗粒由此通道涌出形成砂沸现象，土样上部发生部分沉降。

（2）当层状土内部含有黏土层时，水流须首先破坏不透水层方可进入土样上部。同上，当水头强度足够时，黏土层与下层的接触面处出现裂隙，边壁处在水流的不断冲刷下发生破坏，并与接触面裂隙连通，在土样内部形成通道，细颗粒由此通道上移流失，最终土样上部与黏土层下部形成砂沸，随底部细颗粒流失，土样发生整体沉降。

参 考 文 献

［1］　尹成薇，梁冰，姜利国. 基于颗粒流方法的砂土宏-细观参数关系分析 ［J］. 煤炭学报，2011，36（2）：264 - 267.

［2］　周博，汪华斌，赵文锋，等. 黏性材料细观与宏观力学参数相关性研究 ［J］. 岩土力学，2012，33（10）：3171 - 3175 + 3177 - 3178.

［3］　SHAMYUE，AYDINF. Multiscale modeling of flood - induced pipingin river levees ［J］. Jounal of Geotechnical and Geoenvironmental Engineering，2008，134（9）：1385 - 1398.

［4］　蔡袁强，张志祥，曹志刚，等. 不均匀级配砂土渗蚀过程的细观数值模拟 ［J］. 中南大学学报（自然科学版），2019，50（5）：1144 - 1153.

［5］　周健，姚志雄，张刚. 基于散体介质理论的砂土管涌机制研究 ［J］. 岩石力学与工程学报，2008，27（4）：749 - 756.

［6］　应宏伟，许鼎业，王迪，等. 波动承压水下基坑底部弱透水层的非 Darcy 渗流分析 ［J］. 上海交通大学学报，2020，54（12）：1300 - 1306.

［7］　夏红春，李永松，周国庆. 砂-结构接触面直接剪切的物理试验与数值模拟 ［J］. 中国矿业大学学报，2015，44（5）：808 - 816.

［8］　丛宇，王在泉，郑颖人，等. 基于颗粒流原理的岩石类材料细观参数的试验研究 ［J］. 岩土工程学报，2015，37（6）：1031 - 1040.

［9］　张雅慧，汪丁建，唐辉明，等. 基于 PFC^{2D} 数值试验的异性结构面剪切强度特性研究 ［J］. 岩土力学，2016，37（4）：1031 - 1041.

［10］　李术才，平洋，王者超，等. 基于离散介质流固耦合理论的地下石油洞库水封性和稳定性评价 ［J］. 岩石力学与工程学报，2012，31（11）：2161 - 2170.

［11］　STÉPHANE B. Erosion of geomaterials ［M］. New York：John Wiley and Sons Inc，2012.

［12］　孟震，王浩，杨文俊. 无黏性泥沙休止角与表层沙摩擦角试验 ［J］. 天津大学学报（自然科学与工程技术版），2015，48（11）：1014 - 1022.

［13］　刘杰. 土的渗透稳定与渗流控制 ［M］. 北京：水利电力出版社，1992.

［14］　TAKBIRIZ，AFSHAR A. Multi - objective optimization of fusegates system under hydrologic uncertainties ［J］. Water Resources Management，2012，26（8）：2323 - 2345.

［15］　周健，池永. 砂土力学性质的细观模拟 ［J］. 岩土力学，2003，24（6）：901 - 906.